非扩张型映象的不动点理论方法及应用

闻道君　陈义安　唐　艳◎著

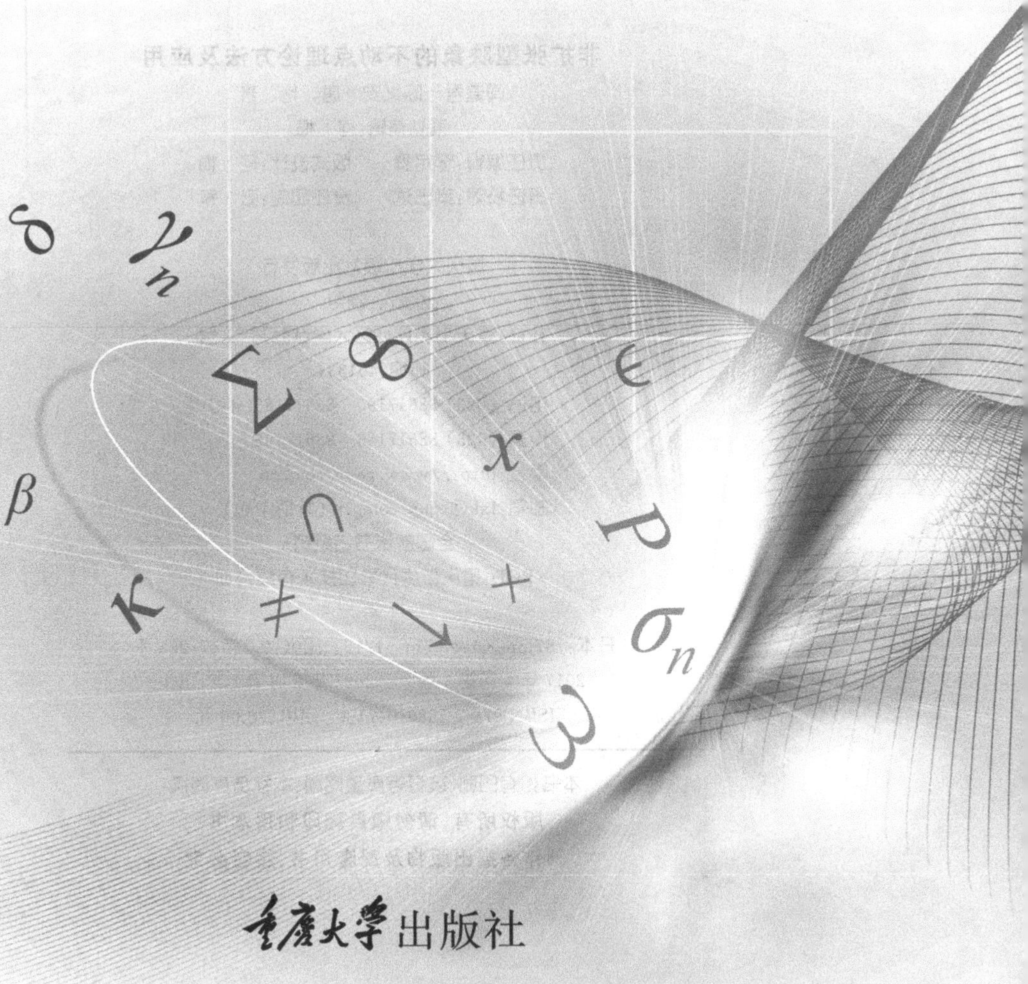

重庆大学出版社

内容提要

本书遵循预备知识、基本结论、主要算法和收敛性分析的结构，重点介绍非扩张型映象和伪压缩型映象的不动点定理及其数值方法.同时，介绍不动点方法在变分不等式问题、平衡问题和变分包含问题中的应用，以及不动点方法解决分层变分包含问题的数值实验，其中包括作者近期在国内外学术期刊上发表的一系列研究成果.

本书可作为高等院校数学系各专业高年级本科生的选修课教材、研究生的教学用书，也可作为基础数学、应用数学和计算数学工作者，以及力学、优化理论、控制论和数理经济等学科研究者的参考用书.

图书在版编目(CIP)数据

非扩张型映象的不动点理论方法及应用 / 闻道君，陈义安，唐艳著.— 重庆 ：重庆大学出版社，2017.5(2022.8 重印)

ISBN 978-7-5689-0471-1

Ⅰ.①非… Ⅱ.①闻…②陈…③唐… Ⅲ.①不动点方法 Ⅳ.①O189.3

中国版本图书馆 CIP 数据核字(2017)第 073070 号

非扩张型映象的不动点理论方法及应用

闻道君 陈义安 唐 艳 著

策划编辑:何 梅

责任编辑:李定群 版式设计:何 梅

责任校对:秦巴达 责任印制:张 策

*

重庆大学出版社出版发行

出版人:饶帮华

社址:重庆市沙坪坝区大学城西路 21 号

邮编:401331

电话:(023) 88617190 88617185(中小学)

传真:(023) 88617186 88617166

网址:http://www.cqup.com.cn

邮箱:fxk@cqup.com.cn (营销中心)

全国新华书店经销

POD:重庆新生代彩印技术有限公司

*

开本:787mm×1092mm 1/16 印张:9 字数:225 千

2017 年 5 月第 1 版 2022 年 8 月第 2 次印刷

ISBN 978-7-5689-0471-1 定价:38.00 元

前 言

1922 年，著名的 Banach 压缩映象原理问世以来，经过许多数学家的不懈努力，非线性算子的不动点理论和方法都已取得了重要进展，尤其是在讨论各类微分方程、积分方程和算子方程解的存在唯一性和数值方法等方面的内容日臻完善，并被广泛应用于力学、数值分析、控制论、数理经济、对策理论及最优化理论等领域.

非扩张型映象的不动点理论是现代非线性泛函分析的重要组成部分，是应用数学领域研究的热点问题之一. 近年来，不动点理论和方法已经发展成为一个相对独立的研究领域，内容涉及拓扑学、凸分析、线性与非线性规划、非光滑分析、集值分析及数值分析等数学分支，正逐渐成为一门内容十分丰富并有着广阔应用前景的重要的交叉性学科. 1952 年，数学家 G.Debreu利用集值分析的方法以集值映象的不动点定理为工具证明 Walras 经济均衡理论，而他本人也因此获得了诺贝尔经济学奖. 此后，Blum-Oettli 基于优化和变分不等式引入的平衡问题，以及基于裂变分包含的“X 射线层析照相法”分层信息恢复等可逆性问题，将公共不动点理论应用到凸规划、X 射线疗法和数据压缩等金融、通信和生物工程等领域中的实际问题.目前，不动点理论的研究主要集中在各种非线性映象类型的推广和空间的拓展，方法的研究主要体现在利用辅助原理和预解算子技巧建立不动点问题与变分不等式、平衡问题等应用问题之间的等价关系，进一步研究求解相关应用问题近似解的数值算法. 尽管非扩张型映象不动点理论和方法正受到越来越多数学爱好者、经济和工程技术领域研究者的广泛关注，新的方法和研究成果也不断涌现. 然而，至今适合广大读者系统学习不动点理论和数值方法的专著甚少.

本书的主要目的是将散见于国内外重要期刊上的关于非扩张型映象不动点定理及逼近算法的最新研究成果，经过加工整理，向读者系统介绍非扩张型映象和伪压缩型映象的不动点定理及其数值方法和收敛性分析，以及不动点方法在变分不等式问题和平衡问题领域应用，其中包括作者近期在国内外学术期刊上发表的一系列研究成果.

全书共分 6 章，第 1 章为不动点理论方法简介，第 2 章和第 3 章分别介绍非扩张型映象和伪压缩型映象的不动点定理及数值方法，第 4 章—第 6 章分别介绍非扩张型映象的不动点数值方法在变分不等式、平衡问题和变分包含问题中的应用.

本书在选材上注重不动点理论和数值方法的系统性，并尽量做到数值方法优化、不动点定理简明、证明推导严密及应用实例典型等特点，以增强本书的可读性. 另外，书末的参考文献，可供有兴趣的读者进一步学习.

感谢“重庆市前沿与应用基础研究（cstc2016jcyjA0101）”“重庆高校创新团队建设计划（CXTDX201601026）”和“重庆市高等学校教学改革研究项目（143059）”的部分资助，没有以上基金项目的资助本书是难以出版的.

由于作者学识浅薄，虽已竭力而为，但书中难免还有许多疏漏和不足，敬请专家、读者不吝批评指正.

著 者

2016 年 12 月

目　录

第 1 章　不动点理论方法简介

本章主要介绍不动点理论方法的预备知识, 内容包括泛函分析的度量空间、Banach 空间和 Hilbert 空间等基本空间, 收敛、连续、Fréchet 可微和 Gâteaux 可微等基本概念, Brouwer 不动点定理、Schauder 不动点定理和 Krasnoselskii 不动点定理等经典的不动点定理, 以及不动点迭代法、收敛性分析和误差分析等数值方法基础.

1.1　泛函分析的基本空间

1.1.1　度量空间

设 X 是一个集合, 若对 X 中的任意两个元素 x, y, 都有唯一确定的实数 $d(x,y)$ 与之对应, 且这一对应关系满足下列条件:

① $d(x,y) \geqslant 0, d(x,y) = 0$ 的充分必要条件是 $x = y$;

② $d(x,y) \leqslant d(x,z) + d(z,y)$, 对任意的 z 都成立.

则称 $d(x,y)$ 是 x, y 之间的距离, 称 (X,d) 为度量空间或距离空间 (Metric space). 如果 Y 是 X 的一个非空子集, 则 (Y,d) 也是一个度量空间, 称为 (X,d) 的子空间.

例 1.1.1　对 R^n 中的任意两点 $x = (x_1, x_2, \cdots, x_n)$, $y = (y_1, y_2, \cdots, y_n)$, 如果距离定义为

$$d(x,y) = \left[\sum_{i=1}^{n} (x_i - y_i)^2\right]^{\frac{1}{2}},$$

显然, $d(x,y)$ 满足条件①, 由柯西 (Cauchy) 不等式容易验证 $d(x,y)$ 满足条件②, 故 (R^n, d) 是一个度量空间.

设 $\{x_n\}$ 是 (X,d) 中的点列, 如果存在 $x \in X$, 使

$$\lim_{n\to\infty} d(x_n, x) = 0,$$

则称 $\{x_n\}$ 是 (X,d) 中收敛点列, x 是点列 $\{x_n\}$ 的极限. 设 M 是 (X,d) 中的点集, 定义

$$\delta(M) = \sup_{x,y\in M} d(x,y),$$

为点集 M 的直径. 若 $\delta(M) < \infty$, 则称 M 为 (X,d) 中的有界集. 类似于 R^n, 可证明度量空间中收敛点列的极限是唯一的, 且收敛点列是有界点集.

定义 1.1.1 设 (X,d) 是度量空间, $\{x_n\}$ 是 X 中的点列, 对任意的正数 ε, 如果存在正整数 $N=N(\varepsilon)$, 使得当 $m,n>N$ 时, 必有

$$d(x_m,x_n)<\varepsilon,$$

则称 $\{x_n\}$ 是 X 中的柯西点列. 如果度量空间 (X,d) 中每一个柯西点列都在 (X,d) 中收敛, 则称 (X,d) 是完备度量空间.

定理 1.1.1 设 M 是完备度量空间 (X,d) 的子空间, 则 M 是完备空间的充分必要条件为 M 是 X 中的闭子空间.

证略.

1.1.2 Banach 空间

定义 1.1.2 设 X 是一个非空集合, 在 X 中定义了元素的加法和实数 (或复数) 与元素的乘法运算, 满足下列条件:

①关于加法成为交换群, 即对任意 $x,y\in X$, 存在 $u\in X$ 与之对应, 记 $u=x+y$, 称 u 为 x 与 y 的和, 且:

a.$x+y=y+x$;

b.$(x+y)+z=x+(y+z)$, $\forall x,y,z\in X$;

c. 对任意 $x\in X$, 存在唯一元素 $\theta\in X$ 使得 $x+\theta=x$, 称 θ 为 X 中的零元素, 通常仍将零元素记为 0;

d. 对任意 $x\in X$, 存在唯一元素 $x'\in X$ 使得 $x+x'=0$, 称 x' 为 x 的负元素, 记为 $-x$.

②对任意 $x\in X$ 和实数 (或复数)a, 存在元素 $u\in X$ 与之对应, 记 $u=ax$, 称 u 为 a 与 x 的数积, 且:

a.$1x=x$;

b.$a(bx)=(ab)x$;

c.$(a+b)x=ax+bx$; $a(x+y)=ax+ay$.

则称 X 按上述加法和数乘称为线性空间或向量空间, 其中的元素 x 称为向量. 如果数积运算只对实数 (或复数) 有意义, 则称 X 是实 (或复) 线性空间.

例 1.1.2 设 $C[a,b]$ 表示闭区间 $[a,b]$ 上实值 (或复值) 连续函数的全体. 对 $C[a,b]$ 中的任意两个元素 x,y 和实数 a 定义

$$(x+y)(t)=x(t)+y(t),\quad t\in[a,b];$$
$$(ax)(t)=ax(t),\quad t\in[a,b].$$

则 $C[a,b]$ 按上述加法和数乘称为线性空间.

定义 1.1.3 设 X 是一个实 (或复) 线性空间, 如果对每一个向量$\boldsymbol{x}\in X$ 都存在一个确定的实数 $\|x\|$ 与之对应, 且满足下列条件:

①$\|x\|\geqslant 0$, 且 $\|x\|=0$ 等价于 $x=0$;

②$\|ax\|=|a|\|x\|$, 其中 a 为任意实数 (或复数);

③$\|x+y\|\leqslant\|x\|+\|y\|$, $\forall x,y\in X$,

则称 $\|x\|$ 为向量 $\boldsymbol{x}$ 的范数, 称 X 为赋范线性空间. 完备的赋范线性空间称为巴拿赫空间 (Banach space).

例 1.1.3 对 $C[a,b]$ 空间, 如果每一个 $x \in C[a,b]$，定义范数

$$\|x\| = \max_{a \leqslant t \leqslant b} |x(t)|.$$

不难验证, $C[a,b]$ 是 Banach 空间.

设 $f(t)$ 是 $[a,b]$ 上实值可测函数, 如果 $p>0$, $|f(t)|^p$ 是 $[a,b]$ 上的 L 可积函数, 则称 $f(t)$ 是 $[a,b]$ 上 p 方可积函数, $[a,b]$ 上 p 方可积函数的全体记为 $L^p[a,b]$. 当 $p=1$ 时, $L^1[a,b]$ 即为 $[a,b]$ 上 L 可积函数的全体. $L^p[a,b]\,(p \geqslant 1)$ 是非线性分析领域一类重要的 Banach 空间.

1.1.3 Hilbert 空间

设 $\alpha = (\xi_1, \xi_2, \cdots, \xi_n)$, $\beta = (\eta_1, \eta_2, \cdots, \eta_n)$, 则 a 与 b 的内积定义为

$$\langle \alpha, \beta \rangle = \xi_1 \overline{\eta_1} + \xi_2 \overline{\eta_2} + \cdots + \xi_n \overline{\eta_n},$$

其中，$\overline{\eta_i}$ 表示 η_i 的复共轭.

定义 1.1.4 设 X 是一个复线性空间, 如果对任意两个向量 $\boldsymbol{x}, \boldsymbol{y} \in X$ 都存在一个确定的复数 $\langle x, y \rangle$ 与之对应, 且满足下列条件:

①$\langle x, x \rangle \geqslant 0$, 且 $\langle x, x \rangle = 0$ 等价于 $x=0$;

②$\langle \alpha x + \beta y, z \rangle = \alpha \langle x, z \rangle + \beta \langle y, z \rangle$, 其中，$x, y, z \in X$, α, β 为任意复数;

③$\langle x, y \rangle = \overline{\langle y, x \rangle}$, $\forall\, x, y \in X$.

则称 $\langle x, y \rangle$ 为 x 与 y 的内积, X 称为内积空间.

如果 X 是实的线性空间, 条件③ 就改为 $\langle x, y \rangle = \langle y, x \rangle$. 如果令

$$\|x\| = \sqrt{\langle x, x \rangle},$$

则 $\|x\|$ 是 X 上的范数, 由内积的定义不难验证:

①$\|x\| \geqslant 0$, 且 $\|x\| = 0$ 等价于 $x=0$;

②$\|ax\| = |a|\|x\|$, 其中 a 为任意复数.

同时, 由 Schwarz 不等式 $|\langle x, y \rangle| \leqslant \|x\| + \|y\|$, 可得 $\|x+y\| \leqslant \|x\| + \|y\|$. 故内积空间是一种特殊的赋范空间, 如果 X 按范数完备, 则 X 称为希尔伯特空间 (Hilbert space).

例 1.1.4 对 $C[a,b]$ 空间按 $\|x\| = \max_{a \leqslant t \leqslant b} |x(t)|$ 不成为内积空间.

例 1.1.5 $L^2[a,b]$ 按内积可成为内积空间, 又由内积导出范数 $(p=2)$ 可得 $L^2[a,b]$ 成为 Hilbert 空间.

当然, 度量空间、线性空间、Banach 空间及 Hilbert 空间是泛函分析的基本空间, 进一步研究将会涉及赋范线性空间、拓扑空间和 Hausdorff 拓扑线性空间等, 此处不一一介绍.

1.2 几个经典的不动点定理

1.2.1 基本概念

设 X 是赋范线性空间, 令 X^* 表示 X 连续线性泛函全体所成的空间, 称为 X 的共轭空间.

定义 1.2.1 设 X 是赋范线性空间, X^* 是 X 的共轭空间, $x_n \in X$, $n=1,2,\cdots$, 如果存在 $x \in X$, 使得 $\|x_n - x\| \to 0\,(n \to \infty)$, 则称点列 $\{x_n\}$ 强收敛于 x, 记为 $x_n \to x$. 如果对任意 $f \in X^*$, 都有 $f(x_n) \to f(x)\,(n \to \infty)$, 则称点列 $\{x_n\}$ 弱收敛于 x, 记为 $x_n \rightharpoonup x$.

显然, 点列 $\{x_n\}$ 强收敛于 x 一定弱收敛于 x, 但逆命题不成立.

定义 1.2.2 设 X 是赋范线性空间, X^* 是 X 的共轭空间, 泛函列 $f_n \in X$, $n=1,2,\cdots$, 如果存在 $f \in X^*$, 使得:

①$\|f_n - f\| \to 0\,(n \to \infty)$, 则称 $\{f_n\}$ 强收敛于 f;

②对任意 $x \in X$, 都有 $\|f_n(x) - f(x)\| \to 0\,(n \to \infty)$, 则称 $\{f_n\}$ 弱 * 收敛于 f;

③对任意 $F \in (X^*)^*$, 都有 $F(f_n) \to F(f)\,(n \to \infty)$, 则称 $\{f_n\}$ 弱收敛于 f.

一般来说, 弱 * 收敛和弱收敛不一致, 但如果 X 和 $(X^*)^*$ 之间能够建立等距同构 $J:(Jx)(f) = f(x)$, $x \in X$, 则称 X 是自反的, 在自反空间中弱 * 收敛和弱收敛等价.

定义 1.2.3 设 X 和 Y 是两个赋范线性空间, $\mathscr{B}$ 表示 X 到 Y 中的有界线性算子全体所组成的空间, $T_n \in \mathscr{B}$, $n=1,2,\cdots$, 如果存在 $T \in \mathscr{B}$ 使得:

①$\|T_n - T\| \to 0\,(n \to \infty)$, 则称 $\{T_n\}$ 一致收敛于 T;

②对任意 $x \in X$, $\|T_n x - Tx\| \to 0\,(n \to \infty)$, 则称 $\{T_n\}$ 强收敛于 T;

③对任意 $x \in X$ 和任意的 $f \in X^*$, $f(T_n x) \to f(Tx)\,(n \to \infty)$, 则称 $\{T_n\}$ 弱收敛于 T.

由定义 1.2.3 可知, 由算子的一致收敛可导出强收敛, 强收敛可导出弱收敛, 但逆命题不成立.

定义 1.2.4 设 (X,d) 和 $(Y,\widetilde{d})$ 是两个度量空间, T 是 X 到 Y 的映象. 如果 $x_0 \in X$, 对任意给定的 $\varepsilon > 0$, 存在 $\delta > 0$, 当满足 $d(x,x_0) < \delta, x \in X$ 条件时, 有

$$\widetilde{d}(Tx,Ty) < \varepsilon,$$

则称 T 在 x_0 连续. 如果映象 T 在 X 中的每一点都连续, 则称 T 是 X 上的连续映象.

也可用极限来定义映象的连续性.

定义 1.2.5 设 (X,d) 和 $(Y,\widetilde{d})$ 是两个度量空间, T 是 X 到 Y 的映象, T 在 $x_0 \in X$ 连续的充分必要条件是当 $x \to x_0$ 时, 必有 $Tx \to Tx_0\,(n \to \infty)$.

定义 1.2.6 设 X 是赋范线性空间, X^* 是 X 的共轭空间, $T: X \to X^*$ 是一映象, $x_0 \in X$ 是一给定点. 如果对 X 中的任意序列 $\{x_n\}$, 当 $x_n \to x_0$ 时有 $Tx_n \rightharpoonup Tx_0$, 则称 T 在 x_0 处次连续; 如果 T 在 X 的每一点都次连续, 则称 T 在 X 上次连续.

不难验证, 如果 X 是有限维空间, 则次连续与连续性等价.

定义 1.2.7 设 X 是赋范线性空间, X^* 是 X 的共轭空间, $T: X \to X^*$ 是一映象, $x_0 \in X$ 是一给定点. 如果对任意 $y \in X$ 及 $t_n \geqslant 0$, 当 $t_n \to 0$ 时有 $T(x_0 + t_n y)$ 弱 * 收敛于 Tx_0, 则称 T 在 x_0 处半连续; 如果 T 在 X 的每一点都半连续, 则称 T 在 X 上是半连续的.

定义 1.2.8 设 X 和 Y 是两个 Banach 空间, C 是 X 中的开集, $T: C \to Y$ 是一映象. 对给定的 $x_0 \in C$, 如果存在有界线性算子 $A: X \to Y$, 使得

$$T(x_0 + h) - Tx_0 = Ah + \omega(x_0, h),$$

其中, $\omega(x_0,h) = O(||h||)$, 即 $\lim\limits_{||h|| \to 0} \dfrac{||\omega(x_0,h)||}{||h||} = 0$, 则称 T 在 x_0 处 Fréchet 可微, Ah 称为 T 在 x_0 处关于 h 的 Fréchet 微分, 记为 $d[T(x_0)h]$. 算子 A 称为 T 在 x_0 处的 Fréchet 导算子, 记为 $T'(x_0)$, 则

$$T(x_0 + h) - Tx_0 = T'(x_0)h + \omega(x_0, h).$$

定义 1.2.9 设 X 和 Y 是两个 Banach 空间, C 是 X 中的开集, $T: C \to Y$ 是一映象. 对给定的 $x_0 \in C$ 和 $h \in X$, 如果极限

$$\lim_{t \to 0} \frac{T(x_0 + th) - Tx_0}{t}$$

存在, 则称 T 在 x_0 处 Gâteaux 可微, 此极限称为 T 在 x_0 处沿方向 h 的 Gâteaux 微分, 记为 $D[T(x_0)h]$. 如果存在有界线性算子 $A: X \to Y$, 使得 $D[T(x_0)h] = Ah$, 则称 T 在 x_0 处具有有界的线性的 Gâteaux 微分, 并且 A 称为 T 在 x_0 处的 Gâteaux 导算子, 记为 $T'(x_0)$.

容易证明, 如果 T 在 x_0 处 Fréchet 可微, 则称 T 在 x_0 处必具有有界的线性 Gâteaux 微分, 且 $D[T(x_0)h] = d[T(x_0)h]$, 即 T 在 x_0 处的 Gâteaux 导算子和 Fréchet 导算子相等, 均以 $T'(x_0)$ 表示. 同时, 如果 T 在 x_0 的某邻域具有有界的线性 Gâteaux 微分, Gâteaux 导算子 $T'(x_0)$ 在 x_0 处连续, 则 T 在 x_0 处 Fréchet 可微.

定义 1.2.10 设 X 是一个 Banach 空间, $\varphi: X \to (-\infty, +\infty]$ 是一真泛函. 对给定的 $x_0 \in X$, 如果存在 $f \in X^*$, 使得

$$\varphi(y) - \varphi(x_0) \geqslant \langle f, y - x_0 \rangle, \quad \forall y \in X,$$

则称 φ 在 x_0 处次可微, 并称 f 为 φ 在 x_0 处的次梯度. φ 在 x_0 处所有次梯度得集合表示为 $\partial\varphi(x_0)$, 也称 φ 在 x_0 处的次微分.

由定义可知, $\partial\varphi: X \to 2^{X^*}$ 的多值映象, 且 $\partial(\lambda\varphi(x_0)) = \lambda\partial(\varphi(x_0)), \forall \lambda > 0$. 同时, 如果 φ 在 x 处具有有界的线性 Gâteaux 微分, 则 φ 在 x 处次可微, 且 $\partial\varphi(x) = \{\varphi'(x)\}$.

1.2.2 经典的不动点定理

1922 年, Banach 用度量空间及压缩映象等概念, 对代数方程求根的切线法和微分方程的迭代法等逐次逼近法进行了概括, 将方程的求根问题转化为了不动点问题, 使上述各种逐次逼近法得到统一解决.

设 (X, d) 为度量空间, $T: X \to X$ 为一映象. 如果存在常数 $\rho \in [0, 1)$, 使得

$$d(Tx, Ty) \leqslant \rho d(x, y), \quad \forall x, y \in X,$$

则称 T 为 X 上的 Banach 压缩映象. 众所周知, 一点集中任意两点经过 Banach 压缩映象作用后, 两象点的距离小于原象的距离, 不超过原象距离的 $\rho(\rho < 1)$ 倍.

设 X 为一个集合, $T: X \to X$ 为一映象. 如果对 $x \in X$ 都有 $Tx = x$, 则称 x 是映象 T 的一个不动点. 通常以 $Fix(T)$ 表示映象 T 所有不动点的集合.

定理 1.2.1 (Banach 压缩映象原理) 设 (X, d) 为完备度量空间, $T: X \to X$ 为 Banach 压缩映象, 则 T 在 X 中存在唯一的不动点 x^*, 且对任意的 $x_0 \in X$, 迭代序列 $\{T^n x_0\}$ 都收敛于 x^*, 并有不等式

$$d(T^n x_0, x^*) \leqslant \frac{\rho^n}{1 - \rho} d(x_0, Tx_0), \quad n = 1, 2, \cdots n.$$

Banach 压缩映象原理可做以下推广:

定理 1.2.2 设 (X, d) 为完备度量空间, $T: X \to X$ 为一自映象, 如果存在常数 $\rho \in [0, 1)$ 及自然数 n, 使得

$$d(T^n x, T^n y) \leqslant \rho d(x, y), \quad \forall x, y \in X,$$

则 T 在 X 中存在唯一的不动点 x^*.

Banach 压缩映象原理实际上是经典的 Picard 迭代法的抽象表述, 是一个典型的代数型不动点定理. 据此, 不仅可判定不动点的存在性和唯一性, 而且可建立迭代程序逐次逼近任何精度要求下的不动点, 并且这种方法在自然科学、经济和工程技术领域有更广泛的应用.

1930 年, Brouwer 在度的概念和性质基础上, 利用同伦不变性和 Kronecker 定理建立了以下 Brouwer 不动点定理:

定理 1.2.3 (Brouwer 不动点定理) 设 Ω 是 R^n 的有界闭凸子集, $T:\Omega\to\Omega$ 为一连续映象, 则 T 在 Ω 中存在唯一的不动点.

Brouwer 不动点定理可推广到赋范线性空间中任意非空紧凸集上, 得到以下 Schauder 不动点定理:

定理 1.2.4 (Schauder 不动点定理) 设 X 是赋范线性空间, K 是 X 中一非空紧凸集, $T:K\to K$ 为一连续映象, 则必存在 $x\in K$ 使得 $Tx=x$.

定理 1.2.5 (Schauder 不动点定理) 设 X 是 Banach 空间, K 是 X 中一闭凸集, $T:K\to K$ 为一连续映象, 且 $\overline{T(K)}$ 是 X 中的紧集, 则必存在 $x\in K$ 使得 $Tx=x$.

利用 Schauder 不动点定理可得到关于一簇交换放射映象公共不动点的存在性定理, 并能推广到局部凸线性拓扑空间的紧凸子集等.

1954 年, Krasnoselskii 成功地将 Banach 压缩映象原理与 Schauder 不动点定理有机结合, 证明了著名的 Krasnoselskii 不动点定理.

定理 1.2.6 (Krasnoselskii 不动点定理) 设 X 是 Banach 空间, K 是 X 的非空闭凸子集. 设 $T:K\to X$ 是压缩映象, $F:K\to X$ 是连续的紧映象, 且满足条件 $Fx+Ty\in K, \forall x,y\in K$, 则一定存在 $z\in K$, 使得 $(F+T)z=z$.

当然, 经过许多数学家不懈的努力, 经典的不动点定理在不同类型的映象和不同的空间框架下已得到了极大的丰富和完善. 例如, 基于 KKM 技巧推导所得到的 Ky Fan 不动点定理和 Schauder-Tychonoff 不动点定理等, 以及通过研究各类型映象的不动点方法在变分不等式、变分包含、平衡问题及鞍点问题中的应用, 并在不同的空间中建立一系列新的不动点定理[1-4].

1.3 不动点问题的数值方法

1.3.1 不动点迭代法

在数学、自然科学和工程技术等实际问题中, 经常会遇到求解以下函数方程

$$f(x)=0, \tag{1.3.1}$$

其中, f 是 n 次代数多项式 $(n\geqslant 2)$ 或超越函数等非线性的单变量函数. 如果存在某个 x^* 使方程 $f(x^*)=0$ 成立, 称 x^* 为方程 (1.3.1) 的根, 也称函数 f 的零点.

方程求根首先要判定是否存在的问题, 如果 f 是 n 次代数多项式, 则由代数学基本定理: 在复数域内方程存在 n 个根 (包含复根, m 重根为 m 个根); 如果 f 在区间 $[a,b]$ 上连续, 且 $f(a)f(b)<0$, 则由零点定理: 方程 (1.3.1) 在 $[a,b]$ 上至少存在一个实根. 求方程的根通常是采用逐次逼近思想构造迭代方法, 该方法产生一个迭代序列 $x_0,x_1,x_2,\cdots$, 在适当条件下使序列收敛到方程 (1.3.1) 的根.

通常采用二分法和牛顿迭代法等逐次逼近方程的根. 另外, 为了研究更有效的迭代公式逼近方程得根, 也可将方程 (1.3.1) 改写为等价形式

$$x = g(x), \tag{1.3.2}$$

即求 x^* 满足方程 $f(x^*) = 0$ 等价转化为满足 $x^* = g(x^*)$, 称 x^* 为 $g(x)$ 的不动点. 在方程的有根区间内任意给定一点 x_0, 代入方程 (1.3.2) 得 $x_1 = g(x_0)$. 将 x_1 代入方程 (1.3.2) 得 $x_2 = g(x_1)$. 类似地, 可得到迭代序列

$$x_{k+1} = g(x_k), \quad k = 0, 1, 2, \cdots, \tag{1.3.3}$$

对任意给定的 x_0, 如果序列 x_k 有极限 $\lim\limits_{k\to\infty} x_k = x^*$, 则称迭代法 (1.3.3) 是收敛的, 且对式 (1.3.3) 取极限可得 $x^* = g(x^*)$, 即 x^* 是 $g(x)$ 的不动点, 故式 (1.3.3) 称为不动点迭代法 [5].

例 1.3.1 利用不动点迭代法求方程 $f(x) = x^3 - 2x + 1 = 0$ 在 $x_0 = 1.5$ 附近的根.

解 将方程改写为 $x = g(x) = \sqrt[3]{2x-1}$, 由此建立迭代公式

$$x_{k+1} = \sqrt[3]{2x_k - 1}, \quad k = 0, 1, 2, \cdots, \tag{1.3.4}$$

并逐步计算得到相应的迭代序列

$$\begin{aligned}
&x_1 = 1.259\ 921, \quad x_2 = 1.149\ 740, \quad x_3 = 1.091\ 247\\
&x_4 = 1.057\ 466, \quad x_5 = 1.036\ 930, \quad x_6 = 1.024\ 038\\
&x_7 = 1.015\ 775, \quad x_8 = 1.010\ 408, \quad x_9 = 1.006\ 891\\
&\vdots\\
&x_{32} = 1.000\ 001, \quad x_{33} = 1.000\ 000, \quad x_{34} = 1.000\ 000.
\end{aligned}$$

数值结果显示迭代序列 $\{x_n\}$ 是收敛的, 且 $x_{34} = 1.000\ 000$ 即为方程的根.

1.3.2 迭代法收敛性

在例 1.3.1 中, 如果方程改写为 $x = g(x) = \dfrac{1}{2}(x^3 + 1)$, 由此建立迭代公式并计算得到相应的迭代序列

$$x_1 = 2.187\ 500, \quad x_2 = 5.733\ 765, \quad x_3 = 94.751\ 787, \quad x_4 = 425\ 336.585\ 938, \cdots.$$

数值结果显示迭代序列不收敛. 此列说明与方程等价的迭代函数 $g(x)$ 可能并不唯一, 在此基础上构造的迭代序列有的收敛, 有的发散. 因此, 需要进一步研究 $g(x)$ 不动点的存在性与迭代法的收敛性.

如果方程 $f(x) = 0$ 有根 x^*, 且等价于 $x = g(x)$, 则由式 (1.3.3) 得

$$x_{k+1} - x^* = g(x_k) - g(x^*) = g'(\xi)(x_k - x^*),$$

ξ 在 x_k 与 x^* 之间. 因此, 当 $|g'(\xi)| \leqslant L < 1$ 时, 可得

$$|x_{k+1} - x^*| \leqslant L|x_k - x^*| \leqslant \cdots \leqslant L^{k+1}|x_0 - x^*|.$$

定理 1.3.1 设 $g(x)$ 在 $[a,b]$ 上可导, 且 $\max\limits_{a\leqslant x\leqslant b}|g'(x)|\leqslant L<1$. 当 $x\in[a,b]$ 时, $g(x)\in[a,b]$, 则

①$g(x)$ 在 $[a,b]$ 上存在唯一的不动点 x^*.

②对任意给定的 $x_0\in[a,b]$, 由式 (1.3.3) 生成的迭代序列 $\{x_n\}$ 收敛到 x^*, 且有误差估计式

$$|x_k-x^*|\leqslant\frac{L^k}{1-L}|x_1-x_0|.$$

在例 1.3.1 中, 当 $g(x)=\sqrt[3]{2x-1}$ 时, $g'(x)=\frac{2}{3}(2x-1)^{-\frac{2}{3}}$, 且 $\max\limits_{1\leqslant x\leqslant 2}|g'(x)|=\frac{2}{3}<1$, 故对给定的 $x_0=1.5$, 迭代序列 $\{x_n\}$ 收敛. 然而, 当 $g(x)=\frac{1}{2}(x^3+1)$, $g'(x)=\frac{3}{2}x^2$, 且 $\max\limits_{1\leqslant x\leqslant 2}|g'(x)|\geqslant\frac{3}{2}$, 所以对给定的 $x_0=1.5$, 迭代序列 $\{x_n\}$ 发散, 也就无法实现逼近方程 $f(x)=0$ 根的最终目的. 需要说明的是, 定理 1.3.1 给出了方程 $f(x)=0$ 在 $[a,b]$ 上存在根的条件和迭代法 (1.3.3) 收敛的充分条件, 也是一个全局性的收敛定理, 收敛条件比较强. 实际问题中，通常只需要在 x^* 的附近研究序列 $\{x_n\}$ 的收敛性问题.

定义 1.3.1 设 $f(x^*)=0$, 且 $D_\delta=\{x:|x-x^*|\leqslant\delta,\delta>0\}$. 对任意的 $x_0\in D_\delta$, 迭代法 (1.3.3) 生成的序列 $\{x_n\}$ 都收敛到 x^*, 则称此迭代序列具有局部收敛 (local convergence).

定理 1.3.2 设 $f(x^*)=0$, $g'(x)$ 在 x^* 的邻域连续且 $|g'(x)|\leqslant L<1$, 则迭代法 (1.3.3) 是局部收敛的.

例 1.3.2 利用不同的不动点迭代法求方程 $x^3-1=0$ 的根 $x^*=1$, 并说明算法的收敛性.

解 将方程 $f(x)=0$ 分别改写为不同的等价形式 $x=g(x)$, 且:

① $x_{k+1}=\frac{1}{x_k^2}$, $g(x)=\frac{1}{x^2}$, $g'(x)=-\frac{2}{x^3}$, $g'(x^*)=g'(1)=-2$.

② $x_{k+1}=x_k^3+x_k-1$, $g(x)=x^3+x-1$, $g'(x)=3x^2+1$, $g'(x^*)=g'(1)=4$.

③ $x_{k+1}=-\frac{1}{3}x_k^3+x_k+\frac{1}{3}$, $g(x)=-\frac{1}{3}x^3+x+\frac{1}{3}$, $g'(x)=-x^2+1$, $g'(1)=0$, $g''(1)=-2$.

④ $x_{k+1}=-\frac{1}{4}x_k^2+x_k+\frac{1}{4x_k}$, $g(x)=-\frac{1}{4}x^2+x+\frac{1}{4x}$, $g'(x)=-\frac{1}{2}x+1-\frac{1}{4x^2}$, $g'(1)=\frac{1}{4}$.

⑤ $x_{k+1}=\frac{3}{4}x_k+\frac{1}{4x_k^2}$, $g(x)=\frac{3}{4}x+\frac{1}{4x^2}$, $g'(x)=\frac{3}{4}-\frac{1}{2x^3}$, $g'(1)=\frac{1}{4}$.

Matlab 数值结果显示, 在 $x_0=1.5$ 的附近不动点迭代法①和②是发散的, 然而迭代法③—⑤是收敛的. 同时, ③—⑤中的 $g'(x)$ 在 x^* 的邻域连续且 $|g'(x)|\leqslant L<1$, 则迭代法③—⑤是局部收敛的. 另外, 在满足收敛条件 $|g'(x)|\leqslant L<1$ 的前提下, 迭代法③的收敛速度最快, 迭代法④和⑤中的 $g'(1)=\frac{1}{4}$, 但迭代法④比⑤收敛稍快, 这说明收敛的快慢不仅仅与导数 $g'(x^*)$ 相关.

为此, 需要引入算法收敛阶的定义进一步分析算法的收敛速度.

定义 1.3.2 设迭代序列 $\{x_n\}$ 收敛到 x^*, 如果存在实数 $p\geqslant 1$ 和 $C\neq 0$, 当 $k\geqslant k_0$ 时 $x_k\neq x^*$, 且

$$\lim_{k\to\infty}\frac{x_{k+1}-x^*}{(x_k-x^*)^p}=C\neq 0.$$

表 1.3.1　$x_0 = 1.5$, 例 1.3.2 中迭代法①生成的迭代数值结果 $\{x_{n(i)}\}$

Iter.(n)	$x_{n(1)}$	$x_{n(2)}$	$x_{n(3)}$	$x_{n(4)}$	$x_{n(5)}$
1	0.444 444	3.875 000	0.708 333	1.104 167	1.236 111
2	5.062 500	61.060 54	0.923 201	1.025 786	1.090 699
3	0.039 018	2.277 1e5	0.994 253	1.006 442	1.028 175
4	656.840 8	1.181 e16	0.999 967	1.001 610	1.007 617
5	0.000 002	inf	1.000 000	1.000 403	1.001 947
6	1.861 e11	inf	1.000 000	1.000 101	1.000 490
7	0.000 000	inf	1.000 000	1.000 025	1.000 123
8	inf	inf	1.000 000	1.000 006	1.000 031
9	inf	inf	1.000 000	1.000 002	1.000 008
10	inf	inf	1.000 000	1.000 000	1.000 002

成立, 则称迭代序列 $\{x_n\}$ 是 p 阶收敛的 (order p convergence). 当 $p = 1$ 时称为线性收敛 (linear convergence), 当 $p > 1$ 时称为超线性收敛 (superlinear convergence), 当 $p = 2$ 时称为平方收敛 (quadratic convergence).

定理 1.3.3　设 $f(x^*) = 0$, 如果 $g^{(p)}(x)$ 在 x^* 的邻域连续且

$$g'(x^*) = g''(x^*) = \cdots = g^{(p-1)}(x^*) = 0,\ g^{(p)}(x^*) \neq 0,$$

则迭代法 (1.3.3) 是 p 阶收敛的.

在例 1.3.2 中, 当 $g(x) = -\dfrac{1}{3}x^3 + x + \dfrac{1}{3}$ 时, $g'(x) = -x^2 + 1$, $g'(1) = 0$, $g''(1) = -2$. 由定理 1.3.3 可知, 迭代法③是平方收敛的. 当 $g(x) = -\dfrac{1}{4}x^2 + x + \dfrac{1}{4x}$ 时, $g'(1) = \dfrac{1}{4} \neq 0$, 迭代法④是线性收敛的. 同时, 迭代函数 $g(x)$ 决定了迭代法的收敛阶, 收敛阶越高迭代序列收敛速度越快. 当然, 对收敛速度较慢或者不收敛的迭代法可用 Aitken 和 Steffensen 等迭代加速技巧改善迭代法的收敛性.

1.3.3 误差分析

误差是描述问题参数测量值或近似值与真实值之间差异性的指标. 按其来源, 大致可分为模型误差 (model error)、观测误差 (observational error)、截断误差 (truncation error) 及舍入误差 (tounding error). 应用数学知识解决实际问题时，首先要建立数学模型, 利用数学语言将实际问题转化为数学模型时产生的误差称为模型误差. 数学模型中都会包含一些参量, 如质量、长度、温度及电压等. 通过观测确定这些参量时产生的误差, 称为观测误差. 通常数学模型不能获得精确解, 需要建立数值方法求近似解, 由此产生的误差称为截断误差或方法误差. 建立求解数学问题方法后, 由于计算机的字长有限, 每一次运算可能由于四舍五入产生新的误差, 这类误差称为舍入误差或计算误差.

在计算机数值方法领域误差问题不容忽视, 其中与不动点逼近方法密切相关的是截断误差和舍入误差.

定义 1.3.3　设 x^* 为 x 的准确值, $\widetilde{x}$ 为 x 的近似值, 记

$$\Delta x = x^* - \widetilde{x}, \qquad \Delta_r x = \frac{x^* - \widetilde{x}}{x^*},$$

称 Δx 为近似值 $\widetilde{x}$ 的绝对误差 (absolute error), 简称误差. 称 $\Delta_r x$ 为近似值 $\widetilde{x}$ 的相对误差 (relative error).

实际问题中是因为不能求得准确值 x^* 才去求近似值 $\widetilde{x}$, 因此，通常情况下不能计算误差 Δx. 如果通过测量工具的精度和对计算方法的分析, 能够估计 Δx 的较好上界, 即

$$|\Delta x| = |x^* - \widetilde{x}| \leqslant \delta,$$

其中，$\delta > 0$, 称为绝对误差界. 由此可知，准确值 x^* 所在的范围: $\widetilde{x} - \delta \leqslant x \leqslant \widetilde{x} + \delta$, 也可在绝对误差界的基础上进一步定义相对误差界. 因此, 准确地说，误差只能估计, 无法计算.

对于运算工程与科学计算, 由于运算次数通常以千万计, 且原始数据存在模型误差或观测误差, 每一次运算又会产生新的舍入误差并传播前面各个数据的误差, 每一步误差有正有负, 都按其上界估计式不合理的, 逐步分析却又是不可能的. 因此, 在数值计算时, 必须保证各个数据的每一位都是可靠的, 这是一切有效运算的前提. 为此, 需要引入有效数值的概念.

定义 1.3.4 设 $\widetilde{x}$ 为 x 的近似值, 且

$$\widetilde{x} = \pm 0.a_1 a_2 a_3 \cdots a_n \times 10^k,$$

其中，$a_1 \neq 0$, $a_i (i = 1, 2, \cdots, n)$ 是 0 到 9 中的一个数字. 如果 $\widetilde{x}$ 的误差不超过末位 a_n 的半个单位, 即

$$|x - \widetilde{x}| \leqslant \frac{1}{2} \times 10^{k-n},$$

则称用 $\widetilde{x}$ 近似 x 时具有 n 位有效数字 (significant digits).

有效数字的概念说明: 当 x 的准确值 (或近似值) 有很多位数时, 计算机在进行下一步运算前需要按字长限制取 x 的适当位数来确定近似值 $\widetilde{x}$. 通常按四舍五入的规则来选取近似值能保证绝对误差最小, 并且取得近似值的每一位数都是有效的. 因此, 在数值分析中, $x = 3.14$ 和 $x = 3.140\ 0$ 并不相同, 它们的区别是有效数字的位数不同, 所描述问题的精度也就大不相同.

综上所述, 误差分析是对数值计算中的舍入误差进行的分析, 这是一个重要而复杂的问题, 至今尚无分析大型复杂运算误差的有效理论. 研究者们通常采用的误差分析方法主要有向前误差分析法、向后误差分析法和区间分析法. 然而, 这些方法在实际误差估计中都不大有效, 数值计算中通常侧重于误差的定性分析, 即研究数值算法的收敛性、稳定性和数值问题本身是否病态, 以及在数值算法设计中尽量避免放大误差的原则, 几乎不具体估计舍入误差界的问题. 简而言之, 如果一个数值算法的输入数据存在误差, 而计算过程中舍入误差不累计增长, 则称此算法是稳定的；否则，称此算法不稳定. 对数值问题自身而言, 如果输入数据有微小变动能引起输出数据 (即问题的解) 产生很大扰动 (误差), 数值问题就是病态的, 这是数学问题自身的因素决定的, 与数值问题的算法优劣无关.

第 2 章　非扩张型映象的不动点定理

本章介绍了非扩张映象、渐近非扩张映象、广义渐近非扩张映象及总拟 -φ-渐近非扩张映象的不动点逼近方法, 通过引入 Banach 极限、W_n 映象和广义 f-投影方法等技巧在 Banach 空间中建立逼近非扩张映象、渐近非扩张映象和广义渐近非扩张映象不动点的充分必要条件和强收敛定理, 并在一致光滑且严格凸的 Banach 空间中建立了关于一致总拟 -φ-渐近非扩张映象公共不动点的强收敛定理. 最后, 介绍了一个改进的逼近几乎 Lipschitzian 连续映象不动点的 SP-迭代方法, 在双曲空间中建立了关于几乎渐近非扩张映象不动点的 Δ-收敛定理.

2.1　非扩张映象的不动点定理

2.1.1　预备知识

设 E 为一实 Banach 空间,E^* 为 E 的对偶空间. 以 $\langle .,. \rangle$ 表示广义对偶对, 称 $J: E \to 2^{E^*}$ 为正规对偶映像, 如果

$$J(x) = \{f \in E^*: \langle x, f \rangle = \|x\| \cdot \|f\|, \|x\| = \|f\|\}, \quad \forall x \in E.$$

记 $U = \{x \in E \ \ \|x\| = 1\}$ 为 E 的单位球面, 对任意 $y \in U$, 如果极限 $\lim\limits_{t \to 0} \dfrac{\|x + ty\| - \|x\|}{t}$ 对 $x \in U$ 一致存在, 则称 E 的范数一致 Gâteaux 可微.

设 E 为一实 Banach 空间, K 为 E 的一个非空闭凸子集, 称映象 $T: K \to K$ 为非扩张映象, 如果

$$\|Tx - Ty\| \leqslant \|x - y\|, \quad \forall x, y \in K.$$

称映象 $f: K \to K$ 为压缩映象: 如果存在一实数 $\rho \in (0, 1)$, 使得

$$\|f(x) - f(y)\| \leqslant \rho\|x - y\|, \quad \forall x, y \in K.$$

以 $Fix(T)$ 表示 T 的不动点集合, 即 $Fix(T) = \{x \in K, Tx = x\}$.

Banach 空间中, 关于非扩张映象不动点的逼近问题已经被许多作者深入研究, 并获得了一系列很好的结果[6-10].2008 , Song[11] 进一步研究了 Halpern 迭代和改进的 Mann 迭代

$$x_{n+1} = \alpha_n u + (1 - \alpha_n)Tx_n, \ \forall n \geqslant 0,$$
$$x_{n+1} = \alpha_n u + (1 - \alpha_n)[\beta_n Tx_n + (1 - \beta_n)x_n], \ \forall n \geqslant 0.$$

其中, 给定点 $u \in K$, $\alpha_n, \beta_n \in (0,1)$, 并建立了一个新的逼近非扩张映射不动点的充分条件. 同时, Yao, Chen, Yao[10] 在一定的条件下研究了逼近非扩张映象不动点的修正的 Mann 迭代

$$\begin{cases} y_n = \beta_n x_n + (1-\beta_n)Tx_n, \\ x_{n+1} = \alpha_n f(x_n) + (1-\alpha_n)y_n, \quad \forall n \geqslant 0. \end{cases}$$

并在一致光滑的 Banach 空间中证明了逼近非扩张映象不动点的强收敛定理.

另一方面, Atsushiba, Takahashi[12] 为了讨论有限簇非扩张映象的强收敛性定理及其应用问题, 引入了 W_n 映象的定义: 设 $T_1, T_2, \cdots, T_N : K \to K$ 为 N 个非扩张映象, 且 $\Omega := \bigcap_{i=1}^N Fix(T_i)$. 如果序列 $\alpha_{n,1}, \alpha_{n,2}, \cdots, \alpha_{n,N} \in (0,1]$, $n \in \mathbb{N}$, 定义 W_n

$$\begin{aligned} U_{n,1} &= \alpha_{n,1}T_1 + (1-\alpha_{n,1})I, \\ U_{n,2} &= \alpha_{n,2}T_2U_{n,1} + (1-\alpha_{n,2})I, \\ &\vdots \\ U_{n,N-1} &= \alpha_{n,N-1}T_{N-1}U_{n,N-2} + (1-\alpha_{n,N-1})I, \\ W_n := U_{n,N} &= \alpha_{n,N}T_NU_{n,N-1} + (1-\alpha_{n,N})I. \end{aligned}$$

由文献 [12] 中的引理 3.1 可知, 如果 T_i 为非扩张映象, 则 W_n 为非扩张映象, 并且 $Fix(W_n) = \Omega$.

本节将在具有一致 Gâteaux 可微范数的 Banach 空间中建立逼近非扩张映象不动点和有限簇非扩张映象公共不动点的强收敛定理, 并通过修正的黏性迭代逐步去掉了对压缩系数 ρ 和迭代序列 $\{x_n\}$ 的限制, 引入 Banach 极限去掉了文献 [10] 证明中关于隐含步长 z_t 的限制条件, 所得的结果改进并推广了文献 [10-13] 中相应的结论.

2.1.2 基本结论

设 μ 是 l^∞ 上满足 $\|\mu\| = 1 = \mu(1)$ 的连续线性泛函,N 为正整迭代和改进数集. 如果对任意 $a = (a_1, a_2, \cdots) \in l^\infty$ 有 $\inf\{a_n; n \in N\} \leqslant \mu(a) \leqslant \sup\{a_n; n \in N\}$, 则称 μ 是 N 上的均值. 如果以 $\mu_n(a_n)$ 代替 $\mu(a)$, 并且满足 $\mu_n(a_n) = \mu_n(a_{n+1})$, 则称均值 μ_n 为 Banach 极限.

设 $\varphi(y) = \mu_n\|x_n - y\|^2$, $\forall y \in K$, 显然 $\varphi(y)$ 是连续的凸函数且 $\varphi(y) \to \infty$ $(\|y\| \to \infty)$. 如果 E 是自反的 Banach 空间, 则存在 $z \in K$ 使得 $\varphi(z) = \inf\limits_{y\in K} \varphi(y)$. 因此, $K_{\min} = \{z \in K; \varphi(z) = \inf\limits_{y\in K}\varphi(y)\} \neq \phi$, 且 $K_{\min}$ 为 E 的闭凸子集 [6,11].

引理 2.1.1[7] 设 E 为具有一致 Gâteaux 可微范数的实 Banach 空间, K 是 E 的非空闭凸子集. 设 $\{x_n\}$ 是 E 中的一个有界序列且以 μ_n 表示 Banach 极限. 如果 $z \in K$, 则 $\mu_n\|x_n - z\|^2 = \min\limits_{y\in K}\|x_n - y\|^2$ 等价于 $\mu_n\langle y - z, J(x_n - z)\rangle \leqslant 0$, $\forall y \in K$.

引理 2.1.2[8] 设 α 为一实数,$(x_0, x_1, \cdots) \in l^\infty$ 且对 Banach 极限 μ_n 满足 $\mu_n x_n \leqslant \alpha$. 如果 $\limsup\limits_{n\to\infty}(x_{n+1} - x_n) \leqslant 0$, 则 $\limsup\limits_{n\to\infty} x_n \leqslant \alpha$.

引理 2.1.3[9] 设 E 为一实 Banach 空间,E^* 为 E 的对偶空间,$J : E \to 2^{E^*}$ 是正规对偶映象, 则对任意 $x, y \in E$, 有 $\|x + y\|^2 \leqslant \|x\|^2 + 2\langle y, j(x + y)\rangle$, $\quad \forall j(x + y) \in J(x + y)$.

引理 2.1.4[14]　设 $\{x_n\},\{y_n\}$ 为 Banach 空间 E 中的有界序列, 且 $0<\liminf\gamma_n\leqslant\limsup\gamma_n<1$, 如果

$$\limsup_{n\to\infty}(\|y_{n+1}-y_n\|-\|x_{n+1}-x_n\|)\leqslant 0,\quad \forall n\geqslant 0.$$

其中,$x_{n+1}=(1-\gamma_n)y_n+\gamma_n x_n$, 则 $\lim\limits_{n\to\infty}\|y_n-x_n\|=0$.

引理 2.1.5[15]　设 $\{a_n\},\{\gamma_n\},\{\delta_n\}$ 为 3 个非负实数列, 并且 $\gamma_n\in(0,1)$. 如果满足不等式

$$a_{n+1}\leqslant(1-\gamma_n)a_n+\gamma_n\delta_n,\quad n\geqslant 0,$$

其中,$\sum\limits_{n=1}^{\infty}\gamma_n=\infty$, $\limsup\limits_{n\to\infty}\delta_n\leqslant 0$, 则 $\lim\limits_{n\to\infty}a_n=0$.

2.1.3　不动点算法及收敛性定理

算法 2.1.1　本节在 Song[11] 介绍的 Halpern 迭代和改进的 Mann 迭代的基础上, 定义一个逼近非扩张映象不动点的黏性迭代和修正的黏性迭代

$$x_{n+1}=\alpha_n f(x_n)+(1-\alpha_n)Tx_n,\quad \forall n\geqslant 0, \tag{2.1.1}$$

$$x_{n+1}=\alpha_n f(x_n)+(1-\alpha_n)[\beta_n Tx_n+(1-\beta_n)x_n],\quad \forall n\geqslant 0. \tag{2.1.2}$$

其中, $\{\alpha_n\},\{\beta_n\}\subset(0,1)$, f 是系数为 ρ 的压缩映象.

算法 2.1.2　在式 (2.1.1) 的基础上, 利用 W_n 映象进一步定义一个逼近有限簇非扩张映象公共不动点的修正的 Mann 迭代

$$\begin{cases} x_0=x\in K,\\ y_n=\beta_n x_n+(1-\beta_n)W_n x_n,\\ x_{n+1}=\alpha_n f(x_n)+(1-\alpha_n)y_n,\quad n\geqslant 0. \end{cases} \tag{2.1.3}$$

其中，$\alpha_n,\beta_n\in(0,1)$, 且 W_n 为文献 [12] 中定义的非扩张映象.

定理 2.1.1　设 E 为具有一致 Gâteaux 可微范数的 Banach 空间,K 为 E 的一个非空闭凸子集, $T:K\to K$ 为非扩张映象且 $Fix(T)\bigcap K_{\min}\neq\phi$. 如果 $\alpha_n,\beta_n\in(0,1)$, f 是系数为 ρ 的压缩映象且 $\rho\in(0,\dfrac{1}{2})$, 并满足下列条件:

① $\sum\limits_{n=1}^{\infty}\alpha_n=\infty$;

② $\lim\limits_{n\to\infty}\|x_{n+1}-x_n\|=0$.

则由式 (2.1.1) 定义的序列 $\{x_n\}$ 有界, 且 $\{x_n\}$ 强收敛于 T 的某个不动点 p.

证　设 $p\in Fix(T)\bigcap K_{\min}$, 由式 (2.1.1) 及 T 的非扩张性得

$$\begin{aligned}\|x_{n+1}-p\|&\leqslant\alpha_n\|f(x_n)-p\|+(1-\alpha_n)\|Tx_n-p\|\\ &\leqslant\alpha_n\|f(x_n)-f(p)\|+\alpha_n\|f(p)-p\|+(1-\alpha_n)\|x_n-p\|\\ &[1-(1-\rho)\alpha_n]\|x_n-p\|+\alpha_n\|f(p)-p\|.\end{aligned} \tag{2.1.4}$$

记 $M=\max\{\|x_0-p\|,\dfrac{\|f(p)-p\|}{1-\rho}\}$, 由数学归纳法得 $\|x_n-p\|\leqslant M$, 即 $\{x_n\}$ 为有界序列.

由于 $\mu_n\|x_n-p\|^2=\inf_{y\in K}\|x_n-y\|^2$ 和 $p=Tp$, 则由引理 2.1.1 得

$$\mu_n\langle f(p)-p,J(x_n-p)\rangle\leqslant 0. \tag{2.1.5}$$

又因为正规对偶映象 $J:E\to 2^{E^*}$ 在具有一致 Gâteaux 可微范数的 Banach 空间 E 上是单值的, 且在 E 的任意有界子集上由 E 的范数拓扑到 E^* 的弱 * 拓扑是一致连续的, 则由②可得

$$\lim_{n\to\infty}(\langle f(p)-p,J(x_{n+1}-p)\rangle-\langle f(p)-p,J(x_n-p)\rangle)=0. \tag{2.1.6}$$

即序列 $\{\langle f(p)-p,J(x_n-p)\rangle\}$ 满足引理 2.1.2 中的条件, 所以

$$\limsup_{n\to\infty}\langle f(p)-p,J(x_{n+1}-p)\rangle\leqslant 0. \tag{2.1.7}$$

另一方面, 因为 f 的压缩系数 $\rho\in(0,\dfrac{1}{2})$, 由式 (2.1.1) 和引理 2.1.3 得

$$\begin{aligned}\|x_{n+1}-p\|^2&=\|\alpha_n(f(x_n)-p)+(1-\alpha_n)(Tx_n-p)\|^2\\&\leqslant(1-\alpha_n)^2\|Tx_n-p\|^2+2\alpha_n(x_n)-p,J(x_{n+1}-p)\rangle\\&\leqslant(1-\alpha_n)\|x_n-p\|^2+2\alpha_n\langle f(x_n)-f(p),J(x_{n+1}-p)\rangle+\\&2\alpha_n\langle f(p)-p,J(x_{n+1}-p)\rangle\\&\leqslant(1-\alpha_n)\|x_n-p\|^2+2\alpha_n\|f(x_n)-f(p)\|\cdot\|x_{n+1}-p\|+\\&2\alpha_n\langle f(p)-p,J(x_{n+1}-p)\rangle\\&\leqslant(1-\alpha_n)\|x_n-p\|^2+\rho\alpha_n(\|x_n-p\|^2+\|x_{n+1}-p\|^2)+\\&2\alpha_n\langle f(p)-p,J(x_{n+1}-p)\rangle.\end{aligned}$$

整理上式得

$$\begin{aligned}\|x_{n+1}-p\|^2&\leqslant\frac{(1-\alpha_n)+\rho\alpha_n}{1-\rho\alpha_n}\|x_n-p\|^2+\frac{2\alpha_n}{1-\rho\alpha_n}\langle f(p)-p,J(x_{n+1}-p)\rangle\\&=\Big[1-\frac{(1-2\rho)\alpha_n}{1-\rho\alpha_n}\Big]\|x_n-p\|^2+\frac{2\alpha_n}{1-\rho\alpha_n}\langle f(p)-p,J(x_{n+1}-p)\rangle.\end{aligned} \tag{2.1.8}$$

取 $\gamma_n=\dfrac{(1-2\rho)\alpha_n}{1-\rho\alpha_n},\delta_n=\dfrac{1}{1-2\rho}\langle f(p)-p,J(x_{n+1}-p)\rangle$, 由①和式 (2.1.8) 可得 $\gamma_n\in(0,1)$ 且

$$\sum_{n=1}^{\infty}\gamma_n=\infty,\qquad \limsup_{n\to\infty}\delta_n\leqslant 0. \tag{2.1.9}$$

由式 (2.1.7)、式 (2.1.8) 和引理 2.1.5 得 $\lim\limits_{n\to\infty}\|x_n-p\|=0$, 即序列 $\{x_n\}$ 强收敛于不动点 $p\in Fix(T)$.

定理 2.1.2 设 E 为具有一致 Gâteaux 可微范数的 Banach 空间,K 为 E 的一个非空闭凸子集, $T:K\to K$ 为非扩张映象且 $Fix(T)\bigcap K_{\min}\neq\phi$. 如果 $\alpha_n,\beta_n\in(0,1)$, f 是系数为 ρ 的压缩映象, 并满足下列条件:

① $\lim\limits_{n\to\infty}\alpha_n=0,\ \sum\limits_{n=1}^{\infty}\alpha_n=\infty$;

② $\lim\limits_{n\to\infty}\|x_{n+1}-x_n\|=0$.

则由式 (2.1.2) 定义的迭代序列 $\{x_n\}$ 有界, 且 $\{x_n\}$ 强收敛于 T 的某个不动点 p.

证 设 $p\in Fix(T)\bigcap K_{\min}$, 由式 (2.1.2) 得

$$\begin{aligned}\|x_{n+1}-p\|&=\|\alpha_n(f(x_n)-p)+(1-\alpha_n)(\beta_n(Tx_n-p)+(1-\beta_n)(x_n-p))\|\\&\leqslant\alpha_n\|f(x_n)-p\|+(1-\alpha_n)\|\beta_n(Tx_n-p)+(1-\beta_n)(x_n-p)\|\\&\leqslant\alpha_n\|f(x_n)-p\|+(1-\alpha_n)(\beta_n\|Tx_n-p\|+(1-\beta_n)\|x_n-p\|)\\&\leqslant\alpha_n\|f(x_n)-f(p)\|+\alpha_n\|f(p)-p\|+(1-\alpha_n)\|x_n-p\|\\&\leqslant[1-(1-\rho)\alpha_n]\|x_n-p\|+\alpha_n\|f(p)-p\|.\end{aligned}\tag{2.1.10}$$

由式 (2.1.4) 可得 $\|x_n-p\|\leqslant M$, 即 $\{x_n\}$ 为有界序列.

另一方面, 因为 f 的压缩系数 $\rho\in(0,1)$, 由式 (2.1.2) 和引理 2.1.3 得

$$\begin{aligned}\|x_{n+1}-p\|^2&=\|\alpha_n(f(x_n)-p)+(1-\alpha_n)(\beta_n(Tx_n-p)+(1-\beta_n)(x_n-p))\|^2\\&\leqslant(1-\alpha_n)^2\|\beta_n(Tx_n-p)+(1-\beta_n)(x_n-p)\|^2+2\alpha_n\langle f(x_n)-p,J(x_{n+1}-p)\rangle\\&\leqslant(1-\alpha_n)^2\|x_n-p\|^2+2\alpha_n\langle f(x_n)-f(p),J(x_{n+1}-p)\rangle+\\&\quad 2\alpha_n\langle f(p)-p,J(x_{n+1}-p)\rangle\\&\leqslant(1-\alpha_n)^2\|x_n-p\|^2+\rho\alpha_n(\|x_n-p\|^2+\|x_{n+1}-p\|^2)+\\&\quad 2\alpha_n\langle f(p)-p,J(x_{n+1}-p)\rangle.\end{aligned}$$

记 $M_1=\sup\limits_{n\geqslant0}\|x_n-p\|^2$, 并整理上式得

$$\begin{aligned}\|x_{n+1}-p\|^2&\leqslant\frac{[1-\alpha_n)^2+\rho\alpha_n}{1-\rho\alpha_n}\|x_n-p\|^2+\frac{2\alpha_n}{1-\rho\alpha_n}\langle f(p)-p,J(x_{n+1}-p)\rangle\\&\leqslant\Big[1-\frac{2(1-\rho)\alpha_n}{1-\rho\alpha_n}\Big]\|x_n-p\|^2+\frac{2\alpha_n}{1-\rho\alpha_n}\langle f(p)-p,J(x_{n+1}-p)\rangle+\frac{\alpha_n^2}{1-\rho\alpha_n}M_1\\&\leqslant(1-\gamma_n)\|x_n-p\|^2+\gamma_n\Big[\frac{1}{1-\rho}\langle f(p)-p,J(x_{n+1}-p)\rangle+\frac{\alpha_n}{2(1-\rho)}M_1\Big].\end{aligned}\tag{2.1.11}$$

取 $\gamma_n=\dfrac{2(1-\rho)\alpha_n}{1-\rho\alpha_n}$, $\delta_n=\dfrac{1}{1-\rho}\langle f(p)-p,J(x_{n+1}-p)\rangle+\dfrac{\alpha_n}{2(1-\rho)}M_1$, 由式 (2.1.7) 和①得

$$\sum_{n=1}^{\infty}\gamma_n=\infty,\qquad\limsup_{n\to\infty}\delta_n\leqslant0.\tag{2.1.12}$$

由式 (2.1.11)、式 (2.1.12) 和引理 2.1.5 得 $\lim\limits_{n\to\infty}\|x_n-p\|=0$, 即序列 $\{x_n\}$ 强收敛于不动点 $p\in Fix(T)$.

定理 2.1.3 设 E 为具有一致 Gâteaux 可微范数的 Banach 空间 ,K 为 E 的一个非空闭凸子集, $T:K\to K$ 为非扩张映象且 $Fix(T)\bigcap K_{\min}\neq\phi$. 如果 $\alpha_n,\beta_n\in(0,1)$, f 是系数为 ρ 的压缩映象, 并满足下列条件:

① $\lim\limits_{n\to\infty}\alpha_n=0,\ \sum\limits_{n=1}^{\infty}\alpha_n=\infty;$

② $\lim\limits_{n\to\infty}\beta_n=0$ or $0<\liminf\limits_{n\to\infty}\beta_n\leqslant\limsup\limits_{n\to\infty}\beta_n<1.$

则由式 (2.1.2) 定义的迭代序列 $\{x_n\}$ 有界, 且 $\{x_n\}$ 强收敛于 T 的某个不动点 p.

证 由定理 2.1.2 得 $\{x_n\},\{f(x_n)\},\{Tx_n\}$ 有界. 记 $M_2\geqslant\max\{\|f(x_n)-x_n\|,\|Tx_n-x_n\|,\|x_n-p\|\}$, 则

$$\|x_{n+1}-x_n\|\leqslant\alpha_n\|f(x_n)-x_n\|+(1-\alpha_n)\beta_n\|Tx_n-x_n\|\leqslant(\alpha_n+\beta_n)M_2,\tag{2.1.13}$$

由条件①和 $\lim\limits_{n\to\infty}\beta_n=0$ 可得 $\lim\limits_{n\to\infty}\|x_{n+1}-x_n\|=0$. 由定理 2.1.2 得 $\{x_n\}$ 强收敛于不动点 $p\in Fix(T)$.

另一方面, 如果 $0<\liminf\limits_{n\to\infty}\beta_n\leqslant\limsup\limits_{n\to\infty}\beta_n<1$, 令 $\gamma_n=(1-\alpha_n)\beta_n$, $n\geqslant0$, 并定义 $x_{n+1}=\gamma_nx_n+(1-\gamma_n)z_n$, 则

$$\begin{aligned}z_{n+1}-z_n=&\frac{x_{n+2}-\gamma_{n+1}x_{n+1}}{1-\gamma_{n+1}}-\frac{x_{n+1}-\gamma_nx_n}{1-\gamma_n}\\=&\frac{\alpha_{n+1}f(x_{n+1})+(1-\alpha_{n+1})[\beta_{n+1}x_{n+1}+(1-\beta_{n+1})Tx_{n+1}]-\gamma_{n+1}x_{n+1}}{1-\gamma_{n+1}}-\\&\frac{\alpha_nf(x_n)+(1-\alpha_n)[\beta_nx_n+(1-\beta_n)Tx_n]-\gamma_nx_n}{1-\gamma_n}\\=&\frac{\alpha_{n+1}f(x_{n+1})}{1-\gamma_{n+1}}-\frac{\alpha_nf(x_n)}{1-\gamma_n}+\frac{(1-\alpha_{n+1})(1-\beta_{n+1})Tx_{n+1}}{1-\gamma_{n+1}}-\frac{(1-\alpha_n)(1-\beta_n)Tx_n}{1-\gamma_n}\\=&\frac{\alpha_{n+1}f(x_{n+1})}{1-\gamma_{n+1}}-\frac{\alpha_nf(x_n)}{1-\gamma_n}+(Tx_{n+1}-Tx_n)-\frac{\alpha_{n+1}}{1-\gamma_{n+1}}Tx_{n+1}+\frac{\alpha_n}{1-\gamma_n}Tx_n.\end{aligned}\tag{2.1.14}$$

由式 (2.1.14) 和 T 的非扩张性得

$$\|z_{n+1}-z_n\|-\|x_{n+1}-x_n\|\leqslant\frac{\alpha_{n+1}}{1-\gamma_{n+1}}(\|f(x_{n+1})\|+\|Tx_{n+1}\|)+\frac{\alpha_n}{1-\gamma_n}(f(x_n)+\|Tx_n\|).\tag{2.1.15}$$

由条件①及 $\{f(x_n)\},\{Tx_n\}$ 的有界性, 得

$$\limsup_{n\to\infty}(\|z_{n+1}-z_n\|-\|x_{n+1}-x_n\|)\leqslant0.\tag{2.1.16}$$

由引理 2.1.4 得 $\lim\limits_{n\to\infty}\|z_n-x_n\|=0$. 又因为 $x_{n+1}-x_n=(1-\gamma_n)(z_n-x_n)$, 所以 $\lim\limits_{n\to\infty}\|x_{n+1}-x_n\|=0$. 由定理 2.1.2 得 $\{x_n\}$ 强收敛于不动点 $p\in Fix(T)$.

定理 2.1.4 设 E 为具有一致 Gâteaux 可微范数的实 Banach 空间, E^* 为 E 的对偶空间,K 为 E 的一个非空闭凸子集, $T_1,T_2,\cdots,T_N:K\to K$ 为非扩张映象且 $\Omega\bigcap K_{\min}\neq\phi$. 如果 $\alpha_n,\beta_n\in(0,1)$, f 是系数为 ρ 的压缩映象, 并满足下列条件:

①$\alpha_n\to0,\ \sum\limits_{n=0}^{\infty}\alpha_n=\infty;$

②$0<\liminf\limits_{n\to\infty}\beta_n\leqslant\limsup\limits_{n\to\infty}\beta_n<1;$

③$\lim\limits_{n\to\infty}(\alpha_{n,i}-\alpha_{n-1,i})=0.$

则由式 (2.1.3) 定义的迭代序列 $\{x_n\}$ 强收敛到 $T_1, T_2, \cdots, T_N$ 的某个公共不动点 p.

证　首先, 证明序列 $\{x_n\}$ 有界. 设 $p \in \Omega \bigcap K_{\min}$, 则

$$\begin{aligned}
\|x_{n+1}-p\| &= \|\alpha_n(f(x_n)-p)+(1-\alpha_n)[\beta_n(x_n-p)+(1-\beta_n)(W_nx_n-p)]\| \\
&\leqslant \alpha_n\|f(x_n)-p\|+(1-\alpha_n)[\beta_n\|x_n-p\|+(1-\beta_n)\|W_nx_n-p\|] \\
&\leqslant \alpha_n\|f(x_n)-f(p)\|+\alpha_n\|f(p)-p\|+(1-\alpha_n)\|x_n-p\| \\
&\leqslant [1-(1-\rho)\alpha_n]\|x_n-p\|+\alpha_n\|f(p)-p\| \\
&\leqslant \max\left\{\|x_n-p\|, \frac{\|f(p)-p\|}{1-\rho}\right\}.
\end{aligned}$$

类似地, 递推可得

$$\|x_n-p\| \leqslant \max\left\{\|x_0-p\|, \frac{\|f(p)-p\|}{1-\rho}\right\}, \quad n \geqslant 0. \tag{2.1.17}$$

因此 $\{x_n\}$ 有界, 进一步可得 $\{f(x_n)\}$ 和 $\{W_nx_n\}$ 有界.

其次, 证明 $\lim\limits_{n\to\infty}\|x_{n+1}-x_n\|=0$. 令 $\gamma_n=(1-\alpha_n)\beta_n$, $n \geqslant 0$, 则由条件①和②得

$$0 < \liminf_{n\to\infty}\gamma_n \leqslant \limsup_{n\to\infty}\gamma_n < 1. \tag{2.1.18}$$

如果定义 $x_{n+1}=\gamma_nx_n+(1-\gamma_n)z_n$, 结合式 (2.1.3) 得

$$\begin{aligned}
z_{n+1}-z_n =& \frac{x_{n+2}-\gamma_{n+1}x_{n+1}}{1-\gamma_{n+1}}-\frac{x_{n+1}-\gamma_nx_n}{1-\gamma_n} \\
=& \frac{\alpha_{n+1}f(x_{n+1})+(1-\alpha_{n+1})[\beta_{n+1}x_{n+1}+(1-\beta_{n+1})W_{n+1}x_{n+1}]-\gamma_{n+1}x_{n+1}}{1-\gamma_{n+1}}- \\
& \frac{\alpha_nf(x_n)+(1-\alpha_n)[\beta_nx_n+(1-\beta_n)W_nx_n]-\gamma_nx_n}{1-\gamma_n} \\
=& \frac{\alpha_{n+1}f(x_{n+1})}{1-\gamma_{n+1}}-\frac{\alpha_nf(x_n)}{1-\gamma_n}+\frac{(1-\alpha_{n+1})(1-\beta_{n+1})W_{n+1}x_{n+1}}{1-\gamma_{n+1}}- \\
& \frac{(1-\alpha_n)(1-\beta_n)W_nx_n}{1-\gamma_n} \\
=& \frac{\alpha_{n+1}f(x_{n+1})}{1-\gamma_{n+1}}-\frac{\alpha_nf(x_n)}{1-\gamma_n}+(W_{n+1}x_{n+1}-W_nx_n)-\frac{\alpha_{n+1}}{1-\gamma_{n+1}}W_{n+1}x_{n+1}+ \\
& \frac{\alpha_n}{1-\gamma_n}W_nx_n.
\end{aligned}$$

由此可得

$$\begin{aligned}
\|z_{n+1}-z_n\| \leqslant& \frac{\alpha_{n+1}}{1-\gamma_{n+1}}(\|f(x_{n+1})\|+\|W_{n+1}x_{n+1}\|)+\frac{\alpha_n}{1-\gamma_n}(\|f(x_n)\|+\|W_nx_n\|)+ \\
& \|W_{n+1}x_{n+1}-W_{n+1}x_n\|+\|W_{n+1}x_n-W_nx_n\|.
\end{aligned} \tag{2.1.19}$$

因为 T_i 和 $U_{n,N}$ 为非扩张映象, 则

$$\begin{aligned}\|W_{n+1}x_n - W_nx_n\| &= \|\alpha_{n+1,N}T_NU_{n+1,N-1}x_n + (1-\alpha_{n+1,N})x_n - \alpha_{n,N}T_NU_{n,N-1}x_n - \\ &\quad (1-\alpha_{n,N})x_n\| \\ &\leqslant |\alpha_{n+1,N}-\alpha_{n,N}|\|x_n\| + \|\alpha_{n+1,N}T_NU_{n+1,N-1}x_n - \alpha_{n,N}T_NU_{n,N-1}x_n\| \\ &\leqslant |\alpha_{n+1,N}-\alpha_{n,N}|\|x_n\| + \|\alpha_{n+1,N}(T_NU_{n+1,N-1}x_n - T_NU_{n,N-1}x_n)\| + \\ &\quad |\alpha_{n+1,N}-\alpha_{n,N}|\|T_NU_{n,N-1}x_n\| \\ &\leqslant 2M|\alpha_{n+1,N}-\alpha_{n,N}| + \alpha_{n+1,N}\|U_{n+1,N-1}x_n - U_{n,N-1}x_n\|, \end{aligned} \tag{2.1.20}$$

其中, 常数 $M = \max\{\|x_n\|, \sup\limits_{0\leqslant i\leqslant N-2}\|T_{N-i}U_{n,N-(i+1)}x_n\|, n\geqslant 1\}$, 并且

$$\begin{aligned}\|U_{n+1,N-1}x_n - U_{n,N-1}x_n\| &= \|\alpha_{n+1,N-1}T_{N-1}U_{n+1,N-2}x_n + (1-\alpha_{n+1,N-1})x_n - \\ &\quad \alpha_{n,N-1}T_{N-1}U_{n,N-2}x_n - (1-\alpha_{n,N-1})x_n\| \\ &\leqslant |\alpha_{n+1,N-1}-\alpha_{n,N-1}|\|x_n\| + \|\alpha_{n+1,N-1}T_{N-1}U_{n+1,N-2}x_n - \\ &\quad \alpha_{n,N-1}T_{N-1}U_{n,N-2}x_n\| \\ &\leqslant |\alpha_{n+1,N-1}-\alpha_{n,N-1}|\|x_n\| + \alpha_{n+1,N-1}\|T_{N-1}U_{n+1,N-2}x_n - T_{N-1}U_{n,N-2}x_n\| + \\ &\quad |\alpha_{n+1,N-1}-\alpha_{n,N-1}|M \\ &\leqslant 2M|\alpha_{n+1,N-1}-\alpha_{n,N-1}| + \alpha_{n+1,N-1}\|U_{n+1,N-2}x_n - U_{n,N-2}x_n\| \\ &\leqslant 2M|\alpha_{n+1,N-1}-\alpha_{n,N-1}| + \|U_{n+1,N-2}x_n - U_{n,N-2}x_n\|. \end{aligned}$$

因此, 有

$$\begin{aligned}\|U_{n+1,N-1}x_n - U_{n,N-1}x_n\| &\leqslant 2M|\alpha_{n+1,N-1}-\alpha_{n,N-1}| + 2M|\alpha_{n+1,N-2}-\alpha_{n,N-2}| + \\ &\quad \|U_{n+1,N-3}x_n - U_{n,N-3}x_n\| \\ &\leqslant 2M\sum_{i=2}^{N-1}|\alpha_{n+1,i}-\alpha_{n,i}| + \|U_{n+1,1}x_n - U_{n,1}x_n\| \\ &\leqslant 2M\sum_{i=2}^{N-1}|\alpha_{n+1,i}-\alpha_{n,i}| + \|\alpha_{n+1,1}T_1x_n + (1-\alpha_{n+1,1})x_n - \alpha_{n,1}T_1x_n - (1-\alpha_{n,1})x_n\| \\ &\leqslant 2M\sum_{i=2}^{N-1}|\alpha_{n+1,i}-\alpha_{n,i}| + |\alpha_{n+1,1}-\alpha_{n,1}|\|x_n\| + \|\alpha_{n+1,1}T_1x_n - \alpha_{n,1}T_1x_n\| \\ &\leqslant 2M\sum_{i=1}^{N-1}|\alpha_{n+1,i}-\alpha_{n,i}|. \end{aligned} \tag{2.1.21}$$

将式 (2.1.21) 代入式 (2.1.20) 得

$$\begin{aligned}\|W_{n+1}x_n - W_nx_n\| &\leqslant 2M|\alpha_{n+1,N}-\alpha_{n,N}| + 2\alpha_{n+1,1}M\sum_{i=1}^{N-1}|\alpha_{n+1,i}-\alpha_{n,i}| \\ &\leqslant 2M\sum_{i=1}^{N}|\alpha_{n+1,i}-\alpha_{n,i}|. \end{aligned} \tag{2.1.22}$$

将式 (2.1.22) 代入式 (2.1.19) 得

$$\begin{aligned}\|z_{n+1}-z_n\|-\|x_{n+1}-x_n\| \leqslant &\frac{\alpha_{n+1}}{1-\gamma_{n+1}}(\|f(x_{n+1})\|+\|W_{n+1}x_{n+1}\|)+\\ &\frac{\alpha_n}{1-\gamma_n}(\|f(x_n)\|+\|W_nx_n\|)+2M\sum_{i=1}^{N}|\alpha_{n+1,i}-\alpha_{n,i}|.\end{aligned}$$

由条件① $\alpha_n \to 0$ 和条件③ $\lim\limits_{n\to\infty}(\alpha_{n,i}-\alpha_{n-1,i})=0$, 得

$$\limsup_{n\to\infty}(\|z_{n+1}-z_n\|-\|x_{n+1}-x_n\|)\leqslant 0. \tag{2.1.23}$$

由式 (2.1.18)、式 (2.1.23) 和引理 2.1.4 得

$$\lim_{n\to\infty}\|z_n-x_n\|=0.$$

并且

$$\lim_{n\to\infty}\|x_{n+1}-x_n\|=\lim_{n\to\infty}(1-\gamma_n)\|z_n-x_n\|=0. \tag{2.1.24}$$

最后, 证明 $\{x_n\}$ 强收敛到 $p\in\Omega$. 因为 $\mu_n\|x_n-p\|^2=\inf\limits_{y\in K}\mu_n\|x_n-y\|^2$ 和 $p=Tp$, 由引理 2.1.1 得

$$\mu_n\langle f(p)-p, J(x_n-p)\rangle\leqslant 0. \tag{2.1.25}$$

由于正规对偶映象 $J:E\to 2^{E^*}$ 在一致 Gâteaux 可微范数的 Banach 空间 E 上是单值的, 且在 E 的任意有界子集上由 E 的范数拓扑到 E^* 的弱 * 拓扑是一致连续的, 则由式 (2.1.24) 得

$$\lim_{n\to\infty}(\langle f(p)-p, J(x_{n+1}-p)\rangle-\langle f(p)-p, J(x_n-p)\rangle)=0,$$

即序列 $\{\langle f(p)-p, J(x_n-p)\rangle\}$ 满足引理 2.1.2 中的条件, 所以

$$\limsup_{n\to\infty}\langle f(p)-p, J(x_{n+1}-p)\rangle\leqslant 0. \tag{2.1.26}$$

另一方面, 由于 f 的压缩系数 $\rho\in(0,1)$, 由式 (2.1.3) 和引理 2.1.3 得

$$\begin{aligned}\|x_{n+1}-p\|^2&=\|\alpha_n(f(x_n)-p)+(1-\alpha_n)[\beta_n(x_n-p)+(1-\beta_n)(W_nx_n-p)]\|^2\\ &\leqslant(1-\alpha_n)^2\|\beta_n(x_n-p)+(1-\beta_n)(W_nx_n-p)\|^2+2\alpha_n\langle f(x_n)-p, J(x_{n+1}-p)\rangle\\ &\leqslant(1-\alpha_n)^2[\beta_n\|x_n-p\|+(1-\beta_n)\|x_n-p\|]^2+2\alpha_n\langle f(x_n)-p, J(x_{n+1}-p)\rangle\\ &\leqslant(1-\alpha_n)^2\|x_n-p\|^2+2\alpha_n\langle f(x_n)-f(p), J(x_{n+1}-p)\rangle+2\alpha_n\langle f(p)-p, J(x_{n+1}-p)\rangle\\ &\leqslant(1-\alpha_n)^2\|x_n-p\|^2+\rho\alpha_n(\|x_n-p\|^2+\|x_{n+1}-p\|^2)+2\alpha_n\langle f(p)-p, J(x_{n+1}-p)\rangle,\end{aligned}$$

整理可得 (不妨记 $M_1=\sup\limits_{n\geqslant 0}\|x_n-p\|^2$)

$$\begin{aligned}\|x_{n+1}-p\|^2&\leqslant\frac{1-2\alpha_n+\rho\alpha_n}{1-\rho\alpha_n}\|x_n-p\|^2+\frac{2\alpha_n}{1-\rho\alpha_n}\langle f(p)-p, J(x_{n+1}-p)\rangle+\frac{\alpha_n^2}{1-\rho\alpha_n}\|x_n-p\|^2\\ &\leqslant\left[1-\frac{2(1-\rho)\alpha_n}{1-\rho\alpha_n}\right]\|x_n-p\|^2+\frac{2\alpha_n}{1-\rho\alpha_n}\langle f(p)-p, J(x_{n+1}-p)\rangle+\frac{\alpha_n^2}{1-\rho\alpha_n}M_1\\ &\leqslant(1-\lambda_n)\|x_n-p\|^2+\lambda_n\left[\frac{1}{1-\rho}\langle f(p)-p, J(x_{n+1}-p)\rangle+\frac{\alpha_n}{2(1-\rho)}M_1\right],\end{aligned} \tag{2.1.27}$$

其中，$\lambda_n = \dfrac{2(1-\rho)\alpha_n}{1-\rho\alpha_n}$, $\delta_n = \dfrac{1}{1-\rho}\langle f(p)-p, J(x_{n+1}-p)\rangle + \dfrac{\alpha_n}{2(1-\rho)}M_1$. 由条件①和式 (2.1.26) 得

$$\sum_{n=1}^{\infty}\lambda_n = \infty \quad \text{and} \quad \limsup_{n\to\infty}\delta_n \leqslant 0.$$

由式 (2.1.27) 和引理 2.1.5 得

$$\lim_{n\to\infty}\|x_n - p\| = 0, \tag{2.1.28}$$

即序列 $\{x_n\}$ 强收敛于不动点 $p \in Fix(T)$.

定理 2.1.5 设 E 为具有一致 Gâteaux 可微范数的实 Banach 空间, E^* 为 E 的对偶空间, K 为 E 的一个非空闭凸子集, $T_1, T_2, \cdots, T_N : K \to K$ 为非扩张映象且 $\Omega \bigcap K_{\min} \neq \phi$. 如果 $\alpha_n, \beta_n \in (0,1)$, f 是系数为 ρ 的压缩映象, 并满足下列条件:

① $\alpha_n \to 0$, $\sum\limits_{n=0}^{\infty}\alpha_n = \infty$;

② $\lim\limits_{n\to\infty}\beta_n = 1$;

③ $\lim\limits_{n\to\infty}(\alpha_{n,i} - \alpha_{n-1,i}) = 0$.

则由式 (2.1.3) 定义的迭代序列 $\{x_n\}$ 强收敛到 $T_1, T_2, \cdots, T_N$ 的某个公共不动点 p.

证 设 $p \in \Omega \bigcap K_{\min}$, 由 (2.1.3) 得

$$\|x_{n+1} - x_n\| \leqslant \alpha_n\|f(x_n) - x_n\| + (1-\alpha_n)(1-\beta_n)\|W_n x_n - x_n\|.$$

由条件②和 $\{x_n\}, \{W_n x_n\}$ 的有界性, 得 $\lim\limits_{n\to\infty}\|x_{n+1} - x_n\| = 0$. 定理结论由式 (2.1.24) 和定理 2.1.4 类似可证.

2.2 渐近非扩张映象的不动点定理

2.2.1 预备知识

设 E 为一实 Banach 空间, K 为 E 的一个非空闭凸子集, $J : E \to 2^{E^*}$ 为正规对偶映象. 称映象 $T : K \to K$ 为渐近非扩张映象, 如果存在序列 $\{k_n\} \subset [1, +\infty)$, 且 $\lim\limits_{n\to\infty} k_n = 1$, 使得

$$\|T^n x - T^n y\| \leqslant k_n\|x - y\|, \quad \forall x, y \in K.$$

称映射 $T : K \to K$ 为广义渐近非扩张映象, 如果存在序列 $\{k_n\} \subset [1, +\infty)$, $\{l_n\} \subset [0, +\infty)$ 且 $k_n \to 1, l_n \to 0\ (n \to \infty)$, 使得

$$\|T^n x - T^n y\| \leqslant k_n\|x - y\| + l_n, \quad \forall x, y \in K.$$

显然, 当 $l_n = 0$ 时, 广义渐近非扩张映象就退化为渐近非扩张映射, 且非扩张映象是 $k_n = 1$ 时的渐近非扩张映象, 但其逆命题并不成立. 以 $Fix(T)$ 表示 T 的不动点集合, 即 $Fix(T) = \{x \in K, Tx = x\}$, 以 $d(x, K) = \inf\limits_{q\in K}\|x - q\|$ 表示任意点 x 到 K 的距离.

Banach 空间中, 关于渐近非扩张映象不动点的逼近问题已经被许多作者深入研究, 并获得了一系列很好的结果．其迭代格式主要包括 Mann 迭代和 Ishikawa 迭代, 并且许多迭代方法已被用来研究某些实际问题的近似解 [11,16-23]. 2006 年,Chang[24] 等引入了逼近有限个渐近非扩张映象公共不动点的多步迭代格式, 并在适当条件下证明了该迭代格式逼近渐近非扩张映象不动点的强弱收敛性定理. 2007 年, 文献 [25] 引入了一个逼近渐近非扩张映象不动点的两步迭代格式, 并在适当的条件下部分解决了 Reich 提出的公开问题, 但是所建立的强收敛定理受迭代序列自身的限制.

本节将在具有一致 Gâteaux 可微范数的 Banach 空间中, 建立逼近渐近非扩张映象不动点的强收敛定理, 并逐步去掉文献 [25] 中对迭代序列自身的依赖, 同时引入 Banach 极限去掉了文献 [10,25] 证明中关于隐含步长 z_t 的限制条件, 所得的结果改进并推广了文献 [10-11,25] 中相应的结论. 同时, 在一致凸 Banach 空间中建立逼近有限个广义渐近非扩张映象公共不动点的充分必要条件和强收敛定理, 所得的结果推广并改进了文献 [24,26] 中相应的结论.

2.2.2 基本结论

设 $T_i : K \to K$ 为有限个广义渐近非扩张映象, 即存在序列 $\{k_{in}\} \subset [1,+\infty), \{l_{in}\} \subset [0,+\infty)$ 且 $k_{in} \to 1, l_{in} \to 0\ (n \to \infty), i = 1,2,\cdots,N$, 使得

$$\|T_i{}^n x - T_i{}^n y\| \leqslant k_{in}\|x-y\| + l_{in}, \quad \forall\, x,y \in K.$$

证明本文的主要结果需要以下基本引理:

引理 2.2.1[20] 设序列 $\{a_n\},\{b_n\},\{\delta_n\} \subset [0,+\infty)$, 且对某个正整数 n_0 满足不等式

$$a_{n+1} \leqslant (1+\delta_n)a_n + b_n, \quad \forall n \geqslant n_0$$

则 $\lim\limits_{n\to\infty} a_n$ 存在, 其中, $\sum\limits_{n=0}^{\infty} b_n < \infty$, $\sum\limits_{n=0}^{\infty} \delta_n < \infty$; 并且如果存在子序列 $\{a_{n_k}\} \to 0$, 则 $\lim\limits_{n\to\infty} a_n = 0$.

引理 2.2.2[27] 设 E 为一致凸 Banach 空间, 序列 $\{x_n\},\{y_n\} \subset E$. 对任意 $a_n \in [\theta, 1-\theta]$, $\theta \in (0,1)$, 如果 $\varlimsup\limits_{n\to\infty} \|x_n\| \leqslant r$, $\varlimsup\limits_{n\to\infty} \|y_n\| \leqslant r$ 和 $\lim\limits_{n\to\infty} \|a_n x_n + (1-a_n)y_n\| = r$ 成立, 则 $\lim\limits_{n\to\infty} \|x_n - y_n\| = 0$.

2.2.3 不动点算法及收敛性定理

算法 2.2.1 本节在 Yao，Chen，Yao[10] 介绍的修正 Mann 迭代的基础上, 定义一个修正的逼近渐近非扩张映象不动点的黏滞迭代格式

$$\begin{cases} x_0 = x \in K, \\ y_n = \beta_n x_n + (1-\beta_n)T^n x_n, \\ x_{n+1} = \alpha_n f(x_n) + (1-\alpha_n)y_n, \quad \forall n \geqslant 0. \end{cases} \tag{2.2.1}$$

其中, 序列 $\{\alpha_n\},\{\beta_n\} \subset (0,1)$, $f \in \prod_K$ 是系数为 ρ 的压缩映象.

算法 2.2.2 在式 (2.2.1) 的基础上, 进一步定义一个具有误差项的逼近有限个广义渐近非扩张映象公共不动点的多步隐式迭代格式

$$x_n = \alpha_n x_{n-1} + \beta_n T_{i(n)}^{k(n)} x_n + \gamma_n u_n, \quad \forall\, x, y \in K \tag{2.2.2}$$

其中,$\alpha_n, \beta_n, \gamma_n \in (0,1)$, $\alpha_n + \beta_n + \gamma_n = 1$, 且 $n = (k-1)N + i$, $i = i(n) = 1, 2, \cdots, N$, $k = k(n)$, $T_{i(n)} = T_{n(modN)}$.

定理 2.2.1 设 E 为具有一致 Gâteaux 可微范数的实 Banach 空间, K 为 E 的一个非空闭凸子集, $T: K \to K$ 为具有序列 $\{k_n\}$ 的渐近非扩张映象且 $Fix(T) \bigcap K_{\min} \neq \phi$. 如果 $\alpha_n, \beta_n \in (0,1)$, f 是系数为 ρ 的压缩映象, 并满足下列条件:

① $\lim\limits_{n\to\infty} \alpha_n = 0$, $\sum\limits_{n=1}^{\infty} \alpha_n = \infty$, $\lim\limits_{n\to\infty} \dfrac{k_n - 1}{\alpha_n} = 0$;

② $0 < \liminf\limits_{n\to\infty} \beta_n \leqslant \limsup\limits_{n\to\infty} \beta_n < 1$;

③ $\lim\limits_{n\to\infty} \|Tx_n - x_n\| = 0$.

则由式 (2.2.1) 定义的迭代序列 $\{x_n\}$ 有界, 且 $\{x_n\}$ 强收敛于 T 的某个不动点 p.

证 由 $\lim\limits_{n\to\infty} \dfrac{k_n - 1}{\alpha_n} = 0$ 可知: 对任意 $\varepsilon \in (0, 1-\rho)$, 存在 $N_1 > 0$, 使得 $k_n - 1 < \varepsilon \alpha_n$. 设 $p \in Fix(T) \bigcap K_{\min}$, 由 (2.2.1) 和 T 的渐近非扩张性得

$$\begin{aligned}
\|x_{n+1} - p\| &= \|\alpha_n (f(x_n) - p) + (1-\alpha_n)[\beta_n (x_n - p) + (1-\beta_n)(T^n x_n - p)]\| \\
&\leqslant \alpha_n \|f(x_n) - p\| + (1-\alpha_n)[\beta_n \|x_n - p\| + (1-\beta_n)\|T^n x_n - p\|] \\
&\leqslant \alpha_n \|f(x_n) - p\| + (1-\alpha_n)\beta_n \|x_n - p\| + (1-\alpha_n)(1-\beta_n) k_n \|x_n - p\| \\
&\leqslant \alpha_n \|f(x_n) - p\| + (1-\alpha_n)\|x_n - p\| + (1-\alpha_n)(1-\beta_n)(k_n - 1)\|x_n - p\| \\
&\leqslant \alpha_n \|f(x_n) - f(p)\| + \alpha_n \|f(p) - p\| + (1-\alpha_n)\|x_n - p\| + (k_n - 1)\|x_n - p\| \\
&\leqslant [1 - (1-\rho-\varepsilon)\alpha_n]\|x_n - p\| + \alpha_n \|f(p) - p\|.
\end{aligned} \tag{2.2.3}$$

取 $M = \max\{\|x_0 - p\|, \dfrac{\|f(p) - p\|}{1-\rho-\varepsilon}\}$, 由式 (2.2.3) 得 $\|x_n - p\| \leqslant M$, 即序列 $\{x_n\}$ 有界, 所以 $\{f(x_n)\}, \{T^n x_n\}$ 有界.

令 $\gamma_n = (1-\alpha_n)\beta_n$, $n \geqslant 0$, 由条件②可得 $0 < \liminf\limits_{n\to\infty} \gamma_n \leqslant \limsup\limits_{n\to\infty} \gamma_n < 1$. 如果定义

$$x_{n+1} = \gamma_n x_n + (1-\gamma_n) z_n. \tag{2.2.4}$$

则由式 (2.2.1) 和式 (2.2.4) 得

$$\begin{aligned}
z_{n+1} - z_n =& \frac{x_{n+2} - \gamma_{n+1} x_{n+1}}{1 - \gamma_{n+1}} - \frac{x_{n+1} - \gamma_n x_n}{1 - \gamma_n} \\
=& \frac{\alpha_{n+1} f(x_{n+1}) + (1-\alpha_{n+1})[\beta_{n+1} x_{n+1} + (1-\beta_{n+1}) T^{n+1} x_{n+1}] - \gamma_{n+1} x_{n+1}}{1 - \gamma_{n+1}} - \\
& \frac{\alpha_n f(x_n) + (1-\alpha_n)[\beta_n x_n + (1-\beta_n) T^n x_n] - \gamma_n x_n}{1 - \gamma_n}
\end{aligned}$$

$$=\frac{\alpha_{n+1}f(x_{n+1})}{1-\gamma_{n+1}}-\frac{\alpha_n f(x_n)}{1-\gamma_n}+\frac{(1-\alpha_{n+1})(1-\beta_{n+1})T^{n+1}x_{n+1}}{1-\gamma_{n+1}}-\frac{(1-\alpha_n)(1-\beta_n)T^n x_n}{1-\gamma_n}$$

$$=\frac{\alpha_{n+1}f(x_{n+1})}{1-\gamma_{n+1}}-\frac{\alpha_n f(x_n)}{1-\gamma_n}+(T^{n+1}x_{n+1}-T^n x_n)-\frac{\alpha_{n+1}}{1-\gamma_{n+1}}T^{n+1}x_{n+1}+\frac{\alpha_n}{1-\gamma_n}T^n x_n. \tag{2.2.5}$$

由式 (2.2.5) 和 T 的渐近非扩张性得

$$\begin{aligned}\|z_{n+1}-z_n\|-\|x_{n+1}-x_n\|\leqslant&\frac{\alpha_{n+1}}{1-\gamma_{n+1}}(\|f(x_{n+1})\|+\|T^{n+1}x_{n+1}\|)+\frac{\alpha_n}{1-\gamma_n}(\|f(x_n)\|+\\&\|T^n x_n\|)+\|T^{n+1}x_{n+1}-T^{n+1}x_n\|+\|T^{n+1}x_n-T^n x_n\|-\\&\|x_{n+1}-x_n\|\\\leqslant&\frac{\alpha_{n+1}}{1-\gamma_{n+1}}(\|f(x_{n+1})\|+\|T^{n+1}x_{n+1}\|)+\frac{\alpha_n}{1-\gamma_n}(\|f(x_n)\|+\\&\|T^n x_n\|)+(k_{n+1}-1)\|x_{n+1}-x_n\|+k_n\|Tx_n-x_n\|.\end{aligned}$$

因为 $\lim\limits_{n\to\infty}\alpha_n=0$, $\lim\limits_{n\to\infty}k_n=1$, 以及 $\{f(x_n)\},\{T^n x_n\}$ 的有界性和条件③, 所以

$$\limsup_{n\to\infty}(\|z_{n+1}-z_n\|-\|x_{n+1}-x_n\|)\leqslant 0.$$

由引理 2.1.4 得 $\lim\limits_{n\to\infty}\|z_n-x_n\|=0$, 则由式 (2.2.4) 进一步得

$$\lim_{n\to\infty}\|x_{n+1}-x_n\|=\lim_{n\to\infty}(1-\gamma_n)\|z_n-x_n\|=0. \tag{2.2.6}$$

又因为 $\mu_n\|x_n-p\|^2=\inf\limits_{y\in K}\mu_n\|x_n-y\|^2$ 和 $p=Tp$, 则由引理 2.1.1 得

$$\mu_n\langle f(p)-p,J(x_n-p)\rangle\leqslant 0. \tag{2.2.7}$$

而且正规对偶映象 $J:E\to 2^{E^*}$ 在一致 Gâteaux 可微范数的 Banach 空间 E 上是单值的, 且在 E 的任意有界子集上由 E 的范数拓扑到 E^* 的弱 * 拓扑是一致连续的, 则由式 (2.2.6) 得

$$\lim_{n\to\infty}(\langle f(p)-p,J(x_{n+1}-p)\rangle-\langle f(p)-p,J(x_n-p)\rangle)=0. \tag{2.2.8}$$

即序列 $\{\langle f(p)-p,J(x_n-p)\rangle\}$ 满足引理 2.1.2 中的条件, 所以

$$\limsup_{n\to\infty}\langle f(p)-p,J(x_{n+1}-p)\rangle\leqslant 0. \tag{2.2.9}$$

另一方面, 因为 f 的压缩系数 $\rho\in(0,1)$, 由式 (2.2.1) 和引理 2.1.3 得

$$\begin{aligned}\|x_{n+1}-p\|^2&=\|\alpha_n(f(x_n)-p)+(1-\alpha_n)[\beta_n(x_n-p)+(1-\beta_n)(T^nx_n-p)]\|^2\\&\leqslant(1-\alpha_n)^2\|\beta_n(x_n-p)+(1-\beta_n)(T^nx_n-p)\|^2+2\alpha_n\langle f(x_n)-p,J(x_{n+1}-p)\rangle\\&\leqslant(1-\alpha_n)^2[\beta_n\|x_n-p\|+(1-\beta_n)k_n\|x_n-p\|]^2+2\alpha_n\langle f(x_n)-p,J(x_{n+1}-p)\rangle\\&\leqslant(1-\alpha_n)^2k_n^2\|x_n-p\|^2+2\alpha_n\langle f(x_n)-f(p),J(x_{n+1}-p)\rangle+2\alpha_n\langle f(p)-\\&\quad p,J(x_{n+1}-p)\rangle\\&\leqslant(1-\alpha_n)^2\|x_n-p\|^2+(1-\alpha_n)^2(k_n^2-1)\|x_n-p\|^2+\rho\alpha_n(\|x_n-p\|^2+\\&\quad\|x_{n+1}-p\|^2)+2\alpha_n\langle f(p)-p,J(x_{n+1}-p)\rangle.\end{aligned}\tag{2.2.10}$$

记 $M_1=\sup\limits_{n\geqslant1}\{(k_n+1)\sup\limits_{n\geqslant1}\|x_n-p\|^2\}$, 并整理式 (2.2.10) 得

$$\begin{aligned}\|x_{n+1}-p\|^2&\leqslant\frac{(1-\alpha_n)^2+\rho\alpha_n}{1-\rho\alpha_n}\|x_n-p\|^2+\frac{k_n-1}{1-\rho\alpha_n}M_1+\frac{2\alpha_n}{1-\rho\alpha_n}\langle f(p)-p,J(x_{n+1}-p)\rangle\\&\leqslant\left[1-\frac{2(1-\rho)\alpha_n}{1-\rho\alpha_n}\right]\|x_n-p\|^2+\frac{2\alpha_n}{1-\rho\alpha_n}\langle f(p)-p,J(x_{n+1}-p)\rangle+\frac{\alpha_n^2+(k_n-1)}{1-\rho\alpha_n}M_1\\&\leqslant(1-\gamma_n)\|x_n-p\|^2+\gamma_n\left[\frac{1}{1-\rho}\langle f(p)-p,J(x_{n+1}-p)\rangle+\frac{\alpha_n+\dfrac{k_n-1}{\alpha_n}}{2(1-\rho)}M_1\right].\end{aligned}\tag{2.2.11}$$

其中,$\gamma_n=\dfrac{2(1-\rho)\alpha_n}{1-\rho\alpha_n}$, $\delta_n=\dfrac{1}{1-\rho}\langle f(p)-p,J(x_{n+1}-p)\rangle+\dfrac{\alpha_n+\dfrac{k_n-1}{\alpha_n}}{2(1-\rho)}M_1$, 由式 (2.2.9) 和条件②得

$$\sum_{n=1}^{\infty}\gamma_n=\infty,\qquad\limsup_{n\to\infty}\delta_n\leqslant0.\tag{2.2.12}$$

由式 (2.2.11)、式 (2.2.12) 和引理 2.1.5 得 $\lim\limits_{n\to\infty}\|x_n-p\|=0$, 即序列 $\{x_n\}$ 强收敛于不动点 $p\in Fix(T)$.

定理 2.2.2 设 E 为具有一致 Gâteaux 可微范数的实 Banach 空间,K 为 E 的一个非空闭凸子集, $T:K\to K$ 为具有序列 $\{k_n\}$ 的渐近非扩张映象且 $Fix(T)\bigcap K_{\min}\neq\phi$. 如果 $\alpha_n,\beta_n\in(0,1)$, f 是系数为 ρ 的压缩映象, 并满足下列条件:

① $\lim\limits_{n\to\infty}\alpha_n=0$, $\sum\limits_{n=1}^{\infty}\alpha_n=\infty$, $\lim\limits_{n\to\infty}\dfrac{k_n-1}{\alpha_n}=0$;

② $\lim\limits_{n\to\infty}\beta_n=1$.

则由式 (2.2.1) 定义的迭代序列 $\{x_n\}$ 有界, 且 $\{x_n\}$ 强收敛于 T 的某个不动点 p.

证 设 $p\in Fix(T)\bigcap K_{\min}$, 由式 (2.2.1) 得

$$\|x_{n+1}-x_n\|\leqslant\alpha_n\|f(x_n)-x_n\|+(1-\alpha_n)(1-\beta_n)\|T^nx_n-x_n\|.$$

由条件①和②以及 $\{x_n\},\{f(x_n)\},\{T^nx_n\}$ 的有界性得 $\lim\limits_{n\to\infty}\|x_{n+1}-x_n\|=0$.

另一方面, 定理 2.1.1 中的条件②和③的作用是在式 (2.2.5)—式 (2.2.6) 中推导 $\lim\limits_{n\to\infty}\|x_{n+1}-x_n\|=0$, 这是进一步证明 $\limsup\limits_{n\to\infty}\langle f(p)-p,J(x_{n+1}-p)\rangle\leqslant0$ 的前提条件, 故由定理 2.2.1 类似可证.

定理 2.2.3　设 E 为一致凸 Banach 空间,K 为 E 的一个非空闭凸子集, 且 $K+K\subset K$, 设 $T_i:K\to K$ 为具有序列 $\{k_{in}\},\{l_{in}\}$ 的广义渐近非扩张映射,$i=1,2,\cdots,N$. 设 $\{u_n\}$ 为 K 中的有界序列, 如果 $\Omega=\bigcap_{i=1}^{N}Fix(T_i)\neq\phi$, 并满足下列条件:

① $0<a\leqslant\alpha_n\leqslant b<1$, $\sum\limits_{n=1}^{\infty}\gamma_n<\infty$;

② $\sum\limits_{n=1}^{\infty}(k_{in}-1)<\infty$, $\sum\limits_{n=1}^{\infty}l_{in}<\infty$.

则由式 (2.2.2) 定义的序列 $\{x_n\}$ 强收敛到 $T_1,T_2,\cdots,T_N$ 的公共不动点的充分必要条件是 $\lim\limits_{n\to\infty}\inf d(x_n,\Omega)=0$.

证　首先, 证明必要性: 记 $k_n=\max\{k_{in}\}$, $l_n=\max\{l_{in}\},i=1,2,\cdots,N$. 由条件②得

$$\sum_{n=1}^{\infty}(k_n-1)<\infty,\qquad \sum_{n=1}^{\infty}l_n<\infty. \tag{2.2.13}$$

对 $\forall p\in\Omega$, 由式 (2.2.2) 得

$$\begin{aligned}\|x_n-p\|&\leqslant\alpha_n\|x_{n-1}-p\|+\beta_n\|T_{i(n)}^{k(n)}x_n-p\|+\gamma_n\|u_n-p\|\\&\leqslant\alpha_n\|x_{n-1}-p\|+\beta_n[k_n\|x_n-p\|+l_n]+\gamma_n\|u_n-p\|\\&\leqslant\alpha_n\|x_{n-1}-p\|+(1-\alpha_n)[k_n\|x_n-p\|+l_n]+\gamma_n\|u_n-p\|\\&\leqslant\alpha_n\|x_{n-1}-p\|+(k_n-\alpha_n)\|x_n-p\|+l_n+\gamma_n\|u_n-p\|.\end{aligned} \tag{2.2.14}$$

记 $\sigma_n=l_n+\gamma_n\|u_n-p\|$, 由式 (2.2.13) 和条件①可知,$\sum\limits_{n=1}^{\infty}\sigma_n<\infty$, 整理式 (2.2.14) 得

$$\|x_n-p\|\leqslant\|x_{n-1}-p\|+\frac{k_n-1}{\alpha_n}\|x_n-p\|+\frac{1}{\alpha_n}\sigma_n\leqslant\|x_{n-1}-p\|+\frac{k_n-1}{a}\|x_n-p\|+\frac{1}{a}\sigma_n, \tag{2.2.15}$$

由式 (2.2.13) 可得 $\lim\limits_{n\to\infty}k_n=1$, 即存在一个正整数 n_0, 当 $n>n_0$ 时有 $k_n-1<\dfrac{a}{2},\forall n>n_0$, 则

$$\begin{aligned}\|x_n-p\|&\leqslant\frac{a}{a-(k_n-1)}\|x_{n-1}-p\|+\frac{1}{a-(k_n-1)}\sigma_n\\&\leqslant\left[1+\frac{k_n-1}{a-(k_n-1)}\right]\|x_{n-1}-p\|+\frac{1}{a-(k_n-1)}\sigma_n\\&\leqslant\left[1+\frac{2(k_n-1)}{a}\right]\|x_{n-1}-p\|+\frac{2}{a}\sigma_n.\end{aligned} \tag{2.2.16}$$

由引理 2.2.1 得 $\lim\limits_{n\to\infty}\|x_n-p\|$ 存在, 则 $\lim\limits_{n\to\infty}\inf d(x_n,\Omega)=0$, 即必要性得证.

下面证明充分性: 因为 $\lim\limits_{n\to\infty}d(x_n,\Omega)$ 存在, 由于 $\lim\limits_{n\to\infty}\inf d(x_n,\Omega)=0$, 所以

$$\lim_{n\to\infty}d(x_n,\Omega)=\inf_{x^*\in\Omega}\lim_{n\to\infty}\|x_n-x^*\|=\lim_{n\to\infty}\inf_{x^*\in\Omega}\|x_n-x^*\|=0. \tag{2.2.17}$$

即对任意给定的 $\varepsilon>0$, 都存在 $N>0$, 使得

$$\|x_n-p\|\leqslant\frac{\varepsilon}{2},\qquad p\in\Omega,\forall n>N. \tag{2.2.18}$$

则对任意给定的 $m \geqslant 0$, 有

$$\|x_{n+m}-x_n\| \leqslant \|x_{n+m}-p\|+\|x_n-p\| \leqslant \frac{\varepsilon}{2}+\frac{\varepsilon}{2}=\varepsilon, \quad \forall n>N,$$

即 $\{x_n\}$ 是 Cauchy 序列, 由于 K 为 E 的闭凸子集, 故不妨设 $\{x_n\}$ 强收敛到 $p^* \in K$. 又因为 $\Omega=\bigcap_{i=1}^N F(T_i)$ 为 K 的闭子集, 且 $\lim\limits_{n\to\infty} d(x_n,\Omega)=0$, 所以 $p^* \in K$, 即 $\{x_n\}$ 强收敛到 $T_1,T_2,\cdots,T_N$ 的一个公共不动点.

定理 2.2.4 设 E 为一致凸 Banach 空间, K 为 E 的一个非空闭凸子集, 且 $K+K\subset K$, 设 $T_i: K\to K$ 为一致连续且具有序列 $\{k_{in}\},\{l_{in}\}$ 的广义渐近非扩张映射, $i=1,2,\cdots,N$. 设 $\{u_n\}$ 为 K 中的有界序列, 如果存在一个紧映射 T_l, $1\leqslant l\leqslant N$, 当 $\Omega=\bigcap_{i=1}^N Fix(T_i)\neq\phi$, 并满足下列条件:

① $0<a\leqslant\alpha_n\leqslant b<1$, $\sum\limits_{n=1}^{\infty}\gamma_n<\infty$;

② $\sum\limits_{n=1}^{\infty}(k_{in}-1)<\infty$, $\sum\limits_{n=1}^{\infty} l_{in}<\infty$.

则由式 (2.2.2) 定义的序列 $\{x_n\}$ 强收敛到 $T_1,T_2,\cdots,T_N$ 的公共不动点 $q\in\Omega$.

证 由定理 2.2.3, 不妨设 $\lim\limits_{n\to\infty}\|x_n-p\|=d$, $d\geqslant 0$, 则 $\{x_n\},\{u_n-T_{i(n)}^{k(n)}x_n\}$ 有界. 由式 (2.2.2) 得

$$\begin{aligned}\lim_{n\to\infty}\|x_n-p\| &= \lim_{n\to\infty}\|\alpha_n x_{n-1}+(1-\alpha_n)T_{i(n)}^{k(n)}x_n+\gamma_n(u_n-T_{i(n)}^{k(n)}x_n)-p\|\\ &= \lim_{n\to\infty}\|\alpha_n[x_{n-1}-p+\gamma_n(u_n-T_{i(n)}^{k(n)}x_n)]+(1-\alpha_n)[T_{i(n)}^{k(n)}x_n-p+\\ &\quad\ \gamma_n(u_n-T_{i(n)}^{k(n)}x_n)]\|\\ &= d.\end{aligned} \tag{2.2.19}$$

由条件①和式 (2.2.13) 得

$$\limsup_{n\to\infty}\|x_{n-1}-p+\gamma_n(u_n-T_{i(n)}^{k(n)}x_n)\|\leqslant\limsup_{n\to\infty}\|x_{n-1}-p\|+\limsup_{n\to\infty}\gamma_n\|u_n-T_{i(n)}^{k(n)}x_n\|=d, \tag{2.2.20}$$

并且

$$\begin{aligned}&\limsup_{n\to\infty}\|T_{i(n)}^{k(n)}x_n-p+\gamma_n(u_n-T_{i(n)}^{k(n)}x_n)\|\leqslant\limsup_{n\to\infty}\|T_{i(n)}^{k(n)}x_n-p\|+\\ &\limsup_{n\to\infty}\gamma_n\|u_n-T_{i(n)}^{k(n)}x_n\|\\ &\leqslant\limsup_{n\to\infty}(k_n\|x_n-p\|+l_n)+\limsup_{n\to\infty}\gamma_n\|u_n-T_{i(n)}^{k(n)}x_n\|\\ &\leqslant\limsup_{n\to\infty}k_n\|x_n-p\|+\limsup_{n\to\infty}l_n+\limsup_{n\to\infty}\gamma_n\|u_n-T_{i(n)}^{k(n)}x_n\|=d.\end{aligned} \tag{2.2.21}$$

由引理 2.2.2 得

$$\lim_{n\to\infty}\|T_{i(n)}^{k(n)}x_n-x_{n-1}\|=0. \tag{2.2.22}$$

由于 $\|x_n-x_{n-1}\|\leqslant\beta_n\|T_{i(n)}^{k(n)}x_n-x_{n-1}\|+\gamma_n\|u_n-x_{n-1}\|$, 则由条件①和式 (2.2.22) 得

$$\lim_{n\to\infty}\|x_n-x_{n-1}\|=0. \tag{2.2.23}$$

因为 $\|x_n - x_{n+j}\| \leqslant \|x_n - x_{n+1}\| + \|x_{n+1} - x_{n+2}\| + \cdots + \|x_{n+j-1} - x_{n+j}\|$, 所以

$$\lim_{n\to\infty} \|x_n - x_{n+j}\| = 0, \quad j = 1, 2, \cdots, N. \tag{2.2.24}$$

又因为 $\|x_n - T_{i(n)}^{k(n)} x_n\| \leqslant \|x_n - x_{n-1}\| + \|x_{n-1} - T_{i(n)}^{k(n)} x_n\|$, 则由式 (2.2.22) 和式 (2.2.23), 得

$$\lim_{n\to\infty} \|x_n - T_{i(n)}^{k(n)} x_n\| = 0. \tag{2.2.25}$$

由于 T_l 是紧映射且连续, 故 T_l 全连续, 即存在 $\{{T_l}^{k(n_j)} x_{n_j}\} \subset \{{T_l}^{k(n)} x_n\}$, ${T_l}^{k(n_j)} x_{n_j} \to q\ (n_j \to \infty)$, 由式 (2.2.25) 得 $x_{n_j} \to q$, 且

$$\begin{cases} \lim\limits_{n_j\to\infty} \|T_{i(n_j)+m}^{k(n_j)} x_{n_j} - x_{n_j}\| = 0, \\ \lim\limits_{n_j\to\infty} \|T_{i(n_j)+m}^{k(n_j)+1} x_{n_j} - T_{i(n_j)+m} x_{n_j}\| = 0, \quad j = 1, 2, \cdots, N. \end{cases} \tag{2.2.26}$$

因为 $n = (k-1)N + i$, $i = i(n) = 1, 2, \cdots, N$, $k = k(n) \geqslant 1$, $T_{i(n)} = T_{n(modN)}$, 并且由

$$n + N = [k(n+N) - 1]N + i(n+N) = k(n)N + i(n) \tag{2.2.27}$$

可得 $k(n+N) = k(n) + 1$, $i(n+N) = i(n)$, 即 $T_{i(n+N)} = T_{i(n)}$, 所以

$$\|T_{i(n_j+N)+m}^{k(n_j)+1} x_{n_j+N} - T_{i(n_j)+m}^{k(n_j)+1} x_{n_j}\| = \|T_{i(n_j)+m}^{k(n_j)+1} x_{n_j+N} - T_{i(n_j)+m}^{k(n_j)+1} x_{n_j}\| \leqslant k_n \|x_{n_j+N} - x_{n_j}\| + l_n. \tag{2.2.28}$$

由式 (2.2.13) 和式 (2.2.24) 得

$$\|T_{i(n_j+N)+m}^{k(n_j)+1} x_{n_j+N} - T_{i(n_j)+m}^{k(n_j)+1} x_{n_j}\| = 0, \quad m = 1, 2, \cdots, N. \tag{2.2.29}$$

又因为

$$\|x_{n_j} - T_{i(n_j)+m} x_{n_j}\| \leqslant \|x_{n_j} - x_{n_j+N}\| + \|x_{n_j+N} - T_{i(n_j+N)+m}^{k(n_j)+1} x_{n_j+N}\| + \|T_{i(n_j+N)+m}^{k(n_j)+1} x_{n_j+N} - T_{i(n_j)+m}^{k(n_j)+1} x_{n_j}\| + \|T_{i(n_j)+m}^{k(n_j)+1} x_{n_j} - T_{i(n_j)+m} x_{n_j}\|,$$

由式 (2.2.24)、式 (2.2.26) 和式 (2.2.29) 得

$$\lim_{n_j\to\infty} \|x_{n_j} - T_{i(n_j)+m} x_{n_j}\| = 0, \quad m = 1, 2, \cdots, N. \tag{2.2.30}$$

由于 $T_1, T_2, \cdots, T_N$ 是一致连续映射, 且 $x_{n_j} \to q\ (n_j \to \infty)$, 则 $T_m q = q$, $q \in F(T_m)$. 由定理 2.2.3 得 $\{x_n\}$ 强收敛到 $T_1, T_2, \cdots, T_N$ 的一个公共不动点 $q \in \Omega$.

2.3 总拟 -φ-渐近非扩张映象的不动点定理

2.3.1 预备知识

设 E 为一实 Banach 空间, 其对偶空间为 E^*, K 表示 E 的一非空闭凸子集, 以 $\mathbb{R}^+$ 表示正实数集. 设 $J: E \to 2^{E^*}$ 为正规对偶映象: 设 $\varphi: E \times E \to \mathbb{R}^+ \cup \{0\}$ 表示下面的定义 Lyapunov 函数

$$\varphi(x, y) = \|x\|^2 - 2\langle x, J(x)\rangle + \|y\|^2, \quad \forall x, y \in E.$$

不难验证

$$(\|x\|-\|y\|)^2 \leqslant \varphi(x,y) \leqslant (\|x\|+\|y\|)^2, \quad \forall x,y \in E.$$

设 $T: K \to K$ 为一非线性映象, 以 $Fix(T)$ 表示映象 T 的不动点集, 即 $F(T) := \{x \in K : Tx = x\}$. 同时, 设 $\{x_n\}$ 是 K 中一序列, 如果 $\{x_n\}$ 弱收敛到 $p \in K$, 且 $\lim\limits_{n\to\infty} \|x_n - Tx_n\| = 0$, 则称 p 为 T 的渐近不动点. 如果 $\{x_n\}$ 强收敛到 $p \in K$, 且 $\lim\limits_{n\to\infty} \|x_n - Tx_n\| = 0$, 则称 p 为 T 的强渐近不动点. 此处，以 $\widehat{F}(T)$ 和 $\widetilde{F}(T)$ 分别表示渐近不动点和强渐近不动点集.

称映象 $T: K \to K$ 为相对非扩张映象 [28-29], 如果 $\widehat{F}(T) = Fix(T) \neq \phi$, 且满足

$$\varphi(p,Tx) \leqslant \varphi(p,x), \quad \forall x \in K, p \in Fix(T).$$

称 T 为弱相对非扩张映象[30-31], 如果$\widetilde{F}(T) = Fix(T) \neq \phi$, 且满足

$$\varphi(p,Tx) \leqslant \varphi(p,x), \quad \forall x \in K, p \in Fix(T).$$

称 T 为拟 -φ-非扩张映象 [32-33], 如果 $Fix(T) \neq \phi$, 且满足

$$\varphi(p,Tx) \leqslant \varphi(p,x), \quad \forall x \in K, p \in Fix(T).$$

称 T 为拟 -φ-渐近非扩张映象 [34-35], 如果 $Fix(T) \neq \phi$, 存在序列 $\{k_n\} \subset [1,\infty)$ 且 $\lim\limits_{n\to\infty} k_n = 1$, 并满足

$$\varphi(p,T^n x) \leqslant k_n \varphi(p,x), \quad \forall x \in K, p \in Fix(T), n \geqslant 1.$$

称 T 为总拟 -φ-渐近非扩张映象, 如果 $Fix(T) \neq \phi$, 存在非负实序列 $\{\nu_n\}, \{\mu_n\}$ 且 $\lim\limits_{n\to\infty} \nu_n = 0$, $\lim\limits_{n\to\infty} \mu_n = 0$ 和严格增的连续函数 $\psi: \mathbb{R}^+ \to \mathbb{R}^+$ 且 $\psi(0)=0$, 并满足

$$\varphi(p,T^n x) \leqslant \varphi(p,x) + \nu_n \psi(\varphi(p,x)) + \mu_n, \quad \forall x \in K, p \in Fix(T), n \geqslant 1.$$

称 $\{T_i\}_{i=1}^{\infty}: K \to K$ 为一致总拟 -φ-渐近非扩张的映象, 如果 $\Omega = \bigcap_{i=1}^{\infty} Fix(T_i) \neq \phi$, 存在非负实序列 $\{\nu_n\}, \{\mu_n\}$ 且 $\lim\limits_{n\to\infty} \nu_n = 0$, $\lim\limits_{n\to\infty} \mu_n = 0$ 和严格增的连续函数 $\psi: \mathbb{R}^+ \to \mathbb{R}^+$ 且 $\psi(0)=0$, 并满足

$$\varphi(p,T_i^n x) \leqslant \varphi(p,x) + \nu_n \psi(\varphi(p,x)) + \mu_n, \quad \forall x \in K, p \in \Omega, i \geqslant 1, n \geqslant 1.$$

由定义可知, 任一相对非扩张映象都是弱相对非扩张映象, 任一弱相对非扩张映象都是拟 -φ-非扩张映象, 任一拟 -φ-非扩张映象都是拟 -φ-渐近非扩张映象, 且每一个拟 -φ-渐近非扩张映象都是总拟 -φ-渐近非扩张映象, 但其逆命题并不成立.

近年来, 非扩张型映象的不动点问题引起了广大学者的密切关注, 建立了一系列有效的数值方法逼近非扩张映象的不动点, 并利用相应的不动点方法求解变分不等式和平衡问题. 在已有的数值方法中, Mann 迭代是逼近非扩张映象不动点的基础性方法. 然而, 在无限维 Hilbert 空间中, 通常的 Mann 迭代即便是对非扩张映象也只能获得弱收敛结果. 为了获得其他非扩张型映象不动点问题的强收敛结果, 部分学者开始尝试对传统的数值方法进行改进. 2005 年, Matsushita 和 Takahashi[29] 介绍了一个新的混合迭代方法逼近相对非扩张映象的不动点, 并在一致光滑一致凸的 Banach 空间中, 证明了相应的迭代序列 $\{x_n\}$ 强收敛到 $\prod_{Fix(T)} x_0$, 其中，$\prod_{Fix(T)}$ 表示从 E 到 $Fix(T)$ 的广义投影. 2010 年, Zegeye 和 Shahzad[36] 将该方法推

广到相对拟 -非扩张映象、变分不等式和平衡问题. 最近, Li 等[37] 引入广义 f-投影算子, 介绍了下面的混合投影方法逼近相对非扩张映象的不动点

$$\begin{cases} y_n = J^{-1}(\alpha_n Jx_n + (1-\alpha_n)JTx_n), \\ C_{n+1} = \{w \in C_n : G(w, Jy_n) \leqslant G(w, Jx_n)\}, \\ x_{n+1} = \prod_{C_{n+1}}^f x_0, \qquad n \geqslant 0. \end{cases}$$

在一致光滑一致凸的 Banach 空间中, 证明了迭代序列 $\{x_n\}$ 强收敛到 T 的某个不动点. 2012 年, Chang 等[38] 在一致光滑严格凸的 Banach 空间中介绍了总拟 -φ-渐近非扩张映象, 定义了一个改进的逼近总拟 -φ-渐近非扩张映象不动点的 Halpern 迭代, 并在 $\Omega = \bigcap_{i=1}^{\infty} Fix(T_i) \neq \phi$ 有界且 $\mu_1 = 0$ 的条件下, 他们证明了迭代序列 $\{x_n\}$ 强收敛到 $\prod_{\Omega} x_0$.

本节将广义 f-投影从相对非扩张映象 [37] 推广到一致总拟 -φ-渐近非扩张映象 $\{T_i\}_{i=1}^{\infty}$, 并且利用 Kadec-Klee 性质在一致光滑严格凸的 Banach 空间中建立关于一致总拟 -φ-渐近非扩张映象公共不动点的强收敛定理. 所得的方法和结果改进并统一了文献 [29,36-39] 中关于各类型非扩张型映象不动点问题的相应结论.

2.3.2 基本结论

设 K 为一实 Banach 空间 E 的一非空闭凸子集, $\{x_n\}$ 为 K 中的任一实数序列, 以 $x_n \to x$ 和 $x_n \rightharpoonup x$ 分别表示序列 $\{x_n\}$ 强和弱收敛到 x. 定义 E 的光滑模 $\rho_E : [0,\infty) \to [0,\infty)$ 为

$$\rho_E(t) := \sup\left\{\frac{1}{2}(\|x+y\| + \|x-y\|) - 1 : \|x\| = 1, \|y\| \leqslant t\right\}.$$

如果 $\lim\limits_{t\to 0} \dfrac{\rho_E(t)}{t} = 0$, 称 E 是一直光滑的. 如果空间维数 $\dim E \geqslant 2$, Banach 空间 E 的凸模 $\delta_E(\epsilon) : (0,2] \to [0,1]$ 定义为

$$\delta_E(\epsilon) := \inf\left\{1 - \left\|\frac{x+y}{2}\right\| : \|x\| = \|y\| = 1; \epsilon = \|x-y\|\right\}.$$

如果对任意 $\epsilon \in (0,2]$, 存在 $\delta = \delta(\epsilon) > 0$, 当 $x, y \in E, \|x\| \leqslant 1, \|y\| \leqslant 1$ 并满足条件 $\|x-y\| \geqslant \epsilon$ 时, 使得 $\|\frac{1}{2}(x+y)\| \leqslant 1 - \delta$ 成立, 则称 E 是一致凸的. 同时, E 是一致凸的充分必要条件是对任意的 $\epsilon \in (0,2]$ 使得 $\delta_E(\epsilon) > 0$ 成立. 对任意 $x, y \in E, x \neq y$, 如果 $\|x\| = \|y\| = 1$, $\lambda \in (0,1)$ 都有 $\|\lambda x + (1-\lambda)y\| < 1$ 成立, 则称 E 是严格凸的.

设 E 为光滑严格凸且自反的 Banach 空间, Alber[40] 给出了广义投影 $\prod_K : E \to K$ 的定义

$$\prod_K(x) := \arg\min_{y\in K} \varphi(y, x), \quad \forall x \in E.$$

利用 $\varphi(x,y)$ 的性质, 不难验证 $\prod_K$ 的存在唯一性. 需要说明的是, 在 Hilbert 空间 H 中, 广义投影 $\prod_K$ 就退化为 H 到 K 的度量投影 [40-41].

设 E 为一光滑 Banach 空间, 设 $f : K \to \mathbb{R} \cup \{+\infty\}$ 为 E 中适当的下半连续凸函数. 对任意 $x \in E$, 存在唯一的 $Jx \in E^*$, 广义 f-投影 $\prod_K^f : E \to 2^K$ 定义为

$$\prod_K^f x = \left\{u \in K : G(u, Jx) = \inf_{\xi\in K} G(\xi, Jx)\right\}, \quad \forall x \in E,$$

其中, $\rho > 0$ 且 $G(\xi, Jx) = \|\xi\|^2 - 2\langle \xi, Jx\rangle + \|x\|^2 + 2\rho f(\xi)$.

引理 2.3.1[42] 设 E 为实 Banach 空间, $f: K \to \mathbb{R} \cup \{+\infty\}$ 为下半连续凸函数, 则存在 $x^* \in E^*$, $\alpha \in \mathbb{R}$ 使得

$$f(x) \geqslant \langle x, x^* \rangle + \alpha, \quad \forall x \in E.$$

引理 2.3.2[37] 设 E 为光滑且自反的 Banach 空间, K 为 E 的非空闭凸子集, 则下列性质成立:

①对任意 $x \in E$, $\prod_K^f x$ 是 K 的非空闭凸子集;

②对任意 $x \in E$, $\widehat{x} \in \prod_K^f x$ 的充分必要条件是 $\langle \widehat{x} - y, Jx - J\widehat{x}\rangle + \rho f(y) - \rho f(\widehat{x}) \geqslant 0, \forall y \in K$;

③如果 E 是严格凸的, 则 $\prod_K^f$ 为一单值映象.

引理 2.3.3[37] 设 K 为光滑且自反的 Banach 空间 E 的非空闭凸子集. 如果 $x \in E$, $\widehat{x} \in \prod_K^f x$, 则

$$\varphi(y, \widehat{x}) + G(\widehat{x}, Jx) \leqslant G(y, Jx), \quad \forall y \in K.$$

引理 2.3.4[43] 设 E 为一致凸 Banach 空间. 对给定序列 $\{x_n\}_{n=1}^{\infty} \subset B_r(0)$, 其中 $B_r(0) := \{x \in E : \|x\| \leqslant r\}$, $r > 0$. 如果正实数序列 $\{\lambda_n\}_{n=1}^{\infty}$ 满足 $\sum\limits_{n=1}^{\infty} \lambda_n = 1$, 则存在连续的严格增凸函数 $g: [0, 2r] \to \mathbb{R}$ 且 $g(0) = 0$, 使得下列不等式成立:

$$\Big\| \sum_{n=1}^{\infty} \lambda_n x_n \Big\|^2 \leqslant \sum_{n=1}^{\infty} \lambda_n \|x_n\|^2 - \lambda_i \lambda_j g(\|x_i - x_j\|), \quad \forall i < j.$$

引理 2.3.5[37] 设 E 为一致凸 Banach 空间, $f: E \to \mathbb{R} \cup \{+\infty\}$ 为适当的下半连续凸函数且凸区域为 $D(f)$. 如果序列 $\{x_n\} \subset D(f)$ 且 $x_n \rightharpoonup x \in int(D(f))$, $\lim\limits_{n\to\infty} G(x_n, Jy) = G(x, Jy)$, $\forall y \in E$, 则 $\lim\limits_{n\to\infty} \|x_n\| = \|x\|$.

设 E 为 Banach 空间, 对任意序列 $\{x_n\} \subset E$, 如果 $x_n \rightharpoonup x$ 且 $\|x_n\| \to \|x\|$, 均有 $x_n \to x\ (n \to \infty)$, 则称 E 具有 Kadec-Klee 性质. 众所周知, 每一个一致凸 Banach 空间都具有 Kadec-Klee 性质 [7,38,41].

引理 2.3.6[44] 设 E 为一致光滑严格凸的 Banach 空间, 且 K 为 E 的非空闭凸子集. 如果 E 具有 Kadec-Klee 性质, 序列 $\{x_n\}, \{y_n\} \subset K$ 满足 $x_n \to p$ 且 $\varphi(x_n, y_n) \to 0$, 则 $y_n \to p\ (n \to \infty)$.

设 E 为光滑严格凸且自反的 Banach 空间, 且 K 为 E 的非空闭凸子集. 如果 $f(x) \geqslant 0$, $\forall x \in K$ 且 $f(0) = 0$, 则总拟 -φ-渐近非扩张映象 T 等价于

$$G(p, JT^n x) \leqslant G(p, Jx) + \nu_n \psi(G(p, Jx)) + \mu_n, \quad \forall x \in K, p \in Fix(T), n \geqslant 1.$$

对任意序列 $\{x_n\} \subset K$, 如果 $x_n \to x$ 且 $Tx_n \to y$, 都有 $Tx = y$, 则称 T 是闭的.

引理 2.3.7[44] 设 E 为一致光滑且严格凸的 Banach 空间, 且 K 为 E 的非空闭凸子集. 设 $T: K \to K$ 为闭的总拟 -φ-渐近非扩张映象, 如果 $\mu_1 = 0$, 则 $Fix(T)$ 为 K 的闭凸子集.

2.3.3 不动点算法及收敛性定理

算法 2.3.1 本节将利用 Li[37] 的混合投影技巧改进 Chang[38] 的 Halpern 迭代, 定义一个新的混合广义 f-投影方法逼近一族一致总拟 -φ-渐近非扩张映象 $\{T_i\}_{i=1}^{\infty}$ 的公共不动点: 对给定的 $x_0 \in E, C_0 = K$, 定义序列 $\{x_n\}$

$$\begin{cases} y_n = J^{-1}\Big(\alpha_{n,0}Jx_n + \sum\limits_{i=1}^{\infty} \alpha_{n,i}JT_i^n x_n\Big), \\ C_{n+1} = \{w \in C_n : G(z, Jy_n) \leqslant G(w, Jx_n) + \theta_n\}, \\ x_{n+1} = \prod_{C_{n+1}}^{f} x_0, \qquad n \geqslant 0, \end{cases} \tag{2.3.1}$$

其中，$\theta_n := \nu_n \sup\limits_{q\in\Omega} \psi(G(q, Jx_n)) + \mu_n$, $\{\alpha_{n,i}\}$ 为 (0,1) 中的实数序列, $i = 0, 1, 2, \cdots$.

算法 2.3.2 在式 (2.3.1) 的基础上, 定义一个新的混合广义 f-投影方法逼近一个总拟 -φ-渐近非扩张映象 $\{T_i\}_{i=1}^{\infty}$ 的公共不动点: 对给定的 $x_0 \in E, C_0 = K$, 定义序列 $\{x_n\}$

$$\begin{cases} y_n = J^{-1}(\alpha_n Jx_n + (1-\alpha_n)JT^n x_n), \\ C_{n+1} = \{w \in C_n : G(z, Jy_n) \leqslant G(w, Jx_n) + \theta_n\}, \\ x_{n+1} = \prod_{C_{n+1}}^{f} x_0, \qquad n \geqslant 0, \end{cases} \tag{2.3.2}$$

其中，$\theta_n := \nu_n \sup\limits_{q\in F(T)} \psi(G(q, Jx_n)) + \mu_n$, $\{\alpha_n\}$ 为 (0,1) 中的实数序列.

算法 2.3.3 在式 (2.3.1) 的基础上, 定义一个新的混合广义 f-投影方法逼近一族闭的一致总拟 -φ- 渐近非扩张映象 $\{T_i\}_{i=1}^{\infty}$ 的公共不动点: 对给定的 $x_0 \in E, C_0 = K$, 定义序列 $\{x_n\}$

$$\begin{cases} y_n = J^{-1}\Big(\alpha_{n,0}Jx_n + \sum\limits_{i=1}^{\infty} \alpha_{n,i}JT_i^n x_n\Big), \\ C_{n+1} = \{w \in C_n : \varphi(w, Jy_n) \leqslant \varphi(w, Jx_n) + \theta_n\}, \\ x_{n+1} = \prod_{C_{n+1}} x_0, \qquad n \geqslant 0, \end{cases} \tag{2.3.3}$$

其中,$\theta_n := \nu_n \sup\limits_{q\in\Omega} \psi(\varphi(q, Jx_n)) + \mu_n$, $\{\alpha_{n,i}\}$ 为 (0,1) 中的实数序列, $i = 0, 1, 2, \cdots$.

定理 2.3.1 设 E 为一致光滑严格凸的 Banach 空间且具有 Kadec-Klee 性质, K 为 E 的非空闭凸子集. 设 $\{T_i\}_{i=1}^{\infty} : K \to K$ 为一致总拟 -φ-渐近非扩张映象, 且 T_i 是闭的一致 L_i-Lipschitz 连续映象, $\Omega = \bigcap_{i=1}^{\infty} Fix(T_i) \neq \phi$. 设 $f : E \to \mathbb{R}$ 为下半连续凸函数, 且 $K \subset int(D(f))$. 如果 $\mu_1 = 0$, 非负序列 $\{\alpha_{n,i}\}_{n=0}^{\infty}$ 满足 $\sum\limits_{i=0}^{\infty} \alpha_{n,i} = 1$ 且 $\liminf\limits_{n\to\infty} \alpha_{n,0}\alpha_{n,i} > 0$, $i = 1, 2, \cdots$. 对给定 $x_0 \in E$, $C_0 = K$, 则由式 (2.3.1) 定义的序列 $\{x_n\}$ 强收敛到 $\prod_{\Omega}^{f} x_0$.

证 首先, 证明 C_{n+1} 是 K 的非空闭凸子集. 由引理 2.3.7, $\bigcap_{i=1}^{\infty} Fix(T_i)$ 是闭凸的, 所以 $\Omega = \bigcap_{i=1}^{\infty} Fix(T_i)$ 是 K 的非空闭凸子集. 已知 $C_0 = K$ 是闭凸的. 假设 C_n 是闭凸的. 由式 (2.3.1), $G(w, Jy_n) \leqslant G(w, Jx_n) + \theta_n$ 等价于

$$2(\langle w, Jx_n\rangle - \langle w, Jy_n\rangle) \leqslant \|x_n\|^2 - \|y_n\|^2 + \theta_n.$$

这表明 C_{n+1} 是闭凸的. 因为 $f : E \to \mathbb{R}$ 是下半连续凸函数, 由引理 2.3.1, 存在 $u^* \in E$ 和 $\alpha \in \mathbb{R}$ 满足

$$f(x) \geqslant \langle x, u^*\rangle + \alpha, \quad \forall x \in E. \tag{2.3.4}$$

由广义 f-投影 $\prod_K^f$ 的定义和式 (2.3.4) 得

$$\begin{aligned}G(x_n,Jx_0)&=\|x_n\|^2-2\langle x_n,Jx_0\rangle+\|x_0\|^2+2\rho f(x_n)\\&\geqslant\|x_n\|^2-2\langle x_n,Jx_0\rangle+\|x_0\|^2+2\rho\langle x_n,u^*\rangle+2\rho\alpha\\&\geqslant\|x_n\|^2-2\|x_n\|\|Jx_0-\rho u^*\|+\|x_0\|^2+2\rho\alpha\\&=(\|x_n\|-\|Jx_0-\rho u^*\|)^2+\|x_0\|^2-\|Jx_0-\rho u^*\|^2+2\rho\alpha.\end{aligned}\tag{2.3.5}$$

任取 $q\in\Omega$, 结合式 (2.3.5) 和 $x_n=\prod_{C_n}^f x_0$ 得

$$G(q,Jx_0)\geqslant G(x_n,Jx_0)\geqslant(\|x_n\|-\|Jx_0-\rho u^*\|)^2+\|x_0\|^2-\|Jx_0-\rho u^*\|^2+2\rho\alpha.$$

这表明序列 $\{x_n\}$ 有界, 进一步可得 $\{G(x_n,Jx_0)\}$ 和 $\{T_i^n x_n\}$ 有界, $i=1,2,\cdots$. 另一方面, 由引理 2.3.4 得

$$\begin{aligned}G(q,Jy_n)&=G\Big(q,\alpha_{n,0}Jx_n+\sum_{i=1}^{\infty}\alpha_{n,i}JT_i^nx_n\Big)\\&=\|q\|^2-2\Big\langle q,\alpha_{n,0}Jx_n+\sum_{i=1}^{\infty}\alpha_{n,i}JT_i^nx_n\Big\rangle+\Big\|\alpha_{n,0}Jx_n+\sum_{i=1}^{\infty}\alpha_{n,i}JT_i^nx_n\Big\|^2+2\rho f(q)\\&\leqslant\|q\|^2-2\alpha_{n,0}\langle q,Jx_n\rangle-2\sum_{i=1}^{\infty}\alpha_{n,i}\langle q,JT_i^nx_n\rangle+\alpha_{n,0}\|x_n\|^2+\sum_{i=1}^{\infty}\alpha_{n,i}\|T_i^nx_n\|^2-\\&\quad\ \alpha_{n,0}\alpha_{n,j}g(\|Jx_n-JT_j^nx_n\|)+2\rho f(q)\\&=\alpha_{n,0}G(q,Jx_n)+\sum_{i=1}^{\infty}\alpha_{n,i}G(q,JT_i^nx_n)-\alpha_{n,0}\alpha_{n,j}g(\|Jx_n-JT_j^nx_n\|)\\&\leqslant G(q,Jx_n)+\nu_n\psi(G(q,Jx_n))+\mu_n-\alpha_{n,0}\alpha_{n,j}g(\|Jx_n-JT_j^nx_n\|)\\&\leqslant G(q,Jx_n)+\theta_n,\end{aligned}\tag{2.3.6}$$

其中，$\theta_n=\nu_n\sup\limits_{q\in\Omega}\psi(G(q,Jx_n))+\mu_n$. 由式 (2.3.6) 可得 $q\in C_{n+1}$, 进一步得 $\phi\neq\Omega\subset C_{n+1}$. 因此, C_{n+1} 为 K 非空闭凸子集.

其次, 证明 $\lim\limits_{n\to\infty}\|x_{n+1}-x_n\|=0$. 由式 (2.3.1) 可知，$C_{n+1}\subset C_n$ 且 $x_{n+1}=\prod_{C_{n+1}}^f x_0$, 结合引理 2.3.3 得

$$0\leqslant(\|x_{n+1}\|-\|x_n\|)^2\leqslant\varphi(x_{n+1},x_n)\leqslant G(x_{n+1},Jx_0)-G(x_n,Jx_0).\tag{2.3.7}$$

这表明 $\{G(x_n,Jx_0)\}$ 是非减序列, 故极限存在. 在式 (2.3.7) 两端关于 $n\to\infty$ 取极限

$$\lim_{n\to\infty}\varphi(x_{n+1},x_n)=0.\tag{2.3.8}$$

另一方面, 由于 $\{x_n\}$ 是 K 中的有界序列, 不妨设 $x_n\rightharpoonup p$. 因为 E 是自反的 Banach 空间且 C_n 闭凸的, 不难验证, $p\in C_n$. 又因为 $x_n=\prod_{C_n}^f x_0$, 所以

$$G(x_n,Jx_0)\leqslant G(p,Jx_0),\quad\forall n\geqslant 0.\tag{2.3.9}$$

同时, 由于 f 是下半连续凸函数, 则

$$\begin{aligned}\liminf_{n\to\infty} G(x_n, Jx_0) &= \liminf_{n\to\infty}\{\|x_n\|^2 - 2\langle x_n, Jx_0\rangle + \|x_0\|^2 + 2\rho f(x_n)\}\\ &\geqslant \|p\|^2 - 2\langle p, Jx_0\rangle + \|x_0\|^2 + 2\rho f(p)\\ &= G(p, Jx_0).\end{aligned} \tag{2.3.10}$$

结合式 (2.3.9) 和式 (2.3.10) 得

$$G(p, Jx_0) \leqslant \liminf_{n\to\infty} G(x_n, Jx_0) \leqslant \limsup_{n\to\infty} G(x_n, Jx_0) \leqslant G(p, Jx_0),$$

即 $\lim\limits_{n\to\infty} G(x_n, Jx_0) = G(p, Jx_0)$. 利用引理 2.3.5 得 $\lim\limits_{n\to\infty} \|x_n\| = \|p\|$, 结合 E 的 Kadec-Klee 性质得

$$\lim_{n\to\infty} \|x_n - p\| = 0. \tag{2.3.11}$$

由于 $J: E \to 2^{E^*}$ 在 E 的任意有界子集上, 从 E 的范数拓扑到 E^* 的弱 * 拓扑是一致连续的, 进一步得

$$\lim_{n\to\infty} \|Jx_n - Jp\| = 0. \tag{2.3.12}$$

利用式 (2.3.8) 和引理 2.3.6 得

$$\lim_{n\to\infty} \|x_{n+1} - x_n\| = 0. \tag{2.3.13}$$

现在, 证明 $p \in \Omega = \cap_{i=1}^{\infty} Fix(T_i)$. 由式 (2.3.6) 整理可得

$$\alpha_{n,0}\alpha_{n,j} g(\|Jx_n - JT_j^n x_n\|) \leqslant G(q, Jx_n) - G(q, Jy_n) + \theta_n. \tag{2.3.14}$$

利用 $C_{n+1} \subset C_n$ 并且 $x_{n+1} = \prod_{C_{n+1}}^f x_0$, 则

$$G(x_{n+1}, Jy_n) \leqslant G(x_{n+1}, Jx_n) + \theta_n,$$

这蕴含了

$$\varphi(x_{n+1}, y_n) \leqslant \varphi(x_{n+1}, x_n) + \theta_n. \tag{2.3.15}$$

将式 (2.3.7) 代入式 (2.3.15) 得

$$\varphi(x_{n+1}, y_n) \leqslant \varphi(x_{n+1}, x_n) + \theta_n \leqslant G(x_{n+1}, Jx_0) - G(x_n, Jx_0) + \theta_n. \tag{2.3.16}$$

因为 $\{x_n\}$ 是有界序列, 且 $\nu_n \to 0, \mu_n \to 0$, 所以

$$\lim_{n\to\infty} \theta_n = \lim_{n\to\infty} [\nu_n \sup_{q\in\Omega} \psi(G(q, Jx_n)) + \mu_n] = 0. \tag{2.3.17}$$

由式 (2.3.8)、式 (2.3.15) 和式 (2.3.17) 得

$$\lim_{n\to\infty} \varphi(x_{n+1}, y_n) = 0. \tag{2.3.18}$$

由引理 2.3.6, 式 (2.3.11) 和式 (2.3.18) 得

$$\lim_{n\to\infty}\|y_n-p\|=0,$$

进一步得

$$\lim_{n\to\infty}\|x_n-y_n\|=0. \tag{2.3.19}$$

利用 $J:E\to 2^{E^*}$ 从 E 的范数拓扑到 E^* 的弱 * 拓扑的一致连续性得

$$\lim_{n\to\infty}\|Jx_n-Jy_n\|=0. \tag{2.3.20}$$

另一方面, 对任意 $q\in\Omega$, 有

$$\begin{aligned}G(q,Jx_n)-G(q,Jy_n)&=\|x_n\|^2-\|y_n\|^2-2\langle q,Jx_n-Jy_n\rangle\\&\leqslant\big|\|x_n\|^2-\|y_n\|^2\big|+2\big|\langle q,Jx_n-Jy_n\rangle\big|\\&\leqslant\big|\|x_n\|-\|y_n\|\big|(\|x_n\|+\|y_n\|)+2\|q\|\|Jx_n-Jy_n\|\\&\leqslant\|x_n-y_n\|(\|x_n\|+\|y_n\|)+2\|q\|\|Jx_n-Jy_n\|,\end{aligned}$$

并结合式 (2.3.19) 和式 (2.3.20) 得

$$\lim_{n\to\infty}(G(q,Jx_n)-G(q,Jy_n))=0. \tag{2.3.21}$$

由式 (2.3.14)、式 (2.3.17) 和式 (2.3.21) 得

$$\lim_{n\to\infty}g(\|Jx_n-JT_j^nx_n\|)=0.$$

利用引理 2.3.4 中 g 的性质, 进一步得

$$\lim_{n\to\infty}\|Jx_n-JT_j^nx_n\|=0,\quad j=1,2,\cdots. \tag{2.3.22}$$

同时, 由式 (2.3.12) 和式 (2.3.22) 得

$$\|JT_j^nx_n-Jp\|\leqslant\|Jx_n-JT_j^nx_n\|+\|Jx_n-Jp\|\to 0,\quad n\to\infty.$$

利用 J^{-1} 的半连续性得 $T_j^nx_n\rightharpoonup p$. 又因为

$$\big|\|T_j^nx_n\|-\|p\|\big|=\big|\|JT_j^nx_n\|-\|Jp\|\big|\leqslant\|JT_j^nx_n-Jp\|,$$

所以 $\|T_j^nx_n\|\to\|p\|$, 并结合 E 的 Kadec-Klee 性质得

$$\lim_{n\to\infty}\|T_j^nx_n-p\|=0,\quad j=1,2,\cdots. \tag{2.3.23}$$

由式 (2.3.11) 和式 (2.3.23) 进一步得

$$\lim_{n\to\infty}\|x_n-T_j^nx_n\|=0,\quad j=1,2,\cdots. \tag{2.3.24}$$

利用映象 T_j 的一致 L_j-Lipschitz 连续性, $i \geqslant 1$, 则

$$\begin{aligned}\|T_j^{n+1}x_n - T_j^n x_n\| \leqslant & \|T_j^{n+1}x_n - T_j^{n+1}x_{n+1}\| + \|T_j^{n+1}x_{n+1} - x_{n+1}\| + \|x_{n+1} - x_n\| + \\ & \|x_n - T_j^n x_n\| \\ \leqslant & (L_j+1)\|x_{n+1} - x_n\| + \|T_j^{n+1}x_{n+1} - x_{n+1}\| + \|x_n - T_j^n x_n\|.\end{aligned}$$

结合式 (2.3.13) 和式 (2.3.24) 得

$$\lim_{n\to\infty} \|T_j^{n+1}x_n - T_j^n x_n\| = 0, \quad j = 1,2,\cdots. \tag{2.3.25}$$

由式 (2.3.11) 和式 (2.3.24) 得 $x_n \to p$ 且 $T_j^n x_n \to p$, $j = 1,2,\cdots$. 结合式 (2.3.25) 进一步得 $T_j^{n+1}x_n \to p$, 即 $T_jT_j^n x_n \to p$, $j = 1,2,\cdots$. 又因为 T_j 是闭的且 $x_n \to p$, 因此 $p \in \bigcap_{i=1}^{\infty} Fix(T_i)$.

最后, 证明 $p = \prod_{\Omega}^f x_0$. 由 $\Omega = \bigcap_{i=1}^{\infty} Fix(T_i)$ 的闭凸性和引理 2.3.6, 可知，$\prod_{\Omega}^f$ 是单值的, 记 $w = \prod_{\Omega}^f x_0$. 因为 $x_n = \prod_{\Omega}^f x_0$ 并且 $w \in \Omega \subset C_n$, 所以

$$G(x_n, Jx_0) \leqslant G(w, Jx_0), \quad \forall n \geqslant 0.$$

对给定的 τ, 映象 $G(\xi,\tau)$ 是凸且关于 ξ 的下半连续的, 所以

$$G(p, Jx_0) \leqslant \liminf_{n\to\infty} G(x_n, Jx_0) \leqslant \limsup_{n\to\infty} G(x_n, Jx_0) \leqslant G(w, Jx_0), \quad \forall n \geqslant 0.$$

因此, 由 $w = \prod_{\Omega}^f x_0$ 及 $p \in \Omega$ 得 $p = w$.

定理 2.3.2　设 E 为一致光滑严格凸的 Banach 空间且具有 Kadec-Klee 性质, K 为 E 的非空闭凸子集. 设 $T: K \to K$ 为总拟 -φ-渐近非扩张的映象, 且 T 是闭的一致 L-Lipschitz 连续映象, $Fix(T) \neq \phi$. 设 $f: E \to \mathbb{R}$ 为下半连续凸函数, 且 $K \subset int(D(f))$. 如果 $\mu_1 = 0$, 对给定 $x_0 \in E$, $C_0 = K$, 非负序列 $\{\alpha_n\}$ 满足条件

$$0 < \liminf_{n\to\infty} \alpha_n \leqslant \limsup_{n\to\infty} \alpha_n < 1,$$

则由式 (2.3.2) 定义的序列 $\{x_n\}$ 强收敛到 $\prod_{Fix(T)}^f x_0$.

证　取 $T_i = T$, $i = 1,2,\cdots$, 一致总拟 -φ-渐近非扩张映象退化为总拟 -φ-渐近非扩张映象, 式 (2.3.1) 转化为式 (2.3.2). 由定理 2.3.1, 类似可证.

定理 2.3.3　设 E 为一致光滑严格凸的 Banach 空间且具有 Kadec-Klee 性质, K 为 E 的非空闭凸子集. 设 $\{T_i\}_{i=1}^{\infty}: K \to K$ 为一致总拟 -φ-渐近非扩张的映象, 且 T_i 是闭的一致 L_i-Lipschitz 连续映象, $\Omega = \bigcap_{i=1}^{\infty} Fix(T_i) \neq \phi$. 如果 $\mu_1 = 0$, 对给定 $x_0 \in E$, $C_0 = K$, 非负序列 $\{\alpha_{n,i}\}$ 满足条件 $\sum\limits_{i=0}^{\infty} \alpha_{n,i} = 1$ 且

$$\liminf_{n\to\infty} \alpha_{n,0}\alpha_{n,i} > 0, \quad i = 1,2,\cdots,$$

则由式 (2.3.3) 定义的序列 $\{x_n\}$ 强收敛到 $\prod_{\Omega} x_0$.

证　取 $f(x) = 0$, $\forall x \in E$, 则 $G(\xi,\varphi) = \varphi(\xi,x)$ 且广义 f-投影 $\prod_K^f$ 退化为通常的广义投影 $\prod_K$, 式 (2.3.1) 转化为式 (2.3.3). 由定理 2.3.1, 类似可证.

2.4 双曲空间中几乎渐近非扩张映象的不动点定理

2.4.1 预备知识

设 $X=(X,d)$ 是度量空间, 对任意 $x,y,z,w\in X$, 如果存在映象 $W:X^2\times[0,1]\to X$ 满足下列条件:

C1. $d(z,W(x,y,\lambda))\leqslant(1-\lambda)d(z,x)+\lambda d(z,y)$,

C2. $d(W(x,y,\lambda_1),W(x,y,\lambda_2))=|\lambda_1-\lambda_2|d(x,y)$,

C3. $W(x,y,\lambda)=W(y,x,(1-\lambda))$,

C4. $d(W(x,z,\lambda),W(y,w,\lambda))\leqslant(1-\lambda)d(x,y)+\lambda d(z,w)$,

则称 (X,d,W) 为双曲空间 [45], 其中, $\lambda,\lambda_1,\lambda_2\in[0,1]$. 如果 (X,d) 只满足条件 C1, 则称 X 是凸度量空间 [46]; 如果 (X,d) 满足条件 C1—C3, 则称 X 是双曲型空间 [47]. 此处，定义的双曲空间 (X,d,W) 比文献 [48] 中定义的双曲空间范围更广, 下例进一步说明了该类空间的重要性: 设 B_H 是复 Hilbert 空间中一个开的单位球, 对任意 $x,y\in B_H$, 定义度量 (Kobayashi 距离)

$$d_{B_H}(x,y)=\arg\tanh(1-\sigma(x,y))^{\frac{1}{2}},$$

其中, $\sigma(x,y)=\dfrac{(1-\|x\|^2)(1-\|y\|^2)}{|1-\langle x,y\rangle|^2}$, 则 (B_H,d_{B_H},W) 是双曲空间, 且不包含于任何 Banach 空间. 双曲空间 (X,d,W) 包含的另一个重要例子是 CAT(0) 空间, 由于统一了线性和非线性结构, 引起了广大非线性分析方向研究者的极大兴趣 [49-52].

设 K 为度量空间 X 的一个非空子集, $T:K\to K$ 为一非线性映象, 以 $Fix(T)$ 表示 T 的不动点集合, 即 $Fix(T)=\{x\in K,Tx=x\}$. 称 T 为一致 L-Lipschitzian 连续映象, 如果存在常数 $L>0$ 满足

$$d(T^nx,T^ny)\leqslant Ld(x,y),\quad\forall x,y\in K.$$

称 T 为渐近非扩张映象, 如果存在序列 $\{k_n\}\subset[0,\infty)$ 且 $\lim\limits_{n\to\infty}k_n=0$, 满足

$$d(T^nx,T^ny)\leqslant(1+k_n)d(x,y),\quad\forall x,y\in K.$$

称 T 为渐近拟 -非扩张映象, 如果存在序列 $\{k_n\}\subset[0,\infty)$ 且 $\lim\limits_{n\to\infty}k_n=0$, 满足

$$d(T^nx,p)\leqslant(1+k_n)d(x,p),\quad\forall x\in K,\ p\in Fix(T).$$

称 $T:K\to K$ 为几乎 Lipschitzian 连续映象 [53], 如果存在序列 $\{k_n'\},\{v_n\}\subset[0,\infty)$ 且 $\lim\limits_{n\to\infty}v_n=0$, 满足

$$d(T^nx,T^ny)\leqslant k_n'(d(x,y)+v_n),\quad\forall x,y\in K.$$

以 $\eta(T^n)$ 表示 k_n' 的最大下界, 也称 $\eta(T^n)$ 为 T 的几乎 Lipschitzian 常数. 特别地, 对任意 $n\in\mathbb{N}$, 如果 $\eta(T^n)=1$, 称 T 是几乎非扩张映象; 如果 $\eta(T^n)\geqslant1$ 且 $\lim\limits_{n\to\infty}\eta(T^n)=1$, 称 T 是几乎渐近非扩张映象; 如果 $\eta(T^n)\leqslant L$, 称 T 是几乎一致 L-Lipschitzian 连续映象. 同时, 称 $T:K\to K$ 为几乎渐近拟 -非扩张映象, 如果存在序列 $\{k_n\},\{v_n\}\subset[0,\infty)$ 且 $\lim\limits_{n\to\infty}k_n=0,\lim\limits_{n\to\infty}v_n=0$, 满足

$$d(T^nx,p)\leqslant(1+k_n)d(x,p)+v_n,\quad\forall x\in K,\ p\in Fix(T).$$

显然, 任一具有非空不动点集的几乎渐近非扩张映象均为几乎渐近拟 -非扩张映象, 几乎渐近拟 -非扩张映象包含几乎拟 -非扩张映象和渐近拟 -非扩张映象. 同时, 如果 K 为 X 的有界子集, 定义在 K 上的几乎渐进拟 -非扩张映象都是几乎拟 -非扩张映象, 即

$$d(T^n x, p) \leqslant (1+k_n)d(x,p)+v_n \leqslant d(x,p)+\big(k_n \sup_{x,y\in K} d(x,y)+v_n\big),\quad \forall p\in Fix(T).$$

例 2.4.1[53]　设 $X=R, K=(-\infty,3]$, 定义 $T:K\to K$ 是几乎渐近拟 -非扩张映象, 且 $Fix(T)=\{0\}$，则

$$Tx=\begin{cases}\dfrac{1}{2}x, & x\in(-\infty,2],\\ x-1, & x\in(2,3].\end{cases}$$

不难验证 $\{k_n\}=\left\{1,\dfrac{1}{2},\dfrac{1}{2^2},\dfrac{1}{2^3},\cdots\right\}, \{v_n\}=\left\{1,\dfrac{1}{2},\dfrac{1}{2^2},\dfrac{1}{2^3},\cdots\right\}$.

例 2.4.2[53]　设 $X=R, K=\left[-\dfrac{1}{\pi},\dfrac{1}{\pi}\right]$ 且 $k\in(0,1)$. 定义 $T:K\to K$ 是连续的几乎拟 -非扩张映象，则

$$Tx=\begin{cases}0, & x=0,\\ kx\sin\dfrac{1}{x}, & x\neq 0.\end{cases}$$

不难验证 $Fix(T)=\{0\}$, T 是一致连续的且 $T^n x\to 0$, 但 T 却不是 Lipschitzian 连续的.

另一方面, 非 Lipschitzian 连续映象的不动点逼近理论和方法在经济决策、经济均衡、最优化理论、微分方程及动力系统等经济和工程技术领域有着更广泛的应用. 然而, 关于非 Lipschitzian 连续映象不动点的数值方法的研究却远远落后于各类型的 Lipschitzian 连续映象, 主要原因是现有数值方法的收敛性分析基本上依赖于映象的 Lipschitzian 连续性 [54-60]. 2011 年, Phuengrattana,Suantai[61] 介绍了一个新的 SP-迭代法逼近连续映象的不动点, 并在 Banach 空间中证明了该方法的强收敛性, 数值例子显示 SP-迭代法比传统的 Mann 迭代、Ishikawa 迭代和 Noor 迭代的收敛速度更快 [62-65]. 2014 年, Kang 等 [65] 介绍了下面的 S-迭代法逼近 Lipschitzian 型映象 (非 Lipschitzian 连续) 的不动点

$$\begin{cases}y_n=W(x_n,T^n x_n,\beta_n),\\ x_{n+1}=W(T^n x_n,T^n y_n,\alpha_n), \quad n\geqslant 1,\end{cases}$$

其中，$\alpha_n,\beta_n\in[0,1]$, 并在双曲空间中建立了关于几乎渐近拟 -非扩张映象不动点的 Δ-收敛和强收敛定理, 所得的结论改进并推广了文献 [51-53,56] 中相应的研究成果.

本节将文献 [61] 中的 SP-迭代法从 Banach 空间推广到双曲空间, 改进 Kang 等 [65] 的 S-迭代法提高收敛速度, 在双曲空间中建立了关于几乎渐近非扩张映象不动点的 Δ-收敛性定理和强收敛定理, 并在收敛性分析中去掉映象 T 的一致 Lipschitzian 连续性. 所得的方法和结果改进并推广了文献 [51-53,56,61,65] 中相应的结论.

2.4.2　基本结论

设 K 为双曲空间 (X,d,W) 的一非空闭凸子集, 如果对任意 $x,y\in K$, $\alpha\in[0,1]$, 都有 $W(x,y,\alpha)\in K$, 则称 K 是凸的. 如果对任意的 $x,y,u\in X$, $r>0$ 且 $\epsilon\in(0,2]$, 当 $d(x,u)\leqslant$

$r, d(y,u) \leqslant r$ 和 $d(x,y) \geqslant \epsilon r$ 成立时, 都存在一个常数 $\delta \in (0,1]$ 使得 $d\Big(W\Big(x,y,\dfrac{1}{2}\Big),u\Big) \leqslant (1-\delta)r$ 成立, 则称 (X,d,W) 是一致凸的 [66]. 设映象 $\eta:(0,\infty)\times(0,2]\to(0,1]$, 称 $\delta=\eta(r,\epsilon)$ 为一致凸性模. 对给定的 ϵ, 如果 η 关于 r 递减, 则称 η 是单调的.

设 $\{x_n\}$ 为双曲空间 (X,d,W) 中的一有界序列, 定义一个连续泛函 $r(.,\{x_n\}):X\to[0,\infty)$ 为

$$r(x,\{x_n\})=\limsup_{n\to\infty} d(x,x_n),\quad x\in X.$$

称 $\rho=\inf\{r(x,\{x_n\}):x\in X\}$ 为 $\{x_n\}$ 的渐近半径. 定义泛函 $r(.,\{x_n\})$ 的最小集

$$A_K(\{x_n\})=\big\{x\in X: r(x,\{x_n\})\leqslant r(y,\{x_n\}),\ \forall y\in K\big\}.$$

则称 $A_K(\{x_n\})$ 为 $\{x_n\}$ 在 K 上的渐近中心. 同时, 定义在 X 上的 $\{x_n\}$ 的渐近中心记为 $A(\{x_n\})$. 设 $\{u_n\}$ 为 $\{x_n\}$ 的任一子序列, 如果 $x\in X$ 是 $\{u_n\}$ 唯一的渐近中心, 则称序列 $\{x_n\}$ 依 Δ-收敛到 $x\in X$, 记为 $\Delta\text{-}\lim\limits_{n\to\infty} x_n=x$, 并且称 x 为 $\{x_n\}$ 的 Δ-极限.

引理 2.4.1[67] 设 K 为完备一致凸双曲空间 (X,d,W) 的非空闭凸子集, 且 X 具有一致凸单调模 η. 如果 $\{x_n\}$ 为 X 中的任意有界序列, 则 $\{x_n\}$ 在 K 上存在唯一渐近中心.

引理 2.4.2[68] 设 (X,d,W) 为完备一致凸双曲空间且具有一致凸单调模 η. 设 $\{x_n\},\{y_n\}$ 为 X 中的任意序列, $\alpha_n\in[a,b]\subset(0,1)$, 如果对 $x\in X$ 满足

$$\limsup_{n\to\infty} d(x_n,x)\leqslant r,\quad \limsup_{n\to\infty} d(y_n,x)\leqslant r,\quad \lim_{n\to\infty} d(W(x_n,y_n,\alpha_n),x)=r,$$

其中, 常数 $r\geqslant 0$, 则 $\lim\limits_{n\to\infty} d(x_n,y_n)=0$.

引理 2.4.3[68] 设 K 为完备一致凸双曲空间 (X,d,W) 的非空闭凸子集. 设 $\{x_n\}$ 为 K 中的一有界序列, 且 $r(\{x_n\})=\rho$, $A(\{x_n\})=\{x\}$. 如果 $\{y_m\}$ 为 K 中的另一序列且 $\lim\limits_{m\to\infty} r(y_m,\{x_n\})=\rho$, 则 $\lim\limits_{m\to\infty} y_m=x$.

2.4.3 不动点算法及收敛性定理

算法 2.4.1 本节将利用 Phuengrattana，Suantai[61] 的 SP-迭代技巧改进 Kang 等 [65] 的 S-迭代法, 定义一个新的 SP-迭代法逼近几乎 Lipschitzian 映象的不动点

$$\begin{cases} z_n=W(x_n,T^n x_n,\gamma_n),\\ y_n=W(z_n,T^n z_n,\beta_n),\\ x_{n+1}=W(y_n,T^n y_n,\alpha_n),\quad n\geqslant 1,\end{cases}\tag{2.4.1}$$

其中, $\{\alpha_n\},\{\beta_n\},\{\gamma_n\}$ 为三实数序列且 $\alpha_n,\beta_n,\gamma_n\in[0,1]$.

定理 2.4.1 设 K 为完备一致凸双曲空间 (X,d,W) 的非空闭凸子集, 且 X 具有一致凸单调模 η. 设 $T:K\to K$ 为一致连续几乎渐近非扩张映象且 $\sum\limits_{n=1}^{\infty}(\eta(T^n)-1)<\infty$, $\sum\limits_{n=1}^{\infty} v_n<\infty$. 如果 $Fix(T)\neq\phi$, 对任意的 $x_1\in K$, $\alpha_n,\beta_n,\gamma_n\in(0,1)$, 则由式 (2.4.1) 定义的序列 $\{x_n\}$ 依 Δ-收敛到 $q\in Fix(T)$.

证　首先, 证明 $\lim\limits_{n\to\infty} d(x_n,p)$ 存在, 其中，$p\in Fix(T)$. 由式 (2.4.1) 和 C1 得

$$\begin{aligned}d(z_n,p) &= d(W(x_n,T^nx_n,\gamma_n),p)\\ &\leqslant (1-\gamma_n)d(x_n,p)+\gamma_n d(T^nx_n,p)\\ &\leqslant (1-\gamma_n)d(x_n,p)+\gamma_n[(1+k_n)d(x_n,p)+v_n]\\ &\leqslant (1+\gamma_nk_n)d(x_n,p)+\gamma_nv_n.\end{aligned}\tag{2.4.2}$$

利用式 (2.4.1), 类似可得

$$d(y_n,p)\leqslant (1+\beta_nk_n)d(z_n,p)+\beta_nv_n,\tag{2.4.3}$$

$$d(x_{n+1},p)\leqslant (1+\alpha_nk_n)d(y_n,p)+\alpha_nv_n.\tag{2.4.4}$$

结合式 (2.4.2)—式 (2.4.4) 可得

$$\begin{aligned}d(x_{n+1},p) &\leqslant (1+\alpha_nk_n)[(1+\beta_nk_n)d(z_n,p)+\beta_nv_n]+\alpha_nv_n\\ &= [1+k_n(\alpha_n+\beta_n+\alpha_n\beta_nk_n)]d(z_n,p)+(\alpha_n+\beta_n+\alpha_n\beta_nk_n)v_n\\ &\leqslant \{1+k_n(\alpha_n+\beta_n+\alpha_n\beta_nk_n)[(1+\gamma_nk_n)d(x_n,p)+\gamma_nv_n]\}+(\alpha_n+\beta_n+\alpha_n\beta_nk_n)v_n\\ &= \{1+k_n[\alpha_n+\beta_n+\gamma_n+k_n(\alpha_n\beta_n+\alpha_n\gamma_n+\beta_n\gamma_n+\alpha_n\beta_n\gamma_nk_n)]\}d(x_n,p)+\\ &\quad [\alpha_n+\beta_n+\gamma_n+k_n(\alpha_n\beta_n+\alpha_n\gamma_n+\beta_n\gamma_n+\alpha_n\beta_n\gamma_nk_n)]v_n\\ &= (1+k_n\xi_n)d(x_n,p)+\xi_nv_n,\end{aligned}\tag{2.4.5}$$

其中, $\xi_n=\alpha_n+\beta_n+\gamma_n+k_n(\alpha_n\beta_n+\alpha_n\gamma_n+\beta_n\gamma_n+\alpha_n\beta_n\gamma_nk_n)$. 因为 $\sum\limits_{n=1}^{\infty}k_n<\infty$, $\sum\limits_{n=1}^{\infty}v_n<\infty$ 且 $\alpha_n,\beta_n,\gamma_n\in(0,1)$, 所以

$$\sum_{n=1}^{\infty}k_n\xi_n<\infty,\qquad \sum_{n=1}^{\infty}\xi_nv_n<\infty.$$

由引理 2.2.1 可知, $d(x_n,p)$ 的极限存在, 记为 $\lim\limits_{n\to\infty} d(x_n,p)=r$.

其次, 证明 $\lim\limits_{n\to n} d(x_n,Tx_n)=0$. 整理式 (2.4.2) 和式 (2.4.3) 可得

$$d(y_n,p)\leqslant [1+k_n(\beta_n+\gamma_n+\beta_n\gamma_nk_n)]d(x_n,p)+(\beta_n+\gamma_n+\beta_n\gamma_nk_n)v_n.\tag{2.4.6}$$

由于 $\sum\limits_{n=1}^{\infty}(k_n-1)<\infty$, $\sum\limits_{n=1}^{\infty}v_n<\infty$, 则

$$\limsup_{n\to\infty} d(y_n,p)\leqslant r.\tag{2.4.7}$$

进一步得

$$d(T^ny_n,p)\leqslant (1+k_n)d(y_n,p)+v_n.$$

结合式 (2.4.7) 得

$$\limsup_{n\to\infty} d(T^ny_n,p)\leqslant r.\tag{2.4.8}$$

由式 (2.4.1) 和式 (2.4.5) 得

$$\lim_{n\to\infty} d(x_{n+1},p) = \lim_{n\to\infty} d(W(y_n,T^n y_n,\alpha_n),p) = r. \tag{2.4.9}$$

由式 (2.4.7)—式 (2.4.9) 和引理 2.4.2 得

$$\lim_{n\to\infty} d(y_n,T^n y_n) = 0. \tag{2.4.10}$$

因为 $d(x_{n+1},y_n) \leqslant \alpha_n d(y_n,T^n y_n)$, 所以

$$\lim_{n\to\infty} d(x_{n+1},y_n) = 0. \tag{2.4.11}$$

另一方面, 由式 (2.4.1) 和 C1 得

$$\begin{aligned} d(x_{n+1},p) &\leqslant d(x_{n+1},T^n y_n) + d(T^n y_n,p) \\ &= d(W(y_n,T^n y_n,\alpha_n),T^n y_n) + d(T^n y_n,p) \\ &\leqslant (1-\alpha_n) d(y_n,T^n y_n) + (1+k_n) d(y_n,p) + v_n, \end{aligned}$$

取极限即得 $\liminf\limits_{n\to\infty} d(y_n,p) \geqslant r$, 结合式 (2.4.1) 和式 (2.4.7) 得

$$\lim_{n\to\infty} d(y_n,p) = \lim_{n\to\infty} d(W(z_n,T^n z_n,\beta_n),p) = r. \tag{2.4.12}$$

同时, 由式 (2.4.2) 和 $\lim\limits_{n\to\infty} d(x_n,p) = r$ 得

$$\limsup_{n\to\infty} d(z_n,p) \leqslant r. \tag{2.4.13}$$

由于 $d(T^n z_n,p) \leqslant (1+k_n) d(z_n,p) + u_n$, 并结合式 (2.4.13) 得

$$\limsup_{n\to\infty} d(T^n z_n,p) \leqslant r. \tag{2.4.14}$$

结合式 (2.4.12)—式 (2.4.14) 和引理 2.4.2 得

$$\lim_{n\to\infty} d(z_n,T^n z_n) = 0. \tag{2.4.15}$$

又因为 $d(y_n,z_n) \leq \beta_n d(z_n,T^n z_n)$, 所以

$$\lim_{n\to\infty} d(y_n,z_n) = 0. \tag{2.4.16}$$

类似地, 由式 (2.4.1) 和引理 2.4.2 得

$$\lim_{n\to\infty} d(x_n,T^n x_n) = 0, \qquad \lim_{n\to\infty} d(z_n,x_n) = 0. \tag{2.4.17}$$

利用 $d(x_{n+1},x_n) \leqslant d(x_{n+1},y_n) + d(y_n,z_n) + d(z_n,x_n)$, 并结合式 (2.4.11)、式 (2.4.16) 和式 (2.4.17) 进一步得

$$\lim_{n\to\infty} d(x_{n+1},x_n) = 0. \tag{2.4.18}$$

由于 T 具有一致连续性, 且

$$\begin{aligned} d(x_n,Tx_n) &\leqslant d(x_n,x_{n+1})+d(x_{n+1},T^{n+1}x_{n+1})+d(T^{n+1}x_{n+1},T^{n+1}x_n)+d(T^{n+1}x_n,Tx_n) \\ &\leqslant [1+\eta(T^{n+1})]d(x_n,x_{n+1})+d(x_{n+1},T^{n+1}x_{n+1})+d(T^{n+1}x_n,Tx_n)+\eta(T^{n+1})v_{n+1}. \end{aligned} \tag{2.4.19}$$

已知 $\sum\limits_{n=1}^{\infty}(\eta(T^n)-1)<\infty$ 和 $\sum\limits_{n=1}^{\infty}v_n<\infty$, 并结合式 (2.4.17)—式 (2.4.19) 得

$$\lim_{n\to\infty} d(x_n,Tx_n)=0. \tag{2.4.20}$$

最后, 证明 $\{x_n\}$ 依 Δ-收敛到 T 的某个不动点. 对任意 $p\in Fix(T)$, 由于 $\lim\limits_{n\to\infty}d(x_n,p)$ 存在, 则序列 $\{x_n\}$ 有界, 由引理 2.4.1 可知, $\{x_n\}$ 存在唯一渐近中心 $A_K(\{x_n\})=\{q\}$. 设 $\{u_n\}$ 为 $\{x_n\}$ 的任一子序列且 $A_K(\{u_n\})=\{u\}$, 则由式 (2.4.20) 和 T 的一致连续性得

$$\lim_{n\to\infty} d(T^iu_n,T^{i+1}u_n)=0,\quad i=0,1,2,\cdots. \tag{2.4.21}$$

在 K 中定义 $z_m=T^mu$, 则

$$\begin{aligned} d(z_m,u_n) &\leqslant d(T^mu,T^mu_n)+d(T^mu_n,T^{m-1}u_n)+\cdots+d(Tu_n,u_n) \\ &\leqslant \eta(T^m)[d(u,u_n)+v_m]+\sum_{i=0}^{m-1}d(T^iu_n,T^{i+1}u_n). \end{aligned}$$

由式 (2.4.21) 得

$$r(z_m,\{u_n\})=\limsup_{n\to\infty}d(z_m,u_n)\leqslant \eta(T^m)[r(u,\{u_n\})+v_m],$$

因此

$$\limsup_{n\to\infty} r(z_m,\{u_n\})\leqslant r(u,\{u_n\}). \tag{2.4.22}$$

因为 $A_K(\{u_n\})=\{u\}$, 且 $\{y_n\}$ 为 K 中的有界序列, 则由渐近中心的定义得

$$\liminf_{n\to\infty} r(z_m,\{u_n\})\geqslant r(u,\{u_n\}). \tag{2.4.23}$$

结合式 (2.4.22) 和式 (2.4.23) 得

$$\lim_{n\to\infty} r(z_m,\{u_n\})=r(u,\{u_n\}). \tag{2.4.24}$$

由引理 2.4.3 得 $\lim\limits_{m\to\infty}T^mu=u$, 利用 T 的一致连续性进一步得

$$Tu=T(\lim_{m\to\infty}T^mu)=\lim_{m\to\infty}T^{m+1}u=u, \tag{2.4.25}$$

即 $u \in Fix(T)$.
(反证法) 如果 $q \neq u$, 由式 (2.4.5) 和式 (2.4.25) 可知, $\lim\limits_{n\to\infty} d(x_n, u)$ 存在, 则

$$\begin{aligned}\limsup_{n\to\infty} d(u_n, u) &< \limsup_{n\to\infty} d(u_n, q)\\ &\leqslant \limsup_{n\to\infty} d(x_n, q)\\ &< \limsup_{n\to\infty} d(x_n, u)\\ &= \limsup_{n\to\infty} d(u_n, u),\end{aligned}$$

这是一个自相矛盾的结论. 因此, $q = u$. 由于 $\{u_n\}$ 为 $\{x_n\}$ 的任一子序列, 故对所有的 $\{u_n\} \subset \{x_n\}$, 都有 $A(\{u_n\}) = \{q\}$, 即 $\{x_n\}$ 依 Δ-收敛到 $q \in Fix(T)$.

为了改进定理 2.4.1 中的 Δ-收敛性, 建立关于几乎渐近非扩张映象不动点的强收敛性定理, 只需对映象 T 添加适当限制条件. 例如, 要求 T 具有半紧性或满足条件 (A). 如果存在一个不减函数 $f : [0, \infty) \to [0, \infty)$ 且满足 $f(0) = 0$, $f(t) > 0, t \in (0, \infty)$ 使得 $d(x, Tx) \geqslant f(d(x, Fix(T)))$ 成立, 则称映象 T 满足条件 (A)[1].

定理 2.4.2 设 K 为完备一致凸双曲空间 (X, d, W) 的非空闭凸子集, 且 X 具有一致凸单调模 η. 设 $T : K \to K$ 为一致连续几乎渐近非扩张映象且 $\sum\limits_{n=1}^{\infty}(\eta(T^n) - 1) < \infty$, $\sum\limits_{n=1}^{\infty} v_n < \infty$. 如果 $Fix(T) \neq \phi$ 且 T^m 对某个 $m \in \mathbb{N}$ 是半紧的, 对任意的 $x_1 \in K$, $\alpha_n, \beta_n, \gamma_n \in (0, 1)$, 则由式 (2.4.1) 定义的序列 $\{x_n\}$ 强敛到 $q \in Fix(T)$.

证 由式 (2.4.20) 和映象 T 的一致连续性得

$$\lim_{n\to\infty} d(T^i x_n, T^{i+1} x_n) = 0, \quad i = 1, 2, 3, \cdots. \tag{2.4.26}$$

因为

$$d(x_n, T^m x_n) \leqslant \sum_{i=0}^{m-1} d(T^i x_n, T^{i+1} x_n),$$

所以

$$\lim_{n\to\infty} d(x_n, T^m x_n) = 0. \tag{2.4.27}$$

又因为 T^m 是半紧的, 故存在 $\{x_{n_j}\} \subset \{x_n\}$ 使得 $\lim\limits_{j\to\infty} T^m x_{n_j} = q \in K$. 同时, 由于

$$d(x_{n_j}, q) \leqslant d(x_{n_j}, T^m x_{n_j}) + d(T^m x_{n_j}, q),$$

结合式 (2.4.27) 得 $\lim\limits_{j\to\infty} d(x_{n_j}, q) = 0$, 由式 (2.4.20) 进一步得 $q \in Fix(T)$. 因此,$x_n \to q \ (n \to \infty)$.

定理 2.4.3 设 K 为完备一致凸双曲空间 (X, d, W) 的非空闭凸子集, 且 X 具有一致凸单调模 η. 设 $T : K \to K$ 为一致连续几乎渐近非扩张映象且 $\sum\limits_{n=1}^{\infty}(\eta(T^n) - 1) < \infty$, $\sum\limits_{n=1}^{\infty} v_n < \infty$. 如果 $Fix(T) \neq \phi$ 且 T 满足条件 (A), 对任意的 $x_1 \in K$, $\alpha_n, \beta_n, \gamma_n \in (0, 1)$, 则由式 (2.4.1) 定义的序列 $\{x_n\}$ 强敛到 $q \in Fix(T)$.

证　由式 (2.4.20) 得 $\lim\limits_{n\to\infty} d(x_n, Tx_n) = 0$. 因为 T 满足条件 (A), 所以

$$\lim_{n\to\infty} d(x_n, Tx_n) \geqslant \lim_{n\to\infty} f(d(x_n, Fix(T))).$$

进一步得 $\lim\limits_{n\to\infty} d(x_n, Fix(T)) = 0$. 记 $\sigma_n = k_n\xi_n, \theta_n = \xi_n v_n$, 由式 (2.4.5) 得

$$d(x_{n+1}, p) \leqslant (1+\sigma_n)d(x_n, p) + \theta_n, \quad n \geqslant 1, \tag{2.4.28}$$

其中, $\sum\limits_{n=1}^{\infty}\sigma_n < \infty$, $\sum\limits_{n=1}^{\infty}\theta_n < \infty$. 另一方面, 对任意 $m, n \in \mathbb{N}$, 由式 (2.4.28) 得

$$\begin{aligned} d(x_{m+n}, x_n) &\leqslant d(x_{m+n}, p) + d(p, x_n) \\ &\leqslant (1+\sigma_{m+n-1})d(x_{m+n-1}, p) + \theta_{m+n-1} + d(x_n, p). \end{aligned} \tag{2.4.29}$$

利用式 (2.4.29) 和不等式 $1 + x \leqslant \mathrm{e}^x, \forall x \geqslant 0$ 得

$$\begin{aligned} d(x_{m+n}, x_n) &\leqslant \mathrm{e}^{\sigma_{m+n-1}} d(x_{m+n-1}, p) + \theta_{m+n-1} + d(x_n, p) \\ &\leqslant \mathrm{e}^{\sigma_{m+n-1}+\sigma_{m+n-2}} d(x_{m+n-2}, p) + \mathrm{e}^{\sigma_{m+n-1}}\theta_{m+n-2} + \theta_{m+n-1} + d(x_n, p) \\ &\vdots \\ &\leqslant \mathrm{e}^{\sum\limits_{i=n}^{m+n-1}\sigma_i} d(x_n, p) + \mathrm{e}^{\sum\limits_{i=n+1}^{m+n-1}\sigma_i}\theta_n + \mathrm{e}^{\sum\limits_{i=n+2}^{m+n-2}\sigma_i}\theta_{n+1} + \cdots + \\ &\quad \mathrm{e}^{\sigma_{m+n-1}}\theta_{m+n-2} + \theta_{m+n-1} + d(x_n, p) \\ &\leqslant (1+M)d(x_n, p) + M\sum_{i=n}^{m+n-1}\theta_i, \end{aligned} \tag{2.4.30}$$

其中,$M = \mathrm{e}^{\sum\limits_{i=n}^{m+n-1}\sigma_i} < \infty$. 由式 (2.4.30) 得 $\lim\limits_{n\to\infty} d(x_{m+n}, x_n) = 0$, $m \in \mathbb{N}$, 即 $\{x_n\}$ 是 K 中的 Cauchy 序列. 同时, 由于 K 是完备双曲空间 (X, d, W) 的非空闭凸子集, 故 $\{x_n\}$ 强收敛到 $q \in K$. 又因为 $Fix(T)$ 是闭的且 $\lim\limits_{n\to\infty} d[x_n, Fix(T)] = 0$, 所以 $q \in Fix(T)$.

第 3 章　伪压缩型映象的不动点定理

本章在 Hilbert 空间中, 介绍了一个逼近连续伪压缩映象和单调映象的不动点的广义迭代逼近方法, 建立了连续伪压缩映象的不动点定理, 并将该方法应用于求解单调映象的变分不等式问题. 利用 Meir-Keeler 压缩映象, 定义了一个逼近渐近严格伪压缩映象不动点的黏滞-混合投影方法, 推广了 Takahashi 等人提出的混合投影方法 (CQ 算法), 并在去掉了集合有界性的条件下建立了渐近严格伪压缩映象的不动点定理. 最后, 介绍了一类新的 λ-严格伪非扩展映象, 举例说明了该类映象的存在性, 建立严格伪扩展映象的不动点与变分不等式问题解集的等价关系.

3.1　伪压缩映象的不动点定理

3.1.1　预备知识

设 H 为一实 Hilbert 空间, 其内积和范数分别表示为 $\langle\cdot,\cdot\rangle$ 和 $\|\cdot\|$, K 为 H 的一个非空闭凸子集. 称 $f: K \to K$ 为压缩映象, 如果存在常数 $\rho \in (0,1)$, 使得

$$\|f(x) - f(y)\| \leqslant \rho\|x - y\|, \quad \forall x, y \in K.$$

称 $T: K \to K$ 为非扩张映象, 如果

$$\|Tx - Ty\| \leqslant \|x - y\|, \quad \forall x, y \in K.$$

称 $T: K \to H$ 为伪压缩映象, 如果

$$\langle Tx - Ty, x - y\rangle \leqslant \|x - y\|^2, \quad \forall x, y \in K.$$

称 $T: K \to H$ 为 λ- 严格伪压缩映象, 如果存在常数 $\lambda \in [0,1)$, 使得

$$\langle Tx - Ty, x - y\rangle \leqslant \|x - y\|^2 - \lambda\|(I - T)x - (I - T)y\|^2, \quad \forall x, y \in K.$$

显然, 伪压缩映象包含非扩张映象和 λ- 严格伪压缩映象, 是一类更广义的映象形式. 此处以 $Fix(T)$ 表示 T 的不动点集合, 即 $Fix(T) = \{x \in K, Tx = x\}$.

不动点理论是现代非线性分析的重要组成部分, 广泛应用于经济决策、最优化理论、算子理论、数值分析和动力系统等经济和工程技术领域. 近年来, 非线性算子的不动点定理及其逼近算法引起了数学研究者的极大兴趣, 并获得了一系列很好的研究成果 [16,57,69-76]. 2006 年, Marino-Xu[77] 介绍了一个逼近非扩张映象不动点的广义迭代方法

$$x_{n+1} = \alpha_n \gamma f(x_n) + (I - \alpha_n A)Tx_n,$$

其中, I 为单位算子, A 为强正有界线性算子. 他们在一定条件下证明了迭代序列强收敛到非扩张映象的不动点, 并且该不动点为变分不等式问题

$$\langle (A-\gamma f)x, x-z\rangle \leqslant 0, \quad \forall z \in Fix(T).$$

的唯一解, 这恰好是非扩张映象的不动点集上二次泛函 $\min\limits_{x\in Fix(T)} \frac{1}{2}\langle Ax, x\rangle - \langle x, b\rangle$ 的最优化条件.

2008 年, Colao, Marino, Xu[78] 引入的 W_n- 映象, 将 Marino-Xu[77] 的广义迭代方法推广到有限簇非扩张映象和平衡问题, 建立了一个改进的广义迭代方法

$$\begin{cases} F(u_n, y) + \dfrac{1}{r_n}\langle y-u_n, u_n-x_n\rangle \geqslant 0, \\ x_{n+1} = \alpha_n\gamma f(x_n) + \beta x_n + [(1-\beta)I - \alpha_n A]W_n u_n, \ \forall n \geqslant 1, \end{cases}$$

并在一定条件下证明了迭代序列强收敛到有限簇非扩张映象公共不动点和平衡问题的解.

2012 年, Zegeye, Shahzad[79] 为了研究伪压缩映象和单调映象不动点定理, 引入了 T_{r_n} 和 F_{r_n} 映象的定义, 给出了迭代逼近方法

$$x_{n+1} = \alpha_n\gamma f(x_n) + \alpha_n T_{r_n} F_{r_n} x_n,$$

并在一定条件下证明了逼近伪压缩映象和单调映象不动点的强收敛定理.

本节将在 Hilbert 空间中建立逼近连续伪压缩映象不动点的强收敛定理, 建立逼近有限簇连续伪压缩映象和单调映象公共不动点的强收敛定理, 并在更弱的条件下给出了迭代方法的收敛性分析, 所得的结果改进并推广了文献 [10,16,47,77,79-80] 中相应的结论.

3.1.2 基本结论

设 H 为一实 Hilbert 空间, 其内积和范数分别表示为 $\langle\cdot,\cdot\rangle$ 和 $\|\cdot\|$, K 为 H 的一个非空闭凸子集, 以 " $\rightarrow$ " 和 " $\rightharpoonup$ " 分别表示 K 中序列的强弱收敛. 称算子 A 为强正, 如果存在常数 $\overline{\gamma} > 0$, 使得

$$\langle Ax, x\rangle \geqslant \overline{\gamma}\|x\|^2, \quad \forall x \in H.$$

称 $B: K \to H$ 为单调映象, 如果

$$\langle Bx - By, x-y\rangle \geqslant 0, \quad \forall x, y \in K.$$

考虑下面的变分不等式问题: 求 $u \in K$, 使得

$$\langle Bu, v-u\rangle \geqslant 0, \quad \forall v \in K.$$

以 $VI(K,B)$ 表示变分不等式的解集. 对任意 $x \in H$, 在 K 中存在唯一的最近点 $P_K x$, 即

$$\|x - P_K x\| \leqslant \|x-y\|, \quad \forall y \in K.$$

众所周知, P_K 称为 H 到 K 上的度量投影, 并且 P_K 是非扩张的. 对任意 $x \in H$ 和 $u \in K$

$$u = P_K x \iff \langle x-u, u-y\rangle \geqslant 0, \ \forall y \in K.$$

引理 3.1.1[81] 在 Hilbert 空间 H 中, 下列不等式成立:

① $\|x+y\|^2=\|x\|^2+2\langle x,y\rangle+\|y\|^2\leqslant\|x\|^2+2\langle y,(x+y)\rangle,\ \forall x,y\in H$;

② $\|tx+(1-t)y\|^2=t\|x\|^2+(1-t)\|y\|^2-t(1-t)\|x-y\|^2,\quad\forall t\in[0,1],\ \forall x,y\in H$.

引理 3.1.2[73] 设 K 为 Hilbert 空间 H 的非空闭凸子集, $T:K\to K$ 为非扩张映象且 $Fix(T)\neq\phi$. 如果 K 中的序列 $x_n\rightharpoonup x$ 且 $x_n-Tx_n\to y$, 则 $x-Tx=y$.

引理 3.1.3[14] 设 $\{x_n\}$ 和 $\{y_n\}$ 是 Banach 空间中的有界序列, 序列 $\{\beta_n\}\subset[0,1]$ 且 $0<\liminf\limits_{n\to\infty}\beta_n\leqslant\limsup\limits_{n\to\infty}\beta_n<1$. 记 $x_{n+1}=\beta_nx_n+(1-\beta_n)y_n$, 如果

$$\limsup_{n\to\infty}(\|y_{n+1}-y_n\|-\|x_{n+1}-x_n\|)\leqslant 0,$$

则 $\lim\limits_{n\to\infty}\|x_n-y_n\|=0$.

引理 3.1.4[77] 设 A 为 Hilbert 空间 H 中的强正有界线性算子, 如果系数 $\overline{\gamma}>0$ 且 $0<\rho\leqslant\|A\|^{-1}$, 则 $\|I-\rho A\|\leqslant 1-\rho\overline{\gamma}$.

引理 3.1.5 设 A 为 Hilbert 空间 H 中的强正有界线性算子, 如果系数 $\overline{\gamma}>0$ 且 $0<\mu\leqslant(1-\lambda)\|A\|^{-1}$, 则 $\|(1-\lambda)I-\mu A\|\leqslant 1-\lambda-\mu\overline{\gamma}$.

证 由于 A 为强正有界线性算子, 则 $\|A\|=\sup\{|\langle Bx,x\rangle|:x\in K,\|x\|=1\}$. 对任意 $x\in K,\|x\|=1$, 有

$$\langle((1-\lambda)I-\mu A)x,x\rangle=1-\lambda-\mu\langle Ax,x\rangle\geqslant 1-\lambda-\mu\|A\|\geqslant 0,$$

即 $(1-\lambda)I-\mu A$ 为正算子, 所以

$$\begin{aligned}\|(1-\lambda)I-\mu A\|&=\sup\{\langle((1-\lambda)I-\mu A)x,x\rangle:x\in K,\|x\|=1\}\\&=\sup\{1-\lambda-\mu\langle Ax,x\rangle:x\in K,\|x\|=1\}\\&\leqslant 1-\lambda-\mu\overline{\gamma}.\end{aligned}$$

引理 3.1.6[80] 设 K 为 Hilbert 空间 H 的非空闭凸子集, $B:K\to H$ 为连续单调映象, 则对任意 $r>0,x\in H$, 都存在 $z\in K$ 满足

$$\langle Bz,y-z\rangle+\frac{1}{r}\langle y-z,z-x\rangle\geqslant 0,\quad\forall y\in K.$$

记 $F_rx:=\{z\in K:\langle Bz,y-z\rangle+\dfrac{1}{r}\langle y-z,z-x\rangle\geqslant 0,\ \forall y\in K\}$, 则下列结论成立:

① F_r 是单值映象;

② F_r 是严格非扩张映象, 即 $\|F_rx-F_ry\|^2\leqslant\langle F_rx-F_ry,x-y\rangle,\ \forall x,y\in H$;

③ $Fix(F_r)=VI(K,B)$, 且 $VI(K,B)$ 是闭凸集.

引理 3.1.7[80] 设 K 为 Hilbert 空间 H 的非空闭凸子集, $T:K\to K$ 为连续伪压缩映象, 则对任意 $r>0,x\in H$, 都存在 $z\in K$ 满足

$$\langle Tz,y-z\rangle-\frac{1}{r}\langle y-z,(1+r)z-x\rangle\leqslant 0,\quad\forall y\in K.$$

记 $T_rx:=\{z\in K:\langle Tz,y-z\rangle-\dfrac{1}{r}\langle y-z,(1+r)z-x\rangle\leqslant 0,\ \forall y\in K\}$, 则下列结论成立:

① T_r 是单值映象;

② T_r 是严格非扩张映象, 即 $\|T_rx-T_ry\|^2\leqslant\langle T_rx-T_ry,x-y\rangle,\forall x,y\in H$;
③ $Fix(T_r)=Fix(T)$, 且 $Fix(T)$ 是闭凸集.

引理 3.1.8[82]　设 $\{a_n\},\{\gamma_n\},\{\delta_n\}$ 为 3 个非负实数列, 并且 $\gamma_n\in(0,1)$. 如果满足不等式

$$a_{n+1}\leqslant(1-\gamma_n)a_n+\gamma_n\delta_n,\quad n\geqslant 0.$$

其中, $\sum\limits_{n=1}^{\infty}\gamma_n=\infty$, $\limsup\limits_{n\to\infty}\delta_n\leqslant 0$ (或 $\sum\limits_{n=1}^{\infty}|\gamma_n\delta_n|<\infty$), 则 $\lim\limits_{n\to\infty}a_n=0$.

3.1.3　不动点算法及收敛性定理

算法 3.1.1　本节将 Marino, Xu[77] 逼近非扩张映象不动点的迭代方法推广到伪压缩映象, 定义一个逼近伪压缩映象不动点的广义迭代方法

$$\begin{cases}\langle Tu_n,y-u_n\rangle-\dfrac{1}{r_n}\langle y-u_n,(1+r_n)u_n-x_n\rangle\leqslant 0,\\ x_{n+1}=\alpha_n\gamma f(x_n)+(I-\alpha_nA)u_n,\end{cases}\tag{3.1.1}$$

其中, $\alpha_n\in(0,1)$, f 为压缩映象且 A 为一强正有界线性算子.

算法 3.1.2　在式 (3.1.1) 的基础上, 定义一个逼近严格伪压缩映象不动点的广义迭代方法

$$\begin{cases}\langle Tu_n,y-u_n\rangle-\dfrac{1}{r}\langle y-u_n,(1+r)u_n-x_n\rangle\leqslant 0,\\ x_{n+1}=\alpha_n\gamma f(x_n)+(I-\alpha_nA)u_n,\end{cases}\tag{3.1.2}$$

其中, $\alpha_n\in(0,1)$, f 为压缩映象且 A 为一强正有界线性算子.

算法 3.1.3　将 Colao, Marino, Xu[78] 有限簇非扩张映象的广义迭代方法推广到伪压缩映象和单调映象, 定义一个新的逼近有限簇伪压缩映象和单调映象公共不动点的广义迭代方法

$$\begin{cases}u_n=\sum\limits_{i=1}^{N}\gamma_i[\lambda_iF_{r_{i,n}}x_n+(1-\lambda_i)T_{r_{i,n}}x_n],\\ x_{n+1}=\alpha_n\gamma f(x_n)+\beta_nx_n+[(1-\beta_n)I-\alpha_nA]u_n,\ \forall n\geqslant 1,\end{cases}\tag{3.1.3}$$

其中, $\alpha_n,\beta_n\in[0,1]$, f 为压缩映象且 A 为一强正有界线性算子, B_i 和 T_i 分别为单调映象和伪压缩映象且

$$F_{r_{i,n}}x:=\{z\in K:\langle B_iz,y-z\rangle+\frac{1}{r_{i,n}}\langle y-z,z-x\rangle\geqslant 0,\ \forall y\in K\},$$

$$T_{r_{i,n}}x:=\{z\in K:\langle T_iz,y-z\rangle-\frac{1}{r_{i,n}}\langle y-z,(1+r_{i,n})z-x\rangle\leqslant 0,\ \forall y\in K\}.$$

算法 3.1.4　在式 (3.1.3) 的基础上, 定义一个新的逼近连续伪压缩映象和单调映象公共不动点的广义迭代方法

$$\begin{cases}u_n=\lambda_nF_{r_n}x_n+(1-\lambda_n)T_{r_n}x_n,\\ x_{n+1}=\alpha_n\gamma f(x_n)+\beta_nx_n+[(1-\beta_n)I-\alpha_nA]u_n,\ \forall n\geqslant 1,\end{cases}\tag{3.1.4}$$

其中, $\alpha_n,\beta_n\in[0,1],\lambda_n\in(0,1)$, f 为压缩映象且 A 为一强正有界线性算子.

定理 3.1.1 设 K 为 Hilbert 空间 H 的非空闭凸子集, $T:K\to K$ 为连续伪压缩映象且 $Fix(T)\neq\phi$. 设 $f:K\to K$ 是系数为 $\rho\in(0,1)$ 的压缩映象, A 是系数为 $\overline{\gamma}$ 的强正有界线性算子且 $0<\gamma<\dfrac{\overline{\gamma}}{\rho}$. 如果给定 $x_0\in H,\alpha_n\in(0,1)$ 并满足下列条件:

① $\lim\limits_{n\to\infty}\alpha_n=0$, $\sum\limits_{n=0}^{\infty}\alpha_n=\infty$, $\sum\limits_{n=0}^{\infty}|\alpha_{n+1}-\alpha_n|<\infty$;

② $\liminf\limits_{n\to\infty}\ r_n>0$, $\sum\limits_{n=0}^{\infty}|r_{n+1}-r_n|<\infty$.

则由式 (3.1.1) 定义的迭代序列 $\{x_n\}$ 强收敛到 T 的某个不动点 q, 且

$$\langle(A-\gamma f)q,q-w\rangle\leqslant 0,\quad \forall w\in Fix(T).$$

证 首先, 证明序列 $\{x_n\}$ 有界. 取 $p\in Fix(T)$, 记

$$T_{r_n}x:=\{z\in K:\langle Tz,y-z\rangle-\frac{1}{r_n}\langle y-z,(1+r_n)z-x\rangle\leqslant 0,\ \forall y\in K\}.$$

由引理 3.1.7 可知, $p\in Fix(T_{r_n})$. 由式 (3.1.1) 和引理 3.1.4 得

$$\begin{aligned}
\|x_{n+1}-p\|&=\|\alpha_n\gamma f(x_n)+(I-\alpha_nA)u_n-p\|\\
&\leqslant\alpha_n\|\gamma f(x_n)-Ap\|+\|(I-\alpha_nA)(u_n-p)\|\\
&\leqslant\alpha_n\gamma\|f(x_n)-f(p)\|+\alpha_n\|\gamma f(p)-Ap\|+(1-\alpha_n\overline{\gamma})\|u_n-p\|\\
&\leqslant\alpha_n\gamma\rho\|x_n-p\|+\alpha_n\|\gamma f(p)-Ap\|+(1-\alpha_n\overline{\gamma})\|T_{r_n}x_n-p\|\\
&\leqslant[1-(\overline{\gamma}-\gamma\rho)\alpha_n]\|x_n-p\|+\alpha_n\|\gamma f(p)-Ap\|\\
&\leqslant\max\Big\{\|x_n-p\|,\frac{1}{\overline{\gamma}-\gamma\rho}\|\gamma f(p)-Ap\|\Big\}.
\end{aligned}$$

类似地, 递推可得

$$\|x_n-p\|\leqslant\max\Big\{\|x_0-p\|,\frac{1}{\overline{\gamma}-\gamma\rho}\|\gamma f(p)-Ap\|\Big\},\quad n\geqslant 0. \tag{3.1.5}$$

因此 $\{x_n\}$ 有界, 进一步可得 $\{u_n\},\{Au_n\}$ 和 $\{f(x_n)\}$ 有界.

其次, 证明 $\lim\limits_{n\to\infty}\|x_{n+1}-x_n\|=0$. 由式 (3.1.1) 得

$$\begin{aligned}
\|x_{n+1}-x_n\|&=\|\alpha_n\gamma f(x_n)+(I-\alpha_nA)u_n-[\alpha_{n-1}\gamma f(x_{n-1})+(I-\alpha_{n-1}A)u_{n-1}]\|\\
&=\|\alpha_n\gamma f(x_n)-\alpha_n\gamma f(x_{n-1})+\alpha_n\gamma f(x_{n-1})-\alpha_{n-1}\gamma f(x_{n-1})+\\
&\quad(I-\alpha_nA)u_n-(I-\alpha_nA)u_{n-1}+(I-\alpha_nA)u_{n-1}-(I-\alpha_{n-1}A)u_{n-1}\|\\
&\leqslant\alpha_n\gamma\|f(x_n)-f(x_{n-1})\|+|\alpha_n-\alpha_{n-1}|\|\gamma f(x_{n-1})\|+\\
&\quad(1-\alpha_n\overline{\gamma})\|u_n-u_{n-1}\|+|\alpha_n-\alpha_{n-1}|\|A_un-1\|\\
&\leqslant\alpha_n\gamma\rho\|x_n-x_{n-1}\|+(1-\alpha_n\overline{\gamma})\|u_n-u_{n-1}\|+|\alpha_n-\alpha_{n-1}|M_1,
\end{aligned}\tag{3.1.6}$$

其中, $M_1=\sup\{\gamma\|f(x_n)\|+\|Au_n\|\}$. 另一方面, 由 $u_n=T_{r_n}x_n\in K$ 和式 (3.1.1) 得

$$\langle Tu_n,y-u_n\rangle-\frac{1}{r_n}\langle y-u_n,(1+r_n)u_n-x_n\rangle\leqslant 0, \tag{3.1.7}$$

$$\langle Tu_{n+1},y-u_{n+1}\rangle-\frac{1}{r_{n+1}}\langle y-u_{n+1},(1+r_{n+1})u_{n+1}-x_{n+1}\rangle\leqslant 0. \tag{3.1.8}$$

式 (3.1.7) 和式 (3.1.8) 中分别取 $y = u_{n+1}$, $y = u_n$, 则

$$\langle Tu_n, u_{n+1} - u_n\rangle - \frac{1}{r_n}\langle u_{n+1} - u_n, (1 + r_n)u_n - x_n\rangle \leqslant 0, \tag{3.1.9}$$

$$\langle Tu_{n+1}, u_n - u_{n+1}\rangle - \frac{1}{r_{n+1}}\langle u_n - u_{n+1}, (1 + r_{n+1})u_{n+1} - x_{n+1}\rangle \leqslant 0. \tag{3.1.10}$$

将式 (3.1.9) 和式 (3.1.10) 相加得

$$\langle Tu_n - Tu_{n+1}, u_{n+1} - u_n\rangle - \left\langle u_{n+1} - u_n, \frac{(1 + r_n)u_n - x_n}{r_n} - \frac{(1 + r_{n+1})u_{n+1} - x_{n+1}}{r_{n+1}}\right\rangle \leqslant 0,$$

整理得

$$-\langle Tu_{n+1} - Tu_n, u_{n+1} - u_n\rangle + \|u_{n+1} - u_n\|^2 - \left\langle u_{n+1} - u_n, \frac{u_n - x_n}{r_n} - \frac{u_{n+1} - x_{n+1}}{r_{n+1}}\right\rangle \leqslant 0. \tag{3.1.11}$$

因为 T 是伪压缩映象, 所以

$$\left\langle u_{n+1} - u_n, \frac{u_n - x_n}{r_n} - \frac{u_{n+1} - x_{n+1}}{r_{n+1}}\right\rangle \geqslant 0. \tag{3.1.12}$$

整理式 (11) 得

$$\left\langle u_{n+1} - u_n, u_n - u_{n+1} + u_{n+1} - x_n - \frac{r_n}{r_{n+1}}(u_{n+1} - x_{n+1})\right\rangle \geqslant 0,$$

进一步得

$$\begin{aligned}\|u_{n+1} - u_n\|^2 &\leqslant \left\langle u_{n+1} - u_n, x_{n+1} - x_n + \left(1 - \frac{r_n}{r_{n+1}}\right)(u_{n+1} - x_{n+1})\right\rangle \\ &\leqslant \|u_{n+1} - u_n\|\left\{\|x_{n+1} - x_n\| + \left|1 - \frac{r_n}{r_{n+1}}\right|\|u_{n+1} - x_{n+1}\|\right\}.\end{aligned}$$

因此

$$\|u_{n+1} - u_n\| \leqslant \|x_{n+1} - x_n\| + \left|1 - \frac{r_n}{r_{n+1}}\right|\|u_{n+1} - x_{n+1}\|. \tag{3.1.13}$$

由条件②, 不妨设 $r_n \geqslant k > 0$, 并结合式 (3.1.6) 和式 (3.1.13) 得

$$\begin{aligned}\|x_{n+1} - x_n\| &\leqslant [1 - (\overline{\gamma} - \gamma\rho)\alpha_n] + |\alpha_n - \alpha_{n-1}|M_1 + \left|1 - \frac{r_n}{r_{n+1}}\right|\|u_{n+1} - x_{n+1}\| \\ &\leqslant [1 - (\overline{\gamma} - \gamma\rho)\alpha_n] + |\alpha_n - \alpha_{n-1}|M_1 + \frac{1}{k}|r_{n+1} - r_n|M_2,\end{aligned} \tag{3.1.14}$$

其中, $M_2 = \sup\{\|u_{n+1} - x_{n+1}\|\}$. 由式 (3.1.14) 和引理 3.1.8 得

$$\lim_{n\to\infty} \|x_{n+1} - x_n\| = 0. \tag{3.1.15}$$

而且, 由于

$$\begin{aligned}\|x_n - u_n\| &\leqslant \|x_n - x_{n+1}\| + \|x_{n+1} - u_n\| \\ &= \|x_n - x_{n+1}\| + \alpha_n\|\gamma f(x_n) - Au_n\|\end{aligned}$$

由条件①和式 (3.1.15) 得

$$\lim_{n\to\infty}\|x_n-u_n\|=0. \tag{3.1.16}$$

另一方面, 由于 $\{x_n\}$ 有界, 故存在一个弱收敛的子列 $\{x_{n_i}\}$, 不放设 $x_{n_i}\rightharpoonup w$. 类似地, 如果 $\{u_{n_i}\}$ 为 $\{u_n\}$ 的一个弱收敛子列, 则由式 (3.1.16) 可知, $u_{n_i}\rightharpoonup w$, 且

$$\langle Tu_{n_i},y-u_{n_i}\rangle-\frac{1}{r_{n_i}}\langle y-u_{n_i},(1+r_{n_i})u_{n_i}-x_{n_i}\rangle\leqslant 0,\quad \forall y\in K. \tag{3.1.17}$$

记 $z_t=tv+(1-t)w$, $\forall t\in(0,1], v\in K$, 由式 (3.1.17) 得

$$\begin{aligned}\langle Tz_t,u_{n_i}-z_t\rangle&\geqslant\langle Tz_t,u_{n_i}-z_t\rangle+\langle Tu_{n_i},z_t-u_{n_i}\rangle-\frac{1}{r_{n_i}}\langle z_t-u_{n_i},(1+r_{n_i})u_{n_i}-x_{n_i}\rangle\\&=-\langle Tz_t-Tu_{n_i},z_t-u_{n_i}\rangle-\frac{1}{r_{n_i}}\langle z_t-u_{n_i},u_{n_i}-x_{n_i}\rangle-\langle z_t-u_{n_i},u_{n_i}\rangle\\&\geqslant-\|z_t-u_{n_i}\|^2-\frac{1}{r_{n_i}}\langle z_t-u_{n_i},u_{n_i}-x_{n_i}\rangle-\langle z_t-u_{n_i},u_{n_i}\rangle\\&=-\langle z_t-u_{n_i},z_t\rangle-\left\langle z_t-u_{n_i},\frac{u_{n_i}-x_{n_i}}{r_{n_i}}\right\rangle.\end{aligned}$$

由式 (3.1.16) 可知, $\frac{1}{r_{n_i}}(u_{n_i}-x_{n_i})\to 0\ (i\to\infty)$, 则

$$\lim_{i\to\infty}\langle Tz_t,u_{n_i}-z_t\rangle=\langle Tz_t,w-z_t\rangle\geqslant\langle w-z_t,z_t\rangle, \tag{3.1.18}$$

将 $z_t=tv+(1-t)w$ 代入式 (3.1.18) 得

$$-\langle Tz_t,v-w\rangle\geqslant-\langle v-w,z_t\rangle. \tag{3.1.19}$$

由 T 的连续性和式 (3.1.19) 可得

$$\lim_{t\to 0}\langle Tz_t,w-v\rangle=\langle Tw,w-v\rangle\geqslant\langle w-v,w\rangle,\quad\forall v\in K. \tag{3.1.20}$$

令 $v=Tw$, 由式 (3.1.20) 得 $w=Tw$, 即 $w\in Fix(T)$.

定义映象 $\Phi_n x=t\gamma f(x)+(I-tA)T_{r_n}x$, $\forall t\in(0,1)$. 对任意 $x,y\in H$, 有

$$\begin{aligned}\|\Phi_n x-\Phi_n y\|&\leqslant t\gamma\|f(x)-f(y)\|+(1-t\overline{\gamma})\|T_{r_n}x-T_{r_n}y\|\\&\leqslant t\gamma\rho\|x-y\|+(1-t\overline{\gamma})\|x-y\|\\&=[1-(\overline{\gamma}-\gamma\rho)t]\|x-y\|,\end{aligned}$$

由于 $0<1-(\overline{\gamma}-\gamma\rho)t<1$, 则 Φ_n 是压缩映象, 故存在唯一的不动点. 不妨设

$$x_t=t\gamma f(x_t)+(I-tA)T_{r_n}x_t. \tag{3.1.21}$$

由于 $\{x_t\}$ 有界, 故

$$\lim_{t\to 0}\|x_t-T_{r_n}x_t\|=\lim_{t\to 0}t\|\gamma f(x_t)-AT_{r_n}x_t\|=0. \tag{3.1.22}$$

对给定 $w \in Fix(T) = Fix(T_{r_n})$, 由式 (3.1.21) 和引理 3.1.7 得

$$\begin{aligned}\|x_t - w\|^2 &= \|t[\gamma f(x_t) - Aw] + (I - tA)(T_{r_n}x_t - w)\|^2\\ &= t\langle \gamma f(x_t) - Aw, x_t - w\rangle + \langle (I - tA)(T_{r_n}x_t - w), x_t - w\rangle\\ &\leqslant (1 - t\overline{\gamma})\|x_t - w\|^2 + t\gamma\langle f(x_t) - f(w), x_t - w\rangle + t\langle \gamma f(w) - Aw, x_t - w\rangle\\ &\leqslant (1 - t\overline{\gamma})\|x_t - w\|^2 + t\gamma\rho\|x_t - w\|^2 + t\langle \gamma f(w) - Aw, x_t - w\rangle,\end{aligned}$$

整理得

$$\|x_t - w\|^2 \leqslant \frac{1}{\overline{\gamma} - \gamma\rho}\langle \gamma f(w) - Aw, x_t - w\rangle. \tag{3.1.23}$$

因为 $t \in (0,1)$ 且 $\{x_t\}$ 有界, 故存在一个弱收敛子列 $x_{t_j} \rightharpoonup q\,(t_j \to 0)$. 由式 (3.1.23) 可知,$x_{t_j} \to q$, 并且由式 (3.1.22) 和引理 3.1.7 得 $q \in Fix(T) = Fix(T_{r_n})$. 另一方面, 式 (3.1.21) 可整理为

$$(A - \gamma f)x_t = -\frac{1}{t}(I - tA)(I - T_{r_n})x_t. \tag{3.1.24}$$

又因为 T_{r_n} 的非扩张性, 不难验证

$$\langle (I - T_{r_n})x - (I - T_{r_n})y, x - y\rangle \geqslant 0, \quad \forall x, y \in H. \tag{3.1.25}$$

结合式 (3.1.24) 和式 (3.1.25) 得

$$\begin{aligned}\langle (A - \gamma f)x_t, x_t - w\rangle &= -\frac{1}{t}\langle (I - tA)(I - T_{r_n})x_t, x_t - w\rangle\\ &= -\frac{1}{t}\langle (I - T_{r_n})x_t - (I - T_{r_n})w, x_t - w\rangle + \langle A(I - T_{r_n})x_t, x_t - w\rangle\\ &\leqslant \langle A(I - T_{r_n})x_t, x_t - w\rangle.\end{aligned} \tag{3.1.26}$$

将式 (3.1.26) 中的 x_t 替换为 x_{t_j}, 由于 $(I - T_{r_n})x_{t_j} \to (I - T_{r_n})q$, 则

$$\lim_{j\to\infty}\langle (A - \gamma f)x_{t_j}, x_{t_j} - w\rangle = \langle (A - \gamma f)q, q - w\rangle \leqslant 0. \tag{3.1.27}$$

因此

$$\limsup_{n\to\infty}\langle (A - \gamma f)q, q - x_n\rangle = \lim_{i\to\infty}\langle (A - \gamma f)q, q - x_{n_i}\rangle \leqslant 0. \tag{3.1.28}$$

最后, 证明 $\{x_n\}$ 强收敛到 $q \in Fix(T) = Fix(T_{r_n})$. 由式 (3.1.1) 和引理 3.1.4 得

$$\begin{aligned}\|x_{n+1} - q\|^2 &= \langle \alpha_n\gamma f(x_n) + (I - \alpha_n A)u_n - q, x_{n+1} - q\rangle\\ &= \alpha_n\langle \gamma f(x_n) - Aq, x_{n+1} - q\rangle + \langle (I - \alpha_n A)(u_n - q), x_{n+1} - q\rangle\\ &\leqslant \alpha_n\gamma\langle f(x_n) - f(q), x_{n+1} - q\rangle + \alpha_n\langle \gamma f(q) - Aq, x_{n+1} - q\rangle +\\ &\quad (1 - \alpha_n\overline{\gamma})\|u_n - q\|\|x_{n+1} - q\|\end{aligned}$$

$$\begin{aligned}
&\leqslant \alpha_n\gamma\rho\|x_n-q\|\|x_{n+1}-q\|+\alpha_n\langle\gamma f(q)-Aq,x_{n+1}-q\rangle+\\
&\quad(1\text{-}\alpha_n\overline{\gamma})\|T_{r_n}x_n-q\|\|x_{n+1}-q\|\\
&\leqslant[1-(\overline{\gamma}-\gamma\rho)\alpha_n]\|x_n-q\|\|x_{n+1}-q\|+\alpha_n\langle\gamma f(q)-Aq,x_{n+1}-q\rangle\\
&\leqslant\frac{1-(\overline{\gamma}-\gamma\rho)\alpha_n}{2}(\|x_n-q\|^2+\|x_{n+1}-q\|^2)+\alpha_n\langle\gamma f(q)-Aq,x_{n+1}-q\rangle\\
&\leqslant\frac{1-(\overline{\gamma}-\gamma\rho)\alpha_n}{2}\|x_n-q\|^2+\frac{1}{2}\|x_{n+1}-q\|^2+\alpha_n\langle\gamma f(q)-Aq,x_{n+1}-q\rangle.
\end{aligned}$$

整理得

$$\|x_{n+1}-q\|^2\leqslant[1-(\overline{\gamma}-\gamma\rho)\alpha_n]\|x_n-q\|^2+2\alpha_n\langle\gamma f(q)-Aq,x_{n+1}-q\rangle. \tag{3.1.29}$$

结合式 (3.1.28)—式 (3.1.29) 和引理 3.1.8 得 $\lim\limits_{n\to\infty}\|x_n-q\|=0$.

定理 3.1.2 设 K 为 Hilbert 空间 H 的非空闭凸子集,$T:K\to K$ 为连续 λ-严格伪压缩映象且 $Fix(T)\neq\phi$. 设 $f:K\to K$ 是系数为 $\rho\in(0,1)$ 的压缩映象,A 是系数为 $\overline{\gamma}$ 的强正有界线性算子且 $0<\gamma<\dfrac{\overline{\gamma}}{\rho}$. 如果给定 $x_0\in H, r\geqslant\lambda>0,\alpha_n\in(0,1)$ 且满足条件 $\lim\limits_{n\to\infty}\alpha_n=0,\ \sum\limits_{n=0}^{\infty}\alpha_n=\infty,\ \sum\limits_{n=0}^{\infty}|\alpha_{n+1}-\alpha_n|<\infty$. 则由式 (3.1.2) 定义的序列 $\{x_n\}$ 强收敛到 T 的某个不动点 q, 且

$$\langle(A-\gamma f)q,q-w\rangle\leqslant0,\quad\forall w\in F(T).$$

证 由于伪压缩映象包含 λ-严格伪压缩映象, 在定理 3.1.1 中取变参数 $r_n=r\geqslant k>0$, 类似可证.

定理 3.1.3 设 K 为 Hilbert 空间 H 的非空闭凸子集, $B_i:K\to H$ 为连续单调映象, $T_i:K\to K$ 为连续伪压缩映象且 $\Omega=\cap_{i=1}^N Fix(T_i)\bigcap\cap_{i=1}^N VI(K,B_i)\neq\phi$. 设 $f:H\to H$ 是系数为 $\rho\in(0,1)$ 的压缩映象,A 是系数为 $\overline{\gamma}$ 的强正有界线性算子且 $0<\gamma<\dfrac{\overline{\gamma}}{\rho}$. 对给定 $x_1\in H$, 如果 $\alpha_n,\beta_n\in[0,1]$, $\lambda_i,\gamma_i\in(0,1)$ 且 $\sum\limits_{i=1}^{N}\gamma_i=1$, 并满足下列条件:

① $\lim\limits_{n\to\infty}\alpha_n=0,\ \sum\limits_{n=1}^{\infty}\alpha_n=\infty$;

② $0<\liminf\limits_{n\to\infty}\beta_n\leqslant\limsup\limits_{n\to\infty}\beta_n<1$;

③ $\liminf\limits_{n\to\infty}\ r_{i,n}>0,\ \sum\limits_{n=1}^{\infty}|r_{i,n+1}-r_{i,n}|<\infty$. 则由式 (3.1.3) 定义的迭代序列 $\{x_n\}$ 强收敛到 $q=P_\Omega[I-(A-\gamma f)]q$, 即

$$\langle(A-\gamma f)q,q-w\rangle\leqslant0,\quad\forall w\in\Omega.$$

证 首先, 证明序列 $\{x_n\}$ 有界. 取 $p\in\Omega$, 由引理 3.1.6 和引理 3.1.7 得

$$\begin{aligned}\|u_n-p\| &= \left\|\sum_{i=1}^N \gamma_i[\lambda_i F_{r_{i,n}}x_n+(1-\lambda_i)T_{r_{i,n}}x_n]-p\right\| \\ &\leqslant \sum_{i=1}^N \gamma_i[\lambda_i\|F_{r_{i,n}}x_n-p\|+(1-\lambda_i)\|T_{r_{i,n}}x_n-p\|] \\ &\leqslant \sum_{i=1}^N \gamma_i[\lambda_i\|x_n-p\|+(1-\lambda_i)\|x_n-p\|] \\ &= \|x_n-p\|. \end{aligned} \tag{3.1.30}$$

由式 (3.1.3)、式 (3.1.30) 和引理 3.1.5 得

$$\begin{aligned}\|x_{n+1}-p\| &= \|\alpha_n[\gamma f(x_n)-Ap]+\beta_n(x_n-p)+[(1-\beta_n)I-\alpha_n A](u_n-p)\| \\ &\leqslant \alpha_n\|\gamma f(x_n)-Ap\|+\beta_n\|x_n-p\|+\|(1-\beta_n)I-\alpha_n A\|\|u_n-p\| \\ &\leqslant \alpha_n\gamma\|f(x_n)-f(p)\|+\alpha_n\|\gamma f(p)-Ap\|+\beta_n\|x_n-p\|+(1-\beta_n-\alpha_n\overline{\gamma})\|\|x_n-p\| \\ &\leqslant \alpha_n\gamma\rho\|x_n-p\|+\alpha_n\|\gamma f(p)-Ap\|+(1-\alpha_n\overline{\gamma})\|x_n-p\| \\ &= [1-(\overline{\gamma}-\gamma\rho)\alpha_n]\|x_n-p\|+\alpha_n\|\gamma f(p)-Ap\|. \end{aligned}$$

类似地, 由递推关系得

$$\|x_n-p\|\leqslant \max\left\{\|x_1-p\|,\frac{1}{\overline{\gamma}-\gamma\rho}\|\gamma f(p)-Ap\|\right\},\quad n\geqslant 1. \tag{3.1.31}$$

因此 $\{x_n\}$ 有界, 进一步可得 $\{u_n\},\{Au_n\}$ 和 $\{f(x_n)\},\{F_{r_{i,n}}x_n\},\{T_{r_{i,n}}x_n\}$ 有界.

其次, 证明 $\lim\limits_{n\to\infty}\|x_{n+1}-x_n\|=0$. 记 $v_{i,n}=F_{r_{i,n}}x_n$, $v_{i,n+1}=F_{r_{i,n+1}}x_{n+1}$, $i=1,2,\cdots,N$, 则

$$\langle B_i v_{i,n},y-v_{i,n}\rangle+\frac{1}{r_{i,n}}\langle y-v_{i,n},v_{i,n}-x_n\rangle\geqslant 0, \tag{3.1.32}$$

$$\langle B_i v_{i,n+1},y-v_{i,n+1}\rangle+\frac{1}{r_{i,n+1}}\langle y-v_{i,n+1},v_{i,n+1}-x_{n+1}\rangle\geqslant 0. \tag{3.1.33}$$

在式 (3.1.32) 和式 (3.1.33) 中分别取 $y=v_{i,n+1},y=v_{i,n}$ 得

$$\langle B_i v_{i,n},v_{i,n+1}-v_{i,n}\rangle+\frac{1}{r_{i,n}}\langle v_{i,n+1}-v_{i,n},v_{i,n}-x_n\rangle\geqslant 0, \tag{3.1.34}$$

$$\langle B_i v_{i,n+1},v_{i,n}-v_{i,n+1}\rangle+\frac{1}{r_{i,n+1}}\langle v_{i,n}-v_{i,n+1},v_{i,n+1}-x_{n+1}\rangle\geqslant 0. \tag{3.1.35}$$

将式 (3.1.34) 和式 (3.1.35) 相加得

$$\langle B_i v_{i,n}-B_i v_{i,n+1},v_{i,n+1}-v_{i,n}\rangle+\left\langle v_{i,n+1}-v_{i,n},\frac{v_{i,n}-x_n}{r_{i,n}}-\frac{v_{i,n+1}-x_{n+1}}{r_{i,n+1}}\right\rangle\geqslant 0. \tag{3.1.36}$$

由式 (3.1.36) 和 B_i 的单调性可知

$$\left\langle v_{i,n+1}-v_{i,n},\frac{v_{i,n}-x_n}{r_{i,n}}-\frac{v_{i,n+1}-x_{n+1}}{r_{i,n+1}}\right\rangle\geqslant 0,$$

等价于

$$\left\langle v_{i,n+1}-v_{i,n}, v_{i,n}-v_{i,n+1}+v_{i,n+1}-x_n-\frac{r_{i,n}}{r_{i,n+1}}(v_{i,n+1}-x_{n+1})\right\rangle \geqslant 0. \tag{3.1.37}$$

进一步整理式 (3.1.37) 得

$$\|v_{i,n+1}-v_{i,n}\|^2 \leqslant \left\langle v_{i,n+1}-v_{i,n}, x_{n+1}-x_n+\left(1-\frac{r_{i,n}}{r_{i,n+1}}\right)(v_{i,n+1}-x_{n+1})\right\rangle.$$

因此

$$\|v_{i,n+1}-v_{i,n}\| \leqslant \|x_{n+1}-x_n\|+\frac{1}{r_{i,n+1}}|r_{i,n+1}-r_{i,n}|\|v_{i,n+1}-x_{n+1}\|, \quad i=1,2,\cdots,N. \tag{3.1.38}$$

另一方面, 记 $w_{i,n}=T_{r_{i,n}}x_n$, $w_{i,n+1}=T_{r_{i,n+1}}x_{n+1}$, 则

$$\langle T_i w_{i,n}, y-w_{i,n}\rangle-\frac{1}{r_{i,n}}\langle y-w_{i,n}, (1+r_{i,n})w_{i,n}-x_n\rangle \leqslant 0, \tag{3.1.39}$$

$$\langle T_i w_{i,n+1}, y-w_{i,n+1}\rangle-\frac{1}{r_{i,n+1}}\langle y-w_{i,n+1}, (1+r_{i,n+1})w_{i,n+1}-x_{n+1}\rangle \leqslant 0. \tag{3.1.40}$$

在式 (3.1.39) 和式 (3.1.40) 中分别取 $y=w_{i,n+1}$, $y=w_{i,n}$, 则

$$\langle T_i w_{i,n}, w_{i,n+1}-w_{i,n}\rangle-\frac{1}{r_{i,n}}\langle w_{i,n+1}-w_{i,n}, (1+r_{i,n})w_{i,n}-x_n\rangle \leqslant 0, \tag{3.1.41}$$

$$\langle T_i w_{i,n+1}, w_{i,n}-w_{i,n+1}\rangle-\frac{1}{r_{i,n+1}}\langle w_{i,n}-w_{i,n+1}, (1+r_{i,n+1})w_{i,n+1}-x_{n+1}\rangle \leqslant 0. \tag{3.1.42}$$

将式 (3.1.41) 和式 (3.1.42) 相加得

$$\langle T_i w_{i,n}-T_i w_{i,n+1}, w_{i,n+1}-w_{i,n}\rangle-\left\langle w_{i,n+1}-w_{i,n}, \frac{(1+r_{i,n})w_{i,n}-x_n}{r_{i,n}}-\frac{(1+r_{i,n+1})w_{i,n+1}-x_{n+1}}{r_{i,n+1}}\right\rangle \leqslant 0,$$

整理得

$$\langle (I-T_i)w_{i,n+1}-(I-T_i)w_{i,n}, w_{i,n+1}-w_{i,n}\rangle-\left\langle w_{i,n+1}-w_{i,n}, \frac{w_{i,n}-x_n}{r_{i,n}}-\frac{w_{i,n+1}-x_{n+1}}{r_{i,n+1}}\right\rangle \leqslant 0. \tag{3.1.43}$$

由式 (3.1.43) 和 T_i 的伪压缩性可知

$$\left\langle w_{i,n+1}-w_{i,n}, \frac{w_{i,n}-x_n}{r_{i,n}}-\frac{w_{i,n+1}-x_{n+1}}{r_{i,n+1}}\right\rangle \geqslant 0. \tag{3.1.44}$$

类似式 (3.1.37) 和式 (3.1.38) 得

$$\|w_{i,n+1}-w_{i,n}\| \leqslant \|x_{n+1}-x_n\| + \frac{1}{r_{i,n+1}}|r_{i,n+1}-r_{i,n}|\|w_{i,n+1}-x_{n+1}\|, \quad i=1,2,\cdots,N. \tag{3.1.45}$$

由式 (3.1.3)、式 (3.1.38) 和式 (3.1.45) 得

$$\begin{aligned}\|u_{n+1}-u_n\| &= \Big\|\sum_{i=1}^{N}\gamma_i[\lambda_i(F_{r_{i,n+1}}x_{n+1}-U_{r_{i,n}}x_n)+(1-\lambda_i)(T_{r_{i,n+1}}x_{n+1}-T_{r_{i,n}}x_n)]\Big\| \\ &\leqslant \sum_{i=1}^{N}\gamma_i\|\lambda_i(U_{r_{i,n+1}}x_{n+1}-F_{r_{i,n}}x_n)+(1-\lambda_i)(T_{r_{i,n+1}}x_{n+1}-T_{r_{i,n}}x_n)\| \\ &\leqslant \sum_{i=1}^{N}\gamma_i[\lambda_i\|v_{i,n+1}-v_{i,n}\|+(1-\lambda_i)\|w_{i,n+1}-w_{i,n}\|] \\ &\leqslant \|x_{n+1}-x_n\|+\frac{1}{r_{i,n+1}}|r_{i,n+1}-r_{i,n}|M_1,\end{aligned} \tag{3.1.46}$$

其中, $M_1=\sup\limits_{n\geqslant 1}\max\{\|v_{i,n}-x_n\|, \|w_{i,n}-x_n\|, i=1,2,\cdots,N\}$. 设 $x_{n+1}=\beta_n x_n+(1-\beta_n)y_n$, 结合式 (3.1.3) 和式 (3.1.46) 得

$$\begin{aligned}\|y_{n+1}-y_n\| &= \Big\|\frac{\alpha_{n+1}\gamma f(x_{n+1})+[(1-\beta_{n+1})I-\alpha_{n+1}A]u_{n+1}}{1-\beta_{n+1}}- \\ &\quad \frac{\alpha_n\gamma f(x_n)+[(1-\beta_n)I-\alpha_n A]u_n}{1-\beta_n}\Big\| \\ &\leqslant \frac{\alpha_{n+1}}{1-\beta_{n+1}}\|\gamma f(x_{n+1})-Au_{n+1}\|+\frac{\alpha_n}{1-\beta_n}\|\gamma f(x_n)-Au_n\|+\|u_{n+1}-u_n\| \\ &\leqslant \frac{\alpha_{n+1}}{1-\beta_{n+1}}\|\gamma f(x_{n+1})-Au_{n+1}\|+\frac{\alpha_n}{1-\beta_n}\|\gamma f(x_n)-Au_n\|+\|x_{n+1}-x_n\|+ \\ &\quad \frac{1}{r_{i,n+1}}|r_{i,n+1}-r_{i,n}|M_1.\end{aligned} \tag{3.1.47}$$

由式 (3.1.47) 条件①—③得

$$\limsup_{n\to\infty}(\|y_{n+1}-y_n\|-\|x_{n+1}-x_n)\leqslant 0.$$

由引理 3.1.3 得

$$\lim_{n\to\infty}\|x_n-y_n\|=0. \tag{3.1.48}$$

进一步得

$$\lim_{n\to\infty}\|x_{n+1}-x_n\|=\lim_{n\to\infty}(1-\beta_n)\|x_n-y_n\|=0. \tag{3.1.49}$$

现在证明 $\lim\limits_{n\to\infty}\|x_n-u_n\|=0$, $\lim\limits_{n\to\infty}\|x_n-v_{i,n}\|=\lim\limits_{n\to\infty}\|x_n-w_{i,n}\|=0$. 由式 (3.1.3) 可得

$$\begin{aligned}\|x_n-u_n\| &\leqslant \|x_n-x_{n+1}\|+\|x_{n+1}-u_n\| \\ &= \|x_n-x_{n+1}\|+\|\alpha_n\gamma f(x_n)+\beta_n x_n+[(1-\beta_n)I-\alpha_n A]u_n-u_n\| \\ &\leqslant \|x_n-x_{n+1}\|+\alpha_n\|\gamma f(x_n)-Au_n\|+\beta_n\|x_n-u_n\|,\end{aligned}$$

整理得

$$\|x_n-u_n\|\leqslant\frac{1}{1-\beta_n}\|x_n-x_{n+1}\|+\frac{\alpha_n}{1-\beta_n}\|\gamma f(x_n)-Au_n\|.$$

由条件①—②和式 (3.1.49) 得

$$\lim_{n\to\infty}\|x_n-u_n\|=0. \tag{3.1.50}$$

另一方面, 因为 $v_{i,n}=F_{r_{i,n}}x_n$, $w_{i,n}=T_{r_{i,n}}x_n$, 由引理 3.1.6 得

$$\begin{aligned}\|v_{i,n}-p\|^2&=\|F_{r_{i,n}}x_n-F_{r_{i,n}}p\|^2\\&\leqslant\langle F_{r_{i,n}}x_n-F_{r_{i,n}}p,x_n-p\rangle\\&=\langle v_{i,n}-p,x_n-p\rangle\\&=\frac{1}{2}(\|v_{i,n}-p\|^2+\|x_n-p\|^2-\|x_n-v_{i,n}\|^2),\end{aligned}$$

因此

$$\|v_{i,n}-p\|^2\leqslant\|x_n-p\|^2-\|x_n-v_{i,n}\|^2. \tag{3.1.51}$$

类似地, 由引理 3.1.7 可得

$$\|w_{i,n}-p\|^2\leqslant\|x_n-p\|^2-\|x_n-w_{i,n}\|^2. \tag{3.1.52}$$

由式 (3.1.3)、式 (3.1.51)—式 (3.1.52) 和引理 3.1.1 得

$$\begin{aligned}\|x_{n+1}-p\|^2&=\|\alpha_n[\gamma f(x_n)-Au_n]+\beta_n(x_n-p)+(1-\beta_n)(u_n-p)\|^2\\&\leqslant\|\beta_n(x_n-p)+(1-\beta_n)(u_n-p)\|^2+2\alpha_n\langle\gamma f(x_n)-Au_n,x_{n+1}-p\rangle\\&\leqslant\beta_n\|x_n-p\|^2+(1-\beta_n)\|u_n-p\|^2+2\alpha_n\langle\gamma f(x_n)-Au_n,x_{n+1}-p\rangle\\&\leqslant\beta_n\|x_n-p\|^2+(1-\beta_n)\Big\|\sum_{i=1}^N\gamma_i[\lambda_iF_{r_{i,n}}x_n+(1-\lambda_i)T_{r_{i,n}}x_n]-p\Big\|^2+2\alpha_nM_2^2\\&\leqslant\beta_n\|x_n-p\|^2+(1-\beta_n)\sum_{i=1}^N\gamma_i[\lambda_i\|v_{i,n}-p\|^2+(1-\lambda_i)\|w_{i,n}-p\|^2]+2\alpha_nM_2^2\\&\leqslant\beta_n\|x_n-p\|^2+(1-\beta_n)\sum_{i=1}^N\gamma_i[\lambda_i(\|x_n-p\|^2-\|x_n-v_{i,n}\|^2)+\\&\quad(1-\lambda_i)(\|x_n-p\|^2-\|x_n-w_{i,n}\|^2)]+2\alpha_nM_2^2\\&=\|x_n-p\|^2-(1-\beta_n)\sum_{i=1}^N\gamma_i\lambda_i\|x_n-v_{i,n}\|^2-(1-\beta_n)\sum_{i=1}^N\gamma_i(1-\lambda_i)\\&\quad\|x_n-w_{i,n}\|^2+2\alpha_nM_2^2,\end{aligned}$$

其中, $M_2=\sup\limits_{n\geqslant1}\max\{\|\gamma f(x_n)-Au_n\|,\|x_n-p\|\}$, 整理得

$$\begin{aligned}&(1-\beta_n)\sum_{i=1}^N\gamma_i\lambda_i\|x_n-v_{i,n}\|^2+(1-\beta_n)\sum_{i=1}^N\gamma_i(1-\lambda_i)\|x_n-w_{i,n}\|^2\\&\quad\leqslant\|x_n-p\|^2-\|x_{n+1}-p\|^2+2\alpha_nM_2^2\\&\quad\leqslant\|x_{n+1}-x_n\|(\|x_n-p\|+\|x_{n+1}-p\|)+2\alpha_nM_2^2.\end{aligned} \tag{3.1.53}$$

由式 (3.1.53) 可得

$$(1-\beta_n)\gamma_i\lambda_i\|x_n - F_{r_{i,n}}x_n\|^2 \leqslant \|x_{n+1}-x_n\|(\|x_n-p\|+\|x_{n+1}-p\|)+2\alpha_n M_2^2, \tag{3.1.54}$$

$$(1-\beta_n)\gamma_i(1-\lambda_i)\|x_n - T_{r_{i,n}}x_n\|^2 \leqslant \|x_{n+1}-x_n\|(\|x_n-p\|+\|x_{n+1}-p\|)+2\alpha_n M_2^2. \tag{3.1.55}$$

因为 $\lambda_i, \gamma_i \in (0,1)$, 结合条件②和式 (3.1.54)—式 (3.1.55) 得

$$\lim_{n\to\infty}\|x_n - F_{r_{i,n}}x_n\|^2 = 0, \quad i=1,2,\cdots,N, \tag{3.1.56}$$

$$\lim_{n\to\infty}\|x_n - T_{r_{i,n}}x_n\|^2 = 0, \quad i=1,2,\cdots,N. \tag{3.1.57}$$

最后, 证明 $\{x_n\}$ 强收敛到 $q\in\Omega$, 其中, $q=P_\Omega[I-(A-\gamma f)]q$. 由于序列 $\{x_n\}$ 有界, 则序列 $\{x_{n_j}\}\subset\{x_n\}$ 有界且存在一弱收敛子列 $\{x_{n_{j_k}}\}$. 为了不失一般性, 不妨假设 $\{x_{n_j}\}$ 弱收敛到 w. 由引理 3.1.6 可知,$F_{r_{i,n}}$ 是非扩张的,$i=1,2,\cdots,N$, 结合式 (3.1.56) 和引理 3.1.2 得 $w\in VI(K,B_i)$, 所以 $w\in\bigcap_{i=1}^{\infty}VI(K,B_i)$. 类似地, 由式 (3.1.57), 引理 3.1.2 和引理 3.1.7 可知, $w\in Fix(T_i)$, 进一步得 $w\in\bigcap_{i=1}^{\infty}Fix(T_i)$. 因此, $w\in\Omega$, 并且

$$\limsup_{n\to\infty}\langle(A-\gamma f)q, q-x_n\rangle = \limsup_{j\to\infty}\langle(A-\gamma f)q, q-x_{n_j}\rangle \leqslant 0. \tag{3.1.58}$$

因为 $0<\gamma<\dfrac{\overline{\gamma}}{\rho}$, 结合式 (3.1.3)—式 (3.1.30) 和引理 3.1.5 得

$$\begin{aligned}
\|x_{n+1}-q\|^2 &= \langle\alpha_n\gamma f(x_n)+\beta_n x_n+[(1-\beta_n)I-\alpha_n A]u_n - q, x_{n+1}-q\rangle\\
&= \alpha_n\langle\gamma f(x_n)-Aq, x_{n+1}-q\rangle+\beta_n\langle x_n-q, x_{n+1}-q\rangle+\\
&\quad\langle[(1-\beta_n)I-\alpha_n A](u_n-q), x_{n+1}-q\rangle\\
&\leqslant \alpha_n\gamma\langle f(x_n)-f(q), x_{n+1}-q\rangle+\alpha_n\langle\gamma f(q)-Aq, x_{n+1}-q\rangle+\\
&\quad\beta_n\|x_n-q\|\|x_{n+1}-q\|+(1-\beta_n-\alpha_n\overline{\gamma})\|u_n-q\|\|x_{n+1}-q\|\\
&\leqslant \alpha_n\gamma\rho\|x_n-q\|\|x_{n+1}-q\|+\alpha_n\langle\gamma f(q)-Aq, x_{n+1}-q\rangle+\\
&\quad(1-\alpha_n\overline{\gamma})\|x_n-q\|\|x_{n+1}-q\|\\
&= [1-(\overline{\gamma}-\gamma\rho)\alpha_n]\|x_n-q\|\|x_{n+1}-q\|+\alpha_n\langle\gamma f(q)-Aq, x_{n+1}-q\rangle\\
&\leqslant \frac{1-(\overline{\gamma}-\gamma\rho)\alpha_n}{2}(\|x_n-q\|^2+\|x_{n+1}-q\|^2)+\alpha_n\langle\gamma f(q)-Aq, x_{n+1}-q\rangle\\
&\leqslant \frac{1-(\overline{\gamma}-\gamma\rho)\alpha_n}{2}\|x_n-q\|^2+\frac{1}{2}\|x_{n+1}-q\|^2+\alpha_n\langle\gamma f(q)-Aq, x_{n+1}-q\rangle.
\end{aligned}$$

整理得

$$\|x_{n+1}-q\|^2 \leqslant [1-(\overline{\gamma}-\gamma\rho)\alpha_n]\|x_n-q\|^2+2\alpha_n\langle\gamma f(q)-Aq, x_{n+1}-q\rangle. \tag{3.1.59}$$

由式 (3.1.58)—式 (3.1.59) 和引理 3.1.8 得 $\lim\limits_{n\to\infty}\|x_n-q\|=0$.

定理 3.1.4 设 K 为 Hilbert 空间 H 的非空闭凸子集, $B:K\to H$ 为连续单调映象, $T:K\to K$ 为连续伪压缩映象, 且 $\Omega=Fix(T)\bigcap VI(K,B)\neq\phi$. 设 $f:H\to H$ 是系数为 $\rho\in(0,1)$ 的压缩映象,A 是系数为 $\overline{\gamma}$ 的强正有界线性算子且 $0<\gamma<\dfrac{\overline{\gamma}}{\rho}$. 对给定 $x_1\in H$, 如果 $\alpha_n,\beta_n\in[0,1]$, $\lambda_n\in(0,1)$ 并满足下列条件:

① $\lim\limits_{n\to\infty}\alpha_n=0,\ \sum\limits_{n=1}^{\infty}\alpha_n=\infty$;

② $0<\liminf\limits_{n\to\infty}\beta_n\leqslant\limsup\limits_{n\to\infty}\beta_n<1$;

③ $\liminf\limits_{n\to\infty}\ r_n>0,\ \sum\limits_{n=1}^{\infty}|r_{n+1}-r_n|<\infty$.

则由式 (3.1.4) 定义的迭代序列 $\{x_n\}$ 强收敛到 $q=P_\Omega[I-(A-\gamma f)]q$, 即 $\langle(A-\gamma f)q,q-w\rangle\leqslant 0,\ \forall w\in\Omega$.

证 取 $N=1,\gamma_i=1$, 则 $F_{r_{i,n}}=F_{r_n},T_{r_{i,n}}=T_{r_n}$, 并令 $\lambda_i=\lambda_n$. 由定理 3.1.3 类似可证.

定理 3.1.5 设 K 为 Hilbert 空间 H 的非空闭凸子集, $B_i:K\to H$ 为连续单调映象, $T_i:K\to K$ 为连续伪压缩映象且 $\Omega=\cap_{i=1}^N Fix(T_i)\bigcap\cap_{i=1}^N VI(K,B_i)\neq\phi$. 设 $f:H\to H$ 是系数为 $\rho\in(0,1)$ 的压缩映象. 对给定 $x_1\in H$, 定义迭代序列 $\{x_n\}$

$$\begin{cases}u_n=\sum\limits_{i=1}^{N}\gamma_i[\lambda_iF_{r_{i,n}}x_n+(1-\lambda_i)T_{r_{i,n}}x_n],\\x_{n+1}=\alpha_nf(x_n)+\beta_nx_n+(1-\alpha_n-\beta_n)u_n,\ \forall n\geqslant 1.\end{cases}$$

如果 $\alpha_n,\beta_n\in[0,1],\lambda_i,\gamma_i\in(0,1),\ \sum\limits_{i=1}^{N}\gamma_i=1$, 并满足定理 3.1.3 中的条件①—③, 则迭代序列 $\{x_n\}$ 强收敛到 $q=P_\Omega f(q)$, 即 $\langle(I-\gamma f)q,q-w\rangle\leqslant 0,\ \forall w\in\Omega$.

证 取 $\gamma=1,A=I$, 由定理 3.1.3 类似可证.

3.2 渐近伪压缩映象的不动点定理

3.2.1 预备知识

设 H 为一实 Hilbert 空间, 其内积和范数分别表示为 $\langle\cdot,\cdot\rangle$ 和 $\|\cdot\|$. 设 K 为 H 的一个非空闭凸子集, 设 $T:K\to K$ 为一非线性映象, 称 T 是渐近非扩张映象, 如果存在 $k_n\in[1,\infty),\ \lim\limits_{n\to\infty}k_n=1$, 使得

$$\|T^nx-T^ny\|\leqslant k_n\|x-y\|,\quad \forall n\geqslant 1,\ x,y\in K.$$

称 T 为渐近伪压缩映象[83], 如果存在常数 $k_n\in[1,\infty),\ \lim\limits_{n\to\infty}k_n=1$, 使得

$$\langle T^nx-T^ny,x-y\rangle\leqslant k_n\|x-y\|^2,\quad \forall n\geqslant 1,\ x,y\in K.$$

同时, 文献 [83] 介绍了一类广义的渐近伪压缩映象, 如果存在常数 $k_n\in[1,\infty),\ \lim\limits_{n\to\infty}k_n=1$, 使得

$$\limsup_{n\to\infty}\sup_{x,y\in C}\{\langle T^nx-T^ny,x-y\rangle-k_n\|x-y\|^2\}\leqslant 0,\quad \forall n\geqslant 1,\ x,y\in K.$$

取 $e_n=\max\{0,\ \sup\limits_{x,y\in K}\{\langle T^nx-T^ny,x-y\rangle-k_n\|x-y\|^2\}\}$, 则广义的渐近伪压缩映象可记为

$$\langle T^nx-T^ny,x-y\rangle\leqslant k_n\|x-y\|^2+e_n,\quad \forall n\geqslant 1,\ x,y\in K.$$

在 Hilbert 空间中, 广义渐近伪压缩映象等价于

$$\|T^nx-T^ny\|^2\leqslant(2k_n-1)\|x-y\|^2+\|(I-T^n)x-(I-T^n)y\|^2+2e_n,\quad \forall n\geqslant 1,\,x,y\in K.$$

显然, 广义渐近伪压缩映象是渐近伪压缩映象的进一步推广, 并且每一个渐近非扩张映象和渐近严格伪压缩映象均为渐近伪压缩映象, 但其逆命题却不成立. 此处以 $Fix(T)$ 表示 T 的不动点集合, 即 $Fix(T)=\{x\in K,\,Tx=x\}$.

2000 年, Moudafi[84] 引进压缩映象 $f:K\to K$, 建立了一个黏滞逼近方法

$$x_{n+1}=\alpha_nf(x_n)+(1-\alpha_n)Tx_n,$$

在一定条件下证明了黏滞迭代序列强收敛到 T 的某个不动点 q, 并且该不动点为变分不等式

$$\langle(I-f)q,z-q\rangle\geqslant 0,\quad \forall\, z\in Fix(T)$$

的唯一解. 此后, 黏滞逼近方法被应用到凸优化问题、单调包含和微分方程等领域, 受到越来越多数学爱好者和经济领域研究者的广泛关注[57,75,81,83,85-95]. 2008 , Takahashi, Takeuchi, Kubota[88] 利用投影技巧建立了逼近非扩张映象不动点的混合投影算法, 并在一定条件下证明了混合迭代序列强收敛到非扩张映象 T 的不动点 $q=P_{Fix(T)}x$. 2010 年, Qin, Cho, Kim[83] 进一步将混合投影算法推广到渐近伪压缩映象的不动点逼近, 并在集合 K 有界的条件下证明了相应的迭代序列强收敛到渐近伪压缩映象 T 的不动点.

本节将在 Hilbert 空间中简化并改进 Takahashi 等 [83,88] 提出的混合投影算法 (CQ 算法), 建立逼近渐近伪压缩映象不动点的强收敛定理, 并在收敛性分析中去掉了 K 的有界性. 所得的主要结论改进并推广了文献 [83-84,88] 中相应的研究成果.

3.2.2　基本结论

设 H 为一实 Hilbert 空间, 其内积和范数分别表示为 $\langle\cdot,\cdot\rangle$ 和 $\|\cdot\|$, K 为 H 的一个非空闭凸子集. 以 $x_n\to x$ 和 $x_n\rightharpoonup x$ 分别表示序列 $\{x_n\}$ 强和弱收敛到 x. 称 T 是一致 L-Lipschitz 连续的, 如果存在 $L>0$, 使得

$$\|T^nx-T^ny\|\leqslant L\|x-y\|,\quad \forall\, x,y\in K,\,n\in N.$$

引理 3.2.1[83]　设 K 为 Hilbert 空间 H 的非空闭凸子集, $T:K\to K$ 为渐近伪压缩映象. 如果 T 是一致 L-Lipschitz 连续的, 则 $Fix(T)$ 为闭凸集.

引理 3.2.2[83]　设 K 为 Hilbert 空间 H 的非空闭凸子集, $T:K\to K$ 为渐近伪压缩映象. 如果 T 是一致 L-Lipschitz 连续的且 $\{x_n\}\subset K$ 且 $x_n\rightharpoonup x$, $x_n-Tx_n\to 0$, 则 $x\in Fix(T)$.

引理 3.2.3[81]　设 K 为 Hilbert 空间 H 的非空闭凸子集, 对任意 $x,y,z\in H$ 和给定的 $a\in R$, 则 Π_K 为闭凸集, 其中, $\Pi_K=\{v\in K:\|y-v\|^2\leqslant\|x-v\|^2+\langle z,v\rangle+a\}$.

设 (X,d) 为一完备度量空间, 称 $f:X\to X$ 为压缩映象: 如果存在系数 $r\in(0,1)$, 使得

$$\|f(x)-f(y)\|\leqslant r\|x-y\|,\quad \forall\, x,y\in X.$$

从文献 [89] 可知, 压缩映象 f 存在唯一不动点. 另一方面, Meir-Keeler[90] 定义了一个新的压缩映象, 称为 Meir-Keeler 压缩映象: 如果对任意 $\epsilon>0$, 存在 $\delta>0$, 当 $d(x,y)<\epsilon+\delta$ 时, 有

$$d(f(x),f(y))<\epsilon,\quad \forall\, x,y\in X.$$

Meir-Keeler 压缩映象包含压缩映象, 是压缩映象的一种推广形式, 且有以下结论:

引理 3.2.4[90] 设 f 是完备度量空间 (X,d) 中的 Meir-Keeler 压缩映象, 则 f 存在唯一不动点.

引理 3.2.5[91] 设 K 为 Banach 空间 E 的凸子集, $f:K\to K$ 为 Meir-Keeler 压缩映象, 则对任意 $\epsilon>0$, 存在 $r\in(0,1)$, 当 $\|x-y\|\geqslant\epsilon$ 时, 有 $\|f(x)-f(y)\|\leqslant r\|x-y\|$ 成立.

设 $\{C_n\}$ 为 H 的非空闭凸子集序列, N 为正整数集. 以下定义 H 的 $s\text{-Li}_nC_n$ 子集: $x\in s\text{-Li}_nC_n$ 当且仅当存在 $\{x_n\}\subset H$ 并满足 $x_n\to x$ 和 $x_n\in C_n, \forall n\in N$. 类似地, 定义 H 的 $w\text{-Ls}_nC_n$ 子集: $y\in w\text{-Ls}_nC_n$ 当且仅当存在 $\{C_{n_i}\}\subset\{C_n\}$, $\{y_i\}\subset H$ 并满足 $y_i\rightharpoonup y$ 和 $y_i\in C_{n_i}$, $\forall i\in N$. 如果 $C_0\subset H$ 且 $C_0=s\text{-Li}_nC_n=w\text{-Ls}_nC_n$, 称 $\{C_n\}$ 收敛到 C_0, 记为 $C_0=M\text{-}\lim\limits_{n\to\infty}C_n$. 具有该极限性质最简单的例子是呈现包含关系的递减序列 $\{C_n\}$, 如 $\bigcap_{n=1}^{\infty}C_n$(参见文献 [92]).

引理 3.2.6[93] 设 $\{C_n\}$ 为 Hilbert 空间 H 的非空闭凸子集序列, 如果 $C_0=M\text{-}\lim\limits_{n\to\infty}C_n$ 存在且不为空集, 则对任意 $x\in H$, 序列 $\{P_{C_n}x\}$ 强收敛到 $\{P_{C_0}x\}$.

3.2.3 不动点算法及收敛性定理

算法 3.2.1 本节将 Moudafi[84] 黏滞逼近方法中的压缩映象 f 推广到 Meir-Keeler 压缩映象, 定义一个新的逼近渐近伪压缩映象不动点的黏滞- 混合投影投影方法

$$\begin{cases} z_n=(1-\beta_n)x_n+\beta_nT^nx_n,\\ y_n=(1-\alpha_n)x_n+\alpha_nT^nz_n,\\ C_{n+1}=\{u\in C_n:\|y_n-u\|^2\leqslant\|x_n-u\|^2+\alpha_n\theta_n-\alpha_n\beta_n(1-\beta_n-q_n\beta_n-\\ L^2\beta_n^2)\|x_n-T^nx_n\|^2\},\\ x_{n+1}=P_{C_{n+1}}f(x_n),\end{cases}\tag{3.2.1}$$

其中, $\theta_n=[q_n(1+(q_n-1)\beta_n)-1]M+2(q_n+1)e_n$ 且 $M=\sup\{\|x_n-p\|^2:p\in Fix(T)\}<\infty$.

算法 3.2.2 在式 (3.2.1) 的基础上, 定义一个新的逼近渐近伪压缩映象不动点的黏滞-CQ 投影投影方法

$$\begin{cases} z_n=(1-\beta_n)x_n+\beta_nT^nx_n,\\ y_n=(1-\alpha_n)x_n+\alpha_nT^nz_n,\\ C_n=\{u\in K:\|y_n-u\|^2\leqslant\|x_n-u\|^2+\alpha_n\theta_n-\alpha_n\beta_n(1-\beta_n-q_n\beta_n-\\ L^2\beta_n^2)\|x_n-T^nx_n\|^2\},\\ Q_n=\{u\in Q_{n-1}:\langle f(x_{n-1})-x_n,x_n-z\rangle\geqslant0\},\\ x_{n+1}=P_{C_n\bigcap Q_n}f(x_n),\end{cases}\tag{3.2.2}$$

定理 3.2.1 设 K 为 Hilbert 空间 H 的非空闭凸子集, $f:K\to K$ 为 Meir-Keeler 压缩映象, $T:K\to K$ 为一致 L-Lipschitz 连续的渐近伪压缩映象且 $Fix(T)\neq\phi$. 如果 $0<a\leqslant\alpha_n\leqslant\beta_n\leqslant b$ 且 $b\in(0,L^{-2}(\sqrt{L^2+1}-1))$, 对给定 $x_1\in K$, $C_1=K$, 则由式 (3.2.1) 定义的黏滞迭代序列 $\{x_n\}$ 强收敛到 $q\in Fix(T)$, 且 $q=P_{Fix(T)}f(q)$.

证 由引理 3.2.1 和 P_K 的非扩张性可知,$P_{Fix(T)}f$ 是定义在 K 上的 Meir-Keeler 压缩映象 (参见文献 [91], Proposition 3). 由引理 3.2.4, $P_{Fix(T)}f$ 存在唯一不动点, 记 $q=P_{Fix(T)}f(q)$.

首先, 证明 C_n 是闭凸集且 $Fix(T) \subset C_n$. 由式 (3.2.1) 和引理 3.2.3 易知，C_n 是闭凸集. 另一方面, 由于 $Fix(T) \subset C_1 = K$, 不妨假设 $Fix(T) \subset C_k$, $k \geqslant 1$. 对任意 $p \in Fix(T) \subset C_k$, 结合式 (3.2.1) 和引理 3.1.1 得

$$\begin{aligned}\|z_n - p\|^2 &= \|(1-\beta_n)x_n + \beta_n T^n x_n - p\|^2 \\ &= (1-\beta_n)\|x_n - p\|^2 + \beta_n\|T^n x_n - p\|^2 - \beta_n(1-\beta_n)\|x_n - T^n x_n\|^2 \\ &\leqslant (1-\beta_n)\|x_n - p\|^2 + \beta_n[q_n\|x_n - p\|^2 + \|x_n - T^n x_n\|^2 + 2e_n] - \\ &\quad \beta_n(1-\beta_n)\|x_n - T^n x_n\|^2 \\ &= [1 + (q_n - 1)\beta_n]\|x_n - p\|^2 + \beta_n^2\|x_n - T^n x_n\|^2 + 2\beta_n e_n. \end{aligned} \tag{3.2.3}$$

因为

$$\begin{aligned}\|z_n - T^n z_n\|^2 &= \|(1-\beta_n)x_n + \beta_n T^n x_n - T^n z_n\|^2 \\ &= (1-\beta_n)\|x_n - T^n z_n\|^2 + \beta_n\|T^n x_n - T^n z_n\|^2 - \beta_n(1-\beta_n)\|x_n - T^n x_n\|^2 \\ &\leqslant (1-\beta_n)\|x_n - T^n z_n\|^2 + \beta_n L^2\|x_n - z_n\|^2 - \beta_n(1-\beta_n)\|x_n - T^n x_n\|^2 \\ &= (1-\beta_n)\|x_n - T^n z_n\|^2 - \beta_n(1-\beta_n - L^2\beta_n^2)\|x_n - T^n x_n\|^2. \end{aligned} \tag{3.2.4}$$

由式 (3.2.1)、式 (3.2.3) 和式 (3.2.4), 并结合条件 $a \leqslant \alpha_n \leqslant \beta_n \leqslant b$ 得

$$\begin{aligned}\|y_n - p\|^2 &= \|(1-\alpha_n)x_n + \alpha_n T^n z_n - p\|^2 \\ &= (1-\alpha_n)\|x_n - p\|^2 + \alpha_n\|T^n z_n - p\|^2 - \alpha_n(1-\alpha_n)\|x_n - T^n z_n\|^2 \\ &\leqslant (1-\alpha_n)\|x_n - p\|^2 + \alpha_n[q_n\|z_n - p\|^2 + \|z_n - T^n z_n\|^2 + 2e_n] - \\ &\quad \alpha_n(1-\alpha_n)\|x_n - T^n z_n\|^2 \\ &\leqslant \|x_n - p\|^2 + \alpha_n[q_n(1 + (q_n - 1)\beta_n) - 1]\|x_n - p\|^2 + 2\alpha_n(q_n + 1)e_n - \\ &\quad \alpha_n\beta_n(1 - \beta_n - q_n\beta_n - L^2\beta_n^2)\|x_n - T^n x_n\|^2 \\ &\leqslant \|x_n - p\|^2 + \alpha_n\theta_n - \alpha_n\beta_n(1 - \beta_n - q_n\beta_n - L^2\beta_n^2)\|x_n - T^n x_n\|^2. \end{aligned} \tag{3.2.5}$$

其中, $\theta_n = [q_n(1 + (q_n - 1)\beta_n) - 1]M + 2(q_n + 1)e_n$, 不难验证 $\theta_n \to 0\ (n \to \infty)$. 在式 (3.2.5) 中, 取 $n = k$ 即得 $p \in C_{k+1}$. 因此, 对任意 $n \geqslant 1$, 有 $Fix(T) \subset C_{n+1} \subset C_n$.

其次, 证明 $\lim\limits_{n\to\infty} x_n = q$. 因为 $P_{\bigcap_{n=1}^{\infty} C_n} f$ 是定义在 C 上的 Meir-Keeler 压缩映象, 则存在唯一不动点 $q = P_{\bigcap_{n=1}^{\infty} C_n} f(q) \in \bigcap_{n=1}^{\infty} C_n$. 设 $z_n = P_{C_n} f(q), n \in N$, 由于 $\bigcap_{n=1}^{\infty} C_n = M\text{-}\lim_n C_n$ 且 $Fix(T) \subset C_{n+1} \subset C_n$, 则由引理 3.2.6 得

$$z_n \to P_{\bigcap_{n=1}^{\infty} C_n} f(q) = q. \tag{3.2.6}$$

(反证法) 如果 $x_n \nrightarrow q$, 则有 $\limsup\limits_{n\to\infty}\|x_n - q\| > 0$. 设 $\epsilon > 0$ 且 $\limsup\limits_{n\to\infty}\|x_n - q\| > \epsilon$, 由 Meir-Keeler 压缩映象的定义, 存在 $\delta > 0$, $\limsup\limits_{n\to\infty}\|x_n - q\| > \epsilon + \delta$ 且 $\|x - y\| < \epsilon + \delta$ 满足

$$\|f(x) - f(y)\| < \epsilon, \quad x, y \in K. \tag{3.2.7}$$

另一方面, 由引理 3.2.5 可知, 存在 $r \in (0,1)$, 当 $\|x - y\| \geqslant \epsilon + \delta$ 时, 有

$$\|f(x) - f(y)\| < r\|x - y\|, \quad x, y \in K. \tag{3.2.8}$$

考虑以下两种情形 (与文献 [91], Theorem 8 类似):

(I) 存在 $n_1 > n_0$ 使得 $\|x_{n_1} - q\| < \epsilon + \delta$, 则由式 (3.2.1) 和式 (3.2.7) 得

$$\|x_{n_1+1} - z_{n_1+1}\| \leqslant \|f(x_{n_1}) - f(q)\| < \epsilon,$$

结合式 (3.2.6) 进一步得

$$\|x_{n_1+1} - q\| \leqslant \|x_{n_1+1} - z_{n_1+1}\| + \|z_{n_1+1} - q\| < \epsilon + \delta.$$

这表明

$$\limsup_{n\to\infty} \|x_n - q\| \leqslant \epsilon + \delta < \limsup_{n\to\infty} \|x_n - q\|. \tag{3.2.9}$$

(II) 对任意 $n \geqslant n_0$ 都有 $\|x_n - q\| \geqslant \epsilon + \delta$ 成立, 则由式 (3.2.1) 和式 (3.2.8) 得

$$\|f(x_n) - f(q)\| < r\|x_n - q\|, \quad n \geqslant n_0.$$

进一步得

$$\|x_{n_1+1} - z_{n_1+1}\| \leqslant \|f(x_n) - f(q)\| < r\|x_n - q\| \leqslant r(\|x_n - z_n\| + \|z_n - q\|),$$

结合式 (3.2.6) 可得

$$\begin{aligned}\limsup_{n\to\infty} \|x_n - z_n\| &= \limsup_{n\to\infty} \|x_{n_1+1} - z_{n_1+1}\| \\ &\leqslant r \limsup_{n\to\infty} \|x_n - z_n\| \\ &< \limsup_{n\to\infty} \|x_n - z_n\|.\end{aligned} \tag{3.2.10}$$

在假设 $x_n \nrightarrow q$ 的条件下, 由情形（I）和（II）分别得到两个相互矛盾的结论式 (3.2.9) 和式 (3.2.10). 因此 $\lim\limits_{n\to\infty} x_n = q$. 而且, 由于 $x_{n+1} = P_{C_{n+1}} f(x_n)$, 因此

$$\langle f(x_n) - x_{n+1}, x_{n+1} - y\rangle \geqslant 0, \quad \forall y \in C_{n+1}.$$

又因为 $Fix(T) \subset C_{n+1}$, 进一步得 $\langle f(q) - q, q - y\rangle \geqslant 0, \forall y \in Fix(T)$, 即 $q = P_{Fix(T)} f(q)$.

最后, 证明 $q \in Fix(T)$. 既然 $x_n \to q\ (n \to \infty)$, 则

$$\lim_{n\to\infty} \|x_{n+1} - x_n\| = 0. \tag{3.2.11}$$

由式 (3.2.1) 得 $x_{n+1} \in C_{n+1} \subset C_n$, 则

$$\|y_n - x_{n+1}\|^2 \leqslant \|x_n - x_{n+1}\|^2 + \alpha_n\theta_n - \alpha_n\beta_n(1 - \beta_n - q_n\beta_n - L^2\beta_n^2)\|x_n - T^n x_n\|^2. \tag{3.2.12}$$

另一方面, 因为

$$\|y_n - x_{n+1}\|^2 = \|y_n - x_n\|^2 + 2\langle y_n - x_n, x_n - x_{n+1}\rangle + \|x_n - x_{n+1}\|^2. \tag{3.2.13}$$

结合式 (3.2.12) 和式 (3.2.13), 并利用 $y_n = (1-\alpha_n)x_n + \alpha_n T^n z_n$ 可得

$$\alpha_n\|x_n - T^n z_n\|^2 - 2\langle x_n - T^n z_n, x_n - x_{n+1}\rangle \leqslant \theta_n - \beta_n(1-\beta_n - q_n\beta_n - L^2\beta_n^2)\|x_n - T^n x_n\|^2. \tag{3.2.14}$$

由于 $a \leqslant \alpha_n \leqslant \beta_n \leqslant b$ 且 $a > 0$, $b \in (0, L^{-2}(\sqrt{L^2+1}-1))$, 存在正整数 n_0 使得

$$1 - \beta_n - q_n\beta_n - L^2\beta_n^2 \geqslant \frac{1-2b-L^2b^2}{2} > 0, \quad \forall n \geqslant n_0. \tag{3.2.15}$$

整理式 (3.2.14) 和式 (3.2.15) 得

$$\frac{a(1-2b-L^2b^2)}{2}\|x_n - T^n x_n\|^2 \leqslant \theta_n + 2\|x_n - T^n z_n\|\|x_n - x_{n+1}\|, \quad \forall n \geqslant n_0.$$

取极限进一步得

$$\lim_{n\to\infty}\|x_n - T^n x_n\| = 0. \tag{3.2.16}$$

又因 T 是一致 L-Lipschitz 连续的, 并且

$$\begin{aligned}\|x_n - Tx_n\| &\leqslant \|x_n - x_{n+1}\| + \|x_{n+1} - T^{n+1}x_{n+1}\| + \|T^{n+1}x_{n+1} - T^{n+1}x_n\| + \\ &\quad \|T^{n+1}x_n - Tx_n\| \\ &\leqslant (1+L)\|x_n - x_{n+1}\| + \|x_{n+1} - T^{n+1}x_{n+1}\| + L\|x_n - T^n x_n\|.\end{aligned}$$

故由式 (3.2.11) 和式 (3.2.16) 得

$$\lim_{n\to\infty}\|x_n - Tx_n\| = 0. \tag{3.2.17}$$

因此, 由引理 3.2.2 和式 (3.2.17) 得 $x_n \to q \in Fix(T)$.

定理 3.2.2　设 K 为 Hilbert 空间 H 的非空闭凸子集, $f: K \to K$ 为 Meir-Keeler 压缩映象, $T: K \to K$ 为一致 L-Lipschitz 连续的渐近伪压缩映象且 $Fix(T) \neq \phi$. 如果 $0 < a \leqslant \alpha_n \leqslant \beta_n \leqslant b$ 且 $b \in (0, L^{-2}(\sqrt{L^2+1}-1))$, 对给定 $x_1 \in K$, $Q_1 = K$, 则由式 (3.2.2) 定义的序列 $\{x_n\}$ 强收敛到 $q \in Fix(T)$, 且 $q = P_{Fix(T)}f(q)$.

证　对任意 $n \geqslant 1$, C_n 和 Q_n 是 H 的闭凸子集, 且 $Fix(T) \subset C_n$. 由于 $x_1 \in C$, $Fix(T) \subset Q_1 = K$, 不妨假设 $x_k \in K$, $Fix(T) \subset Q_k$. 因为 $Fix(T) \subset C_k \bigcap Q_k$, 存在唯一的 $x_{k+1} = P_{C_k \bigcap Q_k} f(x_k)$, 所以

$$\langle f(x_k) - x_{k+1}, x_{k+1} - y\rangle \geqslant 0, \quad \forall y \in C_k \bigcap Q_k. \tag{3.2.18}$$

由式 (3.2.18) 进一步得

$$\langle f(x_k) - x_{k+1}, x_{k+1} - y\rangle \geqslant 0, \forall y \in Fix(T)$$

即 $Fix(T) \subset Q_{k+1}$. 因此,$Fix(T) \subset Q_n$.

另一方面, 由于 $P_{\bigcap_{n=1}^\infty Q_n} f$ 是定义在 K 上的 Meir-Keeler 压缩映象, 则存在唯一不动点 $q = P_{\bigcap_{n=1}^\infty Q_n} f(q) \in \bigcap_{n=1}^\infty Q_n$. 设 $z_n = P_{Q_n} f(q), n \in N$, 因为 $Fix(T) \subset Q_{n+1} \subset Q_n$, 则由引理 3.2.6 得 $z_n \to q = P_{\bigcap_{n=1}^\infty Q_n} f(q)$. 又因为 $x_n = P_{Q_n} f(x_{n-1})$, 类似定理 3.2.1 可得 $x_n \to q$, 且 $q = P_{Fix(T)} f(q)$.

3.3 λ-严格伪非扩展映象的不动点定理

3.3.1 预备知识

设 H 为一实 Hilbert 空间, 其内积和范数分别表示为 $\langle\cdot,\cdot\rangle$ 和 $\|\cdot\|$, 设 K 为 H 的一个非空闭凸子集. 称 $T:K\to K$ 为非扩展映象, 如果

$$2\|Tx-Ty\|^2\leqslant\|Tx-y\|^2+\|x-Ty\|^2,\quad\forall x,y\in K.$$

由文献 [96] 可知, 非扩展映象也可等价定义为

$$\|Tx-Ty\|^2\leqslant\|x-y\|^2+2\langle x-Tx,y-Ty\rangle,\quad\forall x,y\in K.$$

称 $T:K\to K$ 为 λ-严格伪压缩映象 [72,81], 如果存在常数 $\lambda\in[0,1)$, 使得

$$\|Tx-Ty\|^2\leqslant\|x-y\|^2+\lambda\|(I-T)x-(I-T)y\|^2,\quad\forall x,y\in K.$$

如果 $\lambda=0$, 称 T 为非扩张映象, 即 $\|Tx-Ty\|\leqslant\|x-y\|,\forall x,y\in K$. 称 $T:K\to K$ 为 λ-严格伪非扩展映象, 如果存在常数 $\lambda\in[0,1)$, 使得

$$\|Tx-Ty\|^2\leqslant\|x-y\|^2+\lambda\|(I-T)x-(I-T)y\|^2+2\langle x-Tx,y-Ty\rangle,\quad\forall x,y\in K.$$

显然, 每一个非扩展映象都是拟非扩张映象且 0-严格伪非扩展映象, 但其逆命题并不成立. 因此, λ-严格伪非扩展映象是非扩展映象的推广形式. 此处, 以 $Fix(T)$ 表示 T 的不动点集合, 即 $Fix(T)=\{x\in K,Tx=x\}$.

近年来, 数学研究者们开始努力寻求各种关于不动点问题的数值算法变分不等式、平衡问题和鞍点问题等, 并获得了一系列很好的研究成果 [57,72,74-75,97-104]. 本节将在 Hilbert 空间中建立 λ-严格伪非扩展映象的不动点与不等式问题解的等价关系, 为进一步探索变分不等式和平衡问题的数值解提供必要的理论基础.

3.3.2 不动点等价性定理

设 K 为 Hilbert 空间 H 的一个非空闭凸子集, $B:K\to H$ 为一非线性映象. 考虑下面的变分不等式问题: 求一点 $x\in K$, 使得

$$\langle Bx,y-x\rangle\geqslant 0,\quad\forall y\in K.$$

本文用 $VI(K,B)$ 分别表示变分不等式问题的解集. 称映象 $A:K\to H$ 是 α- 逆强单调的, 如果存在常数 $\alpha>0$, 使得

$$\langle Ax-Ay,x-y\rangle\geqslant\alpha\|Ax-Ay\|^2,\quad\forall x,y\in K.$$

现举例说明该类推广的 λ-严格伪非扩展映象及其不动点问题的存在性.

例 3.3.1[98] 设 $\mathbb{R}$ 表示实数集, 定义映象 $T:\mathbb{R}\to\mathbb{R}$

$$Tx=\begin{cases}x, & x\in(-\infty,0),\\ -2x, & x\in[0,+\infty).\end{cases}$$

不难验证, T 是 λ-严格伪非扩展映象却不是非扩展映象且 $Fix(T)=(-\infty,0]$.

例 3.3.2　取 $K:=[-1,1]$, 则 $T:K\to K$ 是 λ-严格伪非扩展映象, 其中

$$Tx=\begin{cases}\dfrac{3-x}{4}, & x\in[-1,0],\\ \dfrac{3+x}{4}, & x\in[0,1].\end{cases}$$

证　首先, 不妨设 $x,y\in[-1,0]$, 则 $Tx=\dfrac{3-x}{4},Ty=\dfrac{3-y}{4}$ 且

$$|Tx-Ty|^2=\left|\frac{3-x}{4}-\frac{3-y}{4}\right|^2=\frac{1}{16}|x-y|^2,$$

$$|(I-T)x-(I-T)y|^2=\left|\frac{5x-3}{4}-\frac{5y-3}{4}\right|^2=\frac{25}{16}|x-y|^2.$$

由于 $x,y\in[-1,0]$, 则

$$\begin{aligned}2\langle x-Tx,y-Ty\rangle&=2\left\langle\frac{5x-3}{4},\frac{5y-3}{4}\right\rangle=\frac{1}{8}(5x-3)(5y-3)\\&=\frac{1}{8}(25xy-15x-15y+9)\geqslant 0.\end{aligned}$$

因此, 对任意 $k\in[0,1)$ 使得

$$|Tx-Ty|^2\leqslant|x-y|^2+|(I-T)x-(I-T)y|^2+2\langle x-Tx,y-Ty\rangle. \tag{3.3.1}$$

其次, 当 $x\in[-1,0],y\in[0,1]$, 即 $Tx=\dfrac{3-x}{4},Ty=\dfrac{3+y}{4}$ 且

$$|Tx-Ty|^2=\left|\frac{3-x}{4}-\frac{3+y}{4}\right|^2=\frac{1}{16}|x+y|^2,$$

$$|(I-T)x-(I-T)y|^2=\left|\frac{5x-3}{4}-\frac{3y-3}{4}\right|^2=\frac{1}{16}|5x-3y|^2.$$

由于 $x\in[-1,0],y\in[0,1]$, 则

$$\begin{aligned}2\langle x-Tx,y-Ty\rangle&=2\left\langle\frac{5x-3}{4},\frac{3y-3}{4}\right\rangle=\frac{3}{8}(5x-3)(y-1)\\&=\frac{3}{8}[5x(y-1)5x-3(y-1)]\geqslant 0.\end{aligned}$$

因此, 对任意 $\lambda\in[0,1)$, 式 (3.3.1) 仍然成立.
最后, 当 $x,y\in[0,1]$, 由第一种情形类似可证. 因此, $T:K\to K$ 是 λ-严格伪非扩展映象且 $Fix(T)=\{1\}$.

定理 3.3.1　设 K 为 Hilbert 空间 H 的非空闭凸子集, $T:K\to K$ 为 λ-严格伪非扩展映象且 $Fix(T)\neq\phi$, 则 $Fix(T)=VI(K,I-T)$.

证　记 $B=I-T$, 取 $p\in Fix(T)$, 即 $p=Tp\,(Bp=0)$, 则

$$\langle Bp,v-p\rangle=0,\quad\forall v\in K.$$

即 $p \in VI(K,B)$, 进一步得 $Fix(T) \subseteq VI(K, I-T)$.

另一方面, 设 $u^* \in VI(K,B)$, 即 $\langle (I-T)u^*, v-u^* \rangle \geqslant 0, \forall v \in K$ 且

$$\begin{aligned}\|Tu^* - Tp\|^2 &= \|u^* - p - (Bu^* - Bp)\|^2 \\ &= \|u^* - p\|^2 + \|Bu^* - Bp\|^2 - 2\langle u^* - p, Bu^* - Bp\rangle \\ &= \|u^* - p\|^2 + \|Bu^*\|^2 - 2\langle u^* - p, Bu^*\rangle \\ &\leqslant \|u^* - p\|^2 + \lambda\|(I-T)u^* - (I-T)p\|^2 + 2\langle u^* - Tu^*, p - Tp\rangle \\ &= \|u^* - p\|^2 + \lambda\|u^* - Tu^*\|^2,\end{aligned}$$

整理得

$$\begin{aligned}\frac{1-\lambda}{2}\|u^* - Tu^*\|^2 &\leqslant \langle u^* - p, (I-T)u^*\rangle \\ &= -\langle p - u^*, (I-T)u^*\rangle \leqslant 0.\end{aligned}$$

即 $u^* \in Fix(T)$, 进一步得 $VI(K, I-T) \subseteq Fix(T)$. 因此, $Fix(T) = VI(K, I-T)$.

注 3.3.1 定理 3.3.1 建立了 λ-严格伪非扩展映象的不动点和变分不等问题解的等价关系, 利用该等价关系和求解变分不等式问题的投影技巧、预解算子技巧和松弛迭代等方法, 可进一步研究逼近 λ-严格伪非扩展映象不动点的数值算法和收敛分析等问题.

第 4 章　不动点方法在变分不等式中的应用

本章主要利用投影技巧、Wiener-Hopf 方程和预测-校正技巧建立变分不等式和不动点问题的等价关系, 研究广义变分不等式、非凸变分不等式和广义非凸变分不等式问题解的存在性, 进一步建立了广义变分不等式、非凸变分不等式和广义非凸变分不等式的不动点逼近算法, 并在映象具有 α-强制性、松弛 (γ, r)-余强制和 g-γ- 强单调的条件下分别证明了相应迭代序列收敛到变分不等式问题的解. 最后, 介绍一类具有弱强制性映象的混合拟变分不等式, 运用辅助原理技巧, 给出了一个求解混合拟变分不等式问题的三步预测-校正算法, 并在一定条件下证明了算法的收敛性.

4.1　广义变分不等式的投影方法

4.1.1　预备知识

设 H 是一个实 Hilbert 空间, 其内积和范数分别表示为 $\langle\cdot,\cdot\rangle$ 和 $\|\cdot\|$, K 是一个 H 中的非空闭凸集. 设 $A: H \to H$ 是一个非线性映象, 考虑下面的变分不等式问题: 求 $u \in K$ 满足

$$\langle Au, v-u\rangle \geqslant 0,\ \ \forall v \in K,$$

即 Hartman-Stampacchia 变分不等式, 如果存在 $u \in K$ 满足此不等式, 则称 u 是分不等式问题的解. 设 $g: H \to H$ 是一个非线性连续可逆映象, 进一步考变虑广义变分不等式问题: 求 $u \in H$, $g(u) \in K$ 满足

$$\langle Au, g(v)-g(u)\rangle \geqslant 0,\ \ \forall g(v) \in K.$$

以 $VI(K,A)$ 和 $VI(A,g)$ 分别表示变分不等式问题和广义变分不等式问题的解集.

变分不等式理论是由 Hartman 和 Stampacchia 等人提出创立的, 最初是在有限维空间中讨论变分不等式问题节的存在性及相关理论, 此后经 Lions, Browder 等人推广到无穷维空间, 并将所得的结果用于研究力学、控制论、数理经济、微分方程、对策理论及最优化理论中的许多重要问题[105-107].

2002 年，Noor 等 [107] 利用投影技巧, 给出了求解变分不等式问题的投影算法, 由于该算法通常要求算子具有强单调性并满足 Lipschitzian 连续, 这导致了投影算法的应用受到很大程度的限制. 在此基础上, 文献 [108-110] 在适当条件下对算法本身或者算法的收敛条件进行了改进. 2004 年,Verma[111-112] 将松弛强制映射引入变分不等式并建立了两步投影算法, 使得投影算法的收敛条件大大减弱.

本节将利用校正原理给出一个新的求解广义变分不等式的三步迭代算法, 并在算子满足g- (γ, r)-松弛强制映象和 g-μ-Lipschitzian 连续的条件下证明算法 4.1.1 的收敛性.

4.1.2 基本结论

设 H 是一个实 Hilbert 空间, 其内积和范数分别表示为 $\langle\cdot,\cdot\rangle$ 和 $\|\cdot\|$, K 是一个 H 中的非空闭凸集. 这里介绍一些基本概念和结论:

设 $A: H\to H$, $g: H\to H$ 是两个非线性映象. 称映象 A 为 g-μ -Lipschitzian 连续: 如果存在常数 $\mu>0$ 使得

$$\|Ax-Ay\|\leqslant\mu\|g(x)-g(y)\|,\quad \forall g(x),g(y)\in K.$$

称映象 A 为 g-r-强单调: 如果存在常数 $r>0$, 使得

$$\langle Ax-Ay,g(x)-g(y)\rangle\geqslant r\|g(x)-g(y)\|^2,\quad \forall g(x),g(y)\in K.$$

称映象 A 为 g-α-强制: 如果存在常数 $\alpha>0$, 使得

$$\langle Ax-Ay,g(x)-g(y)\rangle\geqslant \alpha\|Ax-Ay\|^2,\quad \forall g(x),g(y)\in K.$$

称映象 A 为 g-(γ,r)-松弛强制: 如果存在常数 $\gamma>0,r>0$, 使得

$$\langle Ax-Ay,g(x)-g(y)\rangle\geqslant -\gamma\|Ax-Ay\|^2+r\|g(x)-g(y)\|^2,\quad \forall g(x),g(y)\in K.$$

注 4.1.1 当 $g=I$ 时，上述各项定义即转化为文献 [111] 中定义的 μ-Lipschitzian 连续、r-强单调、α-强制和 (γ,r)-松弛强制. 同时, g-r-强单调映象一定是 g-(γ,r)- 松弛强制映象, 但其逆命题并不成立. 因此,g-(γ,r)-松弛强制映象是比 g-r-强单调映象更一般的映象形式.

对任意 $x\in H$, 在 K 中存在唯一的最近点 P_Kx, 即

$$\|x-P_Kx\|\leqslant\|x-y\|,\quad \forall y\in K.$$

众所周知, P_K 称为 H 到 K 上的度量投影, 并且 P_K 是非扩张的. 对任意 $x\in H$ 和 $u\in K$

$$u=P_Kx\ \Leftrightarrow\ \langle x-u,u-y\rangle\geqslant 0,\ \ \forall y\in K.$$

引理 4.1.1[107] 如果一个给定的 $u^*\in H$, $g(u^*)\in K$ 为广义变分不等式问题的解, 当且仅当

$$g(u^*)=P_K[g(u^*)-\rho Au^*],\quad \rho>0,$$

其中，P_K 为 H 在 K 上的投影,P_K 为非扩张映象.

引理 4.1.2[110] 设 $\{a_n\},\{b_n\},\{\lambda_n\}$ 为 3 个非负数序列, 如果 $\lambda_n\in[0,1]$ 且满足不等式

$$a_{n+1}\leqslant(1-\lambda_n)a_n+b_n,\ \forall n\geqslant 0,$$

其中,$\sum\limits_{n=0}^{\infty}\lambda_n=\infty, b_n=o(\lambda_n)$, 则 $\lim\limits_{n\to\infty}a_n=0$.

4.1.3　不动点算法及收敛性定理

利用利用引理 4.1.1 中的不动点公式, 并结合文献 [112-114] 中所给出的迭代算法, 建立一个新的求解广义变分不等式问题的三步迭代算法:

算法 4.1.1　对一个给定的 $u_0 \in H$, $g(u_0) \in K$, 定义序列 u_{n+1}

$$\begin{cases} g(v_n) = \sigma_n g(u_n) + (1-\sigma_n) P_K[g(u_n) - \rho A u_n], \\ g(w_n) = \lambda_n g(u_n) + (1-\lambda_n) P_K[g(v_n) - \rho A v_n], \\ g(u_{n+1}) = \alpha_n g(u_n) + \beta_n g(v_n) + \gamma_n P_K[g(w_n) - \rho A w_n]. \end{cases} \tag{4.1.1}$$

其中, $\sigma_n, \lambda_n, \alpha_n, \beta_n, \gamma_n \in [0,1]$, 且 $\alpha_n + \beta_n + \gamma_n = 1$.

当 $g = I$ 时, 算法 4.1.1 便转化为一个新的求解经典变分不等式问题的迭代算法:

算法 4.1.2　对一个给定的 $u_0 \in H$, 定义序列 u_{n+1}

$$\begin{cases} v_n = \sigma_n u_n + (1-\sigma_n) P_K[u_n - \rho A u_n], \\ w_n = \lambda_n u_n + (1-\lambda_n) P_K[v_n - \rho A v_n], \\ u_{n+1} = \alpha_n u_n + \beta_n v_n + \gamma_n P_K[w_n - \rho A w_n]. \end{cases} \tag{4.1.2}$$

其中, $\sigma_n, \lambda_n, \alpha_n, \beta_n, \gamma_n \in [0,1]$, 且 $\alpha_n + \beta_n + \gamma_n = 1$.

定理 4.1.1　设 u^* 是广义变分不等式问题的解, A 为 g-(γ, r)-松弛强制映象且 g-μ-Lipschitzian 连续. 如果 $\sigma_n, \lambda_n, \alpha_n, \beta_n, \gamma_n \in [0,1]$, 并满足下列条件:

① $0 < \rho < \dfrac{2(r-\gamma\mu^2)}{\mu^2}$, $\gamma\mu^2 < r$;

② $\alpha_n + \beta_n + \gamma_n = 1$, $\sum\limits_{n=0}^{\infty} \gamma_n = \infty$.

则由式 (4.1.1) 得到的序列 $\{u_n\}$ 收敛到 u^*, 即 $\lim\limits_{n\to\infty} u_n = u^*$.

证　利用 A 的 g-(γ, r)-松弛强制性和 g-μ-Lipschitzian 连续性, 由引理 4.1.1 得

$$\begin{aligned} & \|P_K[g(u_n) - \rho A u_n] - g(u^*)\|^2 \\ = & \|P_K[g(u_n) - \rho A u_n] - P_K[g(u^*) - \rho A u^*]\|^2 \\ \leqslant & \|g(u_n) - g(u^*) - \rho(Au_n - Au^*)\|^2 \\ \leqslant & \|g(u_n) - g(u^*)\|^2 - 2\rho\langle Au_n - Au^*, g(u_n) - g(u^*)\rangle + \rho^2\|Au_n - Au^*\|^2 \\ \leqslant & \|g(u_n) - g(u^*)\|^2 - 2\rho[-\gamma\|Au_n - Au^*\|^2 + r\|g(u_n) - g(u^*)\|^2] + \rho^2\|Au_n - Au^*\|^2 \\ = & (1-2\rho r)\|g(u_n) - g(u^*)\|^2 + (2\rho\gamma + \rho^2)\|Au_n - Au^*\|^2 \\ \leqslant & (1-2\rho r)\|g(u_n) - g(u^*)\|^2 + (2\rho\gamma + \rho^2)\mu^2\|g(u_n) - g(u^*)\|^2 \\ = & (1 - 2\rho r + 2\rho\gamma\mu^2 + \rho^2\mu^2)\|g(u_n) - g(u^*)\|^2. \end{aligned}$$

结合条件①得

$$\|P_K[g(u_n) - \rho A u_n] - g(u^*)\| \leqslant \theta\,\|g(u_n) - g(u^*)\|, \tag{4.1.3}$$

其中, $\theta = \sqrt{1 - 2\rho r + 2\rho\gamma\mu^2 + \rho^2\mu^2}$, 且 $0 < \theta < 1$. 同理可得

$$\|P_K[g(v_n) - \rho A v_n] - g(u^*)\| \leqslant \theta\,\|g(v_n) - g(u^*)\|, \tag{4.1.4}$$

$$\|P_K[g(w_n)-\rho Aw_n]-g(u^*)\| \leqslant \theta\,\|g(w_n)-g(u^*)\|. \tag{4.1.5}$$

由式 (4.1.1) 和式 (4.1.3) 以及引理 4.1.1 得

$$\begin{aligned}\|g(v_n)-g(u^*)\| &= \|\sigma_n[g(u_n)-g(u^*)]+(1-\sigma_n)\{P_K[g(u_n)-\rho Au_n]-g(u^*)\}\| \\ &\leqslant \sigma_n\|g(u_n)-g(u^*)\|+(1-\sigma_n)\|P_K[g(u_n)-\rho Au_n]-g(u^*)\| \\ &\leqslant \sigma_n\|g(u_n)-g(u^*)\|+(1-\sigma_n)\theta\|g(u_n)-g(u^*)\| \\ &\leqslant \|g(u_n)-g(u^*)\|.\end{aligned} \tag{4.1.6}$$

类似地, 有

$$\|g(w_n)-g(u^*)\| \leqslant \|g(u_n)-g(u^*)\|. \tag{4.1.7}$$

由引理 4.1.1, 并结合条件②和式 (4.1.5)—式 (4.1.7) 得

$$\begin{aligned}\|g(u_{n+1})-g(u^*)\| &\leqslant \alpha_n\|g(u_n)-g(u^*)\|+\beta_n\|g(v_n)-g(u^*)\|+\gamma_n\|P_K[g(w_n)-\rho Aw_n]-g(u^*)\| \\ &\leqslant \alpha_n\|g(u_n)-g(u^*)\|+\beta_n\|g(u_n)-g(u^*)\|+\gamma_n\|P_K[g(w_n)-\rho Aw_n]-g(u^*)\| \\ &\leqslant (\alpha_n+\beta_n)\|g(u_n)-g(u^*)\|+\gamma_n\theta\,\|g(w_n)-g(u^*)\| \\ &= (1-\gamma_n)\|g(u_n)-g(u^*)\|+\gamma_n\theta\,\|g(w_n)-g(u^*)\| \\ &= [1-\gamma_n(1-\theta)]\|g(u_n)-g(u^*)\|.\end{aligned} \tag{4.1.8}$$

由引理 4.1.2 得 $\lim\limits_{n\to\infty}\|g(u_n)-g(u^*)\|=0$. 又因 g 是连续可逆映象, 故 $\lim\limits_{n\to\infty}\|u_n-u^*\|=0$, 即 $\lim\limits_{n\to\infty}u_n=u^*$.

定理 4.1.2 设 u^* 是变分不等式问题的解, A 为 (γ,r)-松弛强制映象且 μ-Lipschitzian 连续. 如果 σ_n, λ_n, α_n, β_n, $\gamma_n\in[0,1]$, 并满足下列条件:

① $0<\rho<\dfrac{2(r-\gamma\mu^2)}{\mu^2}$, $\gamma\mu^2<r$;

② $\alpha_n+\beta_n+\gamma_n=1$, $\sum\limits_{n=0}^{\infty}\gamma_n=\infty$.

则由式 (4.1.2) 得到的序列 $\{u_n\}$ 收敛到 u^*, 即 $\lim\limits_{n\to\infty}u_n=u^*$.

证 令 $g=I$, 结论由定理 4.1.1 类似可证.

4.2 非凸变分不等式的 Wiener-Hopf 方法

4.2.1 预备知识

近年来, 变分不等式问题已被许多作者深入研究, 出现了混合变分不等式、拟变分不等式和随机变分不等式等各种推广形式, 并获得了一系列很好的结果 [71,111,114-125]. 因此, 讨论各种变分不等式问题解的存在性和有效数值解法有着重要的理论意义和实用价值. 目前, 变分不等式问题的数值解法主要包括投影技巧、预解算子技巧和辅助原理方法, 其中投影方法具有重要作用. 然而, 求解变分不等式问题的各种投影算法, 大多数关于收敛性分析的结论都是建立在凸集上的, 这是因为投影算子在凸集上具有的一些性质可能在更为一般的非凸集上不再成立. 例如, 在 Hilbert 空间中投影算子在闭凸集上是非扩张的, 然而非扩张映象在凸集

上和在非凸集上的性质却大不相同. 如果非扩张映象在一个非空闭凸集上的不动点集是非空的, 则该不动点集一定是闭凸集, 就可在该不动点集上研究投影问题; 而非扩张映象在一个非凸集上的不动点集却不一定是凸的, 一般也就不能相应地考虑投影问题. 另一方面, 在一致凸 Banach 空间中的有界闭凸集上的非扩张映象存在不动点, 但是在非凸集合上, 该结论却不一定成立, 等等.

最近, 文献 [119-120] 基于非线性凸分析和非光滑分析的观点, 给出了一致近似正规集 (非凸集) 的定义. 在此基础上, Noor[121-122] 研究了一类非凸变分不等式问题: 设 A 为非线性算子, K_r 为 Hilbert 空间 H 中的非凸子集, 求 $u \in K_r$, 使得

$$\langle Au, v-u\rangle \geqslant 0, \quad \forall v \in K_r.$$

建立了求解非凸变分不等式问题的投影算法, 将投影技巧推广到了非凸集合上, 并在算子 T 具有强单调性的条件下证明了相应迭代序列的收敛性. 此处以 $VI(K_r, A)$ 表示非凸变分不等式的解集.

另一方面, Wiener-Hopf 方程与变分不等式问题存在紧密联系[114,122-123], 为了方便表示, 设 $Q_{K_r} = I - TP_{K_r}$, 其中, P_{K_r} 是投影算子, I 是单位算子, T 为非扩张映象. 对于给定的非线性算子 A, 求 $z \in H$ 满足

$$ATP_{K_r}z + \rho^{-1}Q_{K_r}z = 0,$$

即非线性 Wiener-Hopf 方程. 当 $r = \infty, T = I$ 时, 便转化为通常的 Wiener-Hopf 方程. 此处以 $WHE(A, T)$ 表示非线性 Wiener-Hopf 方程的解集.

本节将引入非扩张映象 T, 利用 Wiener-Hopf 方程技巧进一步研究非凸变分不等式和非线性 Wiener-Hopf 方程的等价性, 建立求解非凸变分不等式和非扩张映象不动点的逼近方法, 并在算子 A 具有 α-强制性和松弛 (γ, r)-余强制性的条件下分别证明了该方法所产生的迭代序列的强收敛性. 本节所得的结果改进并推广了文献 [114,121-122] 中相应的结论.

4.2.2 基本结论

设 H 是一个实 Hilbert 空间, 其内积和范数分别表示为 $\langle\cdot,\cdot\rangle$ 和 $\|\cdot\|$, K 是 H 中的一个非空凸集. 这里介绍一些基本概念和结论:

设 $A: H \to H$ 为一非线性映象, 称 A 为 μ-Lipschitz 连续: 如果存在常数 $\mu > 0$, 使得

$$\|Ax - Ay\| \leqslant \mu\|x-y\|, \quad \forall x, y \in H.$$

称映象 A 为 r-强单调: 如果存在常数 $r > 0$, 使得

$$\langle Ax - Ay, x - y\rangle \geqslant r\|x-y\|^2, \quad \forall x, y \in H.$$

称映象 A 为 α-强制: 如果存在常数 $\alpha > 0$, 使得

$$\langle Ax - Ay, x - y\rangle \geqslant \alpha\|Ax - Ay\|^2, \quad \forall x, y \in H.$$

称 A 为松弛 (γ, r)-余强制: 如果存在常数 $\gamma > 0, r > 0$, 使得

$$\langle Ax - Ay, x - y\rangle \geqslant -\gamma\|Ax - Ay\|^2 + r\|x-y\|^2, \quad \forall x, y \in H.$$

注 4.2.1 当 $\gamma = 0$ 时, 松弛 (γ, r)-余强制映象即 r-强单调映象, 但其逆命题并不成立. 因此, 松弛 (γ, r)-余强制映象是比 r-强单调映象条件更弱的一类映象.

设 u 为 Hilbert 空间 H 中的一点, 以 $d_K(u) = \inf_{v\in K}\|v-u\|$ 表示 H 到 K 的距离, 称

$$N_K^P(u) := \{\xi \in H : u \in P_K[u+\alpha\xi]\},\ \alpha > 0$$

为 K 在 u 的近似正规锥, 其中, $P_K[u] = \{u^* \in K : d_K(u) = \|u-u^*\|\}$. 称 $N_K^C(u) := \overline{co}[N_K^P(u)]$ 为 Clarke 正规锥, 其中, $\overline{co}$ 表示凸集的闭包. 显然, $N_K^P(u) \subset N_K^C(u)$, 且 $N_K^C(u)$ 是闭凸集, 但近似正规锥 $N_K^P(u)$ 是凸集, 却不一定是闭集 [120].

设 K_r 为 H 中的一个非空子集, 对给定的常数 $r \in (0,\infty]$, 如果 K_r 的每一个非零近似正规锥 $N_{K_r}^P(u)$ 都可表示为一个 r-球, 即对任意 $u \in K_r$ 和 $0 \neq \xi \in N_{K_r}^P(u)$ 满足

$$\langle \frac{\xi}{\|\xi\|}, v-u\rangle \leqslant \frac{1}{2r}\|v-u\|^2, \quad \forall v \in K_r.$$

则称 K_r 为一致近似正规集.

从文献 [119-120] 可知, 一致近似正规集包含凸集, p-凸集, H 中的 $C^{1,1}$ 子流形 (可能包含边界) 等类型的凸集和非凸集. 如果 $r = \infty$, 则一致近似正规集 K_r 与 K 等价, 即 $K_r = K$; 如果 K_r 是一致近似正规集, 则近似正规锥 $N_{K_r}^P(u)$ 是闭的集值映象, 所以 $N_{K_r}^P(u) = N_{K_r}^C(u)$.

引理 4.2.1[120-121] 设 K 为 H 的非空闭子集, 如果 $K_r = \{u \in H : d(u,K) < r\}$ 是一致近似正规集, 则:

① $\forall u \in K_r,\ P_{K_r}(u) \neq 0$;

② $\forall r' \in (0,r)$, P_{K_r} 是 δ-Lipschitz 连续算子, 其中, 常数 $\delta = \dfrac{r}{r-r'}$;

③ 近似正规锥 $N_{K_r}^P(u)$ 是闭的集值映象.

引理 4.2.2[121,123] $u \in K_r$ 为非凸变分不等式 (1) 的解的充分必要条件是 $u = P_{K_r}[u - \rho Au]$, 其中, $P_{K_r} = (I + N_{K_r}^P)^{-1}$ 为 H 在一致近似正规集 K_r 上的投影.

4.2.3 不动点算法及收敛性定理

算法 4.2.1 本节将利用 Wiener-Hopf 方程技巧进一步研究非扩张映象 T 和非凸变分不等式的迭代逼近问题. 对给定 $u_0 \in H$, 定义序列 $\{u_{n+1}\}$

$$\begin{cases} z_n = u_n - \rho A u_n, \\ u_{n+1} = (1-\alpha_n)u_n + \alpha_n T P_{K_r} z_n, \end{cases} \tag{4.2.1}$$

其中, $\alpha_n \in (0,1)$, 且 P_{K_r} 表示 H 在非凸集 K_r 上的投影.

算法 4.2.2 在式 (4.2.1) 的基础上, 利用变分不等式和不动点问题的等价关系进一步研究非扩张映象不动点和 Wiener-Hopf 方程的逼近方法. 对给定 $z_0 \in H$, 定义序列 z_{n+1}

$$\begin{cases} u_n = T P_{K_r} z_n, \\ z_{n+1} = (1-\alpha_n)z_n + \alpha_n(u_n - \rho A u_n), \end{cases} \tag{4.2.2}$$

其中,$\alpha_n \in (0,1)$, 且 P_{K_r} 表示 H 在非凸集 K_r 上的投影.

注 4.2.2 如果 $T = I$, 非线性 Wiener-Hopf 方程转化为文献 [122] 中讨论的 Wiener-Hopf 方程, 同时算法 (4.2.2) 也转化为文献 [122] 中研究的迭代逼近方法.

定理 4.2.1　设 $T: K_r \to K_r$ 为非扩张映象, 则 $u^* \in Fix(T)\bigcap VI(K_r, A)$ 的充分必要条件是 $z^* \in WHE(A, T)$, 并满足

$$u^* = TP_{K_r}z^*, \quad z^* = u^* - \rho Au^*.$$

证　设 $u^* \in Fix(T)\bigcap VI(K_r, A)$, 由引理 4.2.2 得

$$u^* = Tu^* = P_{K_r}[u^* - \rho Au^*] = TP_{K_r}[u^* - \rho Au^*]. \tag{4.2.3}$$

并且式 (4.2.3) 可另记为

$$u^* = TP_{K_r}z^*, \quad z^* = u^* - \rho Au^*.$$

所以

$$z^* = u^* - \rho Au^* = TP_{K_r}z^* - \rho ATP_{K_r}z^*, \tag{4.2.4}$$

满足式 (4.2.4) 的 z^* 恰好是非线性 Wiener-Hopf 方程的解.

定理 4.2.2　设 K_r 为 H 中的一致近似正规子集, P_{K_r} 是 δ-Lipschitz 连续算子, 其中, $\delta = \dfrac{r}{r - r'}$, $\forall r' \in (0, r)$. 设 $A: K_r \to K_r$ 为扩张的 α-强制映象且 $T: K_r \to K_r$ 为非扩张映象. 如果 $\alpha_n \in (0,1)$, $\sum\limits_{n=0}^{\infty} \alpha_n = \infty$, 常数 $\rho \in (0, 2\alpha)$ 并满足

$$|\rho - \alpha| < \frac{\sqrt{1 - \delta^2 + \alpha^2\delta^2}}{\delta}, \quad \alpha > \frac{\sqrt{\delta^2 - 1}}{\delta}, \tag{4.2.5}$$

则由式 (4.2.1) 得到的序列 $\{u_n\}$ 收敛到 $u^* \in Fix(T)\bigcap VI(K_r, A)$.

证　设 $u^* \in Fix(T)\bigcap VI(K_r, A)$, 由定理 4.2.1 得

$$z^* = u^* - \rho Au^*, \quad u^* = TP_{K_r}z^* = (1 - \alpha_n)u^* + \alpha_n TP_{K_r}z^*.$$

由式 (4.2.1) 和 T 的非扩张性得

$$\begin{aligned}
\|u_{n+1} - u^*\| &= \|(1 - \alpha_n)(u_n - u^*) + \alpha_n(TP_{k_r}z_n - u^*)\| \\
&\leqslant (1 - \alpha_n)\|u_n - u^*\| + \alpha_n\|TP_{k_r}z_n - TP_{k_r}z^*\| \\
&\leqslant (1 - \alpha_n)\|u_n - u^*\| + \alpha_n\delta\|z_n - z^*\| \\
&= (1 - \alpha_n)\|u_n - u^*\| + \alpha_n\delta\|u_n - u^* - \rho(Au_n - Au^*)\|.
\end{aligned} \tag{4.2.6}$$

由条件 (4.2.5) 以及 A 的扩张性和 α-强制性得

$$\begin{aligned}
\|u_n - u^* - \rho(Au_n - Au^*)\|^2 &= \|u_n - u^*\|^2 - 2\rho\langle Au_n - Au^*, u_n - u^*\rangle + \rho^2\|Au_n - Au^*\|^2 \\
&\leqslant \|u_n - u^*\|^2 - 2\rho\alpha\|Au_n - Au^*\|^2 + \rho^2\|Au_n - Au^*\|^2 \\
&= \|u_n - u^*\|^2 - \rho(2\alpha - \rho)\|Au_n - Au^*\|^2 \\
&\leqslant [1 - \rho(2\alpha - \rho)]\|u_n - u^*\|^2.
\end{aligned} \tag{4.2.7}$$

另一方面, 由 A 的 α-强制性得

$$\alpha\|Au_n - Au^*\|^2 \leqslant \langle Au_n - Au^*, u_n - u^*\rangle \leqslant \|Au_n - Au^*\|\|u_n - u^*\|.$$

且由于 A 是扩张映象, 所以

$$\|u_n-u^*\|\leqslant\|Au_n-Au^*\|\leqslant\frac{1}{\alpha}\|u_n-u^*\|.$$

即 A 为 $\frac{1}{\alpha}$-Lipschitz 连续映象, 且 $\alpha\in(0,1)$. 因此 $1-2\rho\alpha+\rho^2>0$, 并结合式 (4.2.6) 和式 (4.2.7) 得

$$\begin{aligned}\|u_{n+1}-u^*\|&\leqslant(1-\alpha_n)\|u_n-u^*\|+\alpha_n\delta\sqrt{1-2\rho\alpha+\rho^2}\,\|u_n-u^*\|\\&=(1-\alpha_n)\|u_n-u^*\|+\alpha_n\theta\|u_n-u^*\|,\end{aligned}\tag{4.2.8}$$

其中, $\theta=\delta\sqrt{1-2\rho\alpha+\rho^2}$. 由式 (4.2.5) 不难验证 $\theta\in(0,1)$, 进一步整理式 (4.2.8) 得

$$\begin{aligned}\|u_{n+1}-u^*\|&\leqslant[1-(1-\theta)\alpha_n]\|u_n-u^*\|\\&\leqslant\prod_{i=0}^{n}[1-(1-\theta)\alpha_i]\|u_0-u^*\|.\end{aligned}\tag{4.2.9}$$

因为 $\alpha_n\in(0,1)$, $\sum\limits_{n=0}^{\infty}\alpha_n=\infty$, 且 $\theta\in(0,1)$, 所以 $\prod\limits_{i=0}^{n}[1-(1-\theta)\alpha_i]=0$. 由式 (4.2.9) 得 $\lim\limits_{n\to\infty}\|u_n-u^*\|=0$, 即序列 $\{u_n\}$ 收敛到 $u^*\in Fix(T)\bigcap VI(K_r,A)$.

定理 4.2.3 设 K_r 为 H 中的一致近似正规子集, P_{K_r} 是 δ-Lipschitz 连续算子, 其中, $\delta=\dfrac{r}{r-r'}$, $\forall r'\in(0,r)$. 设 $A:K_r\to K_r$ 为松弛 (γ,r)-余强制映象且 μ-Lipschitz 连续, $T:K_r\to K_r$ 为非扩张映象. 如果 $\alpha_n\in(0,1)$, $\sum\limits_{n=0}^{\infty}\alpha_n=\infty$, 且常数 $\rho>0$ 满足

$$\left|\rho-\frac{r-\gamma\mu^2}{\mu^2}\right|<\frac{\sqrt{\delta^2(r-\gamma\mu^2)^2-\mu^2(\delta^2-1)}}{\delta\mu^2},\quad\frac{\sqrt{\delta^2-1}}{\delta}\mu<r-\gamma\mu^2,\tag{4.2.10}$$

则由式 (4.2.2) 得到的序列 $\{z_n\}$ 收敛到 $z^*\in Fix(T)\bigcap WHE(A,T)$.

证 设 $z^*\in Fix(T)\bigcap WHE(A,T)$, 由式 (4.2.2) 和定理 4.2.1 得

$$\begin{aligned}\|z_{n+1}-z^*\|&=\|(1-\alpha_n)(z_n-z^*)+\alpha_n(u_n-\rho Au_n-z^*)\|\\&\leqslant(1-\alpha_n)\|z_n-z^*\|+\alpha_n\|u_n-u^*-\rho(Tu_n-Au^*)\|.\end{aligned}\tag{4.2.11}$$

由于 A 为 (γ,r)-松弛强制映象且 μ-Lipschitz 连续, 因此

$$\begin{aligned}\|u_n-u^*-\rho(Au_n-Au^*)\|^2&=\|u_n-u^*\|^2-2\rho\langle Au_n-Au^*,u_n-u^*\rangle+\rho^2\|Au_n-Au^*\|^2\\&\leqslant\|u_n-u^*\|^2-2\rho(-\gamma\|Au_n-Au^*\|^2+r\|u_n-u^*\|^2)+\\&\quad\ \rho^2\|Au_n-Au^*\|^2\\&=(1-2\rho r)\|u_n-u^*\|^2+(2\rho\gamma+\rho^2)\|Au_n-Au^*\|^2\\&\leqslant(1-2\rho r+2\rho\gamma\mu^2+\rho^2\mu^2)\|u_n-u^*\|^2.\end{aligned}\tag{4.2.12}$$

由式 (4.2.11) 和式 (4.2.12) 以及 T 的非扩张性得

$$\begin{aligned}\|z_{n+1}-z^*\| &\leqslant (1-\alpha_n)\|z_n-z^*\|+\alpha_n\sqrt{1-2\rho r+2\rho\gamma\mu^2+\rho^2\mu^2}\,\|u-u^*\| \\ &= (1-\alpha_n)\|z_n-z^*\|+\alpha_n\sqrt{1-2\rho r+2\rho\gamma\mu^2+\rho^2\mu^2}\,\|TP_{K_r}z_n-TP_{K_r}z^*\| \\ &\leqslant (1-\alpha_n)\|z_n-z^*\|+\alpha_n\sqrt{1-2\rho r+2\rho\gamma\mu^2+\rho^2\mu^2}\,\delta\|z_n-z^*\| \\ &= (1-\alpha_n)\|z_n-z^*\|+\alpha_n\theta\|z_n-z^*\|. \end{aligned} \tag{4.2.13}$$

其中, $\theta=\delta\sqrt{1-2\rho r+2\rho\gamma\mu^2+\rho^2\mu^2}$. 由条件式 (4.2.10) 不难验证 $\theta\in(0,1)$, 进一步整理式 (4.2.13) 得

$$\begin{aligned}\|z_{n+1}-z^*\| &\leqslant [1-(1-\theta)\alpha_n]\|z_n-z^*\| \\ &\leqslant \prod_{i=0}^{n}[1-(1-\theta)\alpha_i]\|z_0-z^*\|. \end{aligned} \tag{4.2.14}$$

因为 $\alpha_n\in(0,1)$, $\sum\limits_{n=0}^{\infty}\alpha_n=\infty$, 且 $\theta\in(0,1)$, 所以 $\prod\limits_{i=0}^{n}[1-(1-\theta)\alpha_i]=0$. 由式 (4.2.14) 得 $\lim\limits_{n\to\infty}\|z_n-z^*\|=0$, 即序列 $\{z_n\}$ 收敛到 $z^*\in Fix(T)\bigcap WHE(A,T)$.

4.3 广义非凸变分不等式的不动点方法

4.3.1 预备知识

2009 年, Noor[121] 将投影技巧推广到了非凸集上, 建立了求解非凸变分不等式问题的投影算法, 并在算子 T 具有强单调性的条件下证明了相应迭代序列的收敛性. 在此基础上, 本节介绍广义非凸变分不等式问题 (I): 设 A,g 为非线性映象, K_r 为 Hilbert 空间 H 中的非凸子集, 求 $u\in K_r$, 使得

$$\langle\rho Au+u-g(u),g(v)-u\rangle\geqslant 0,\quad \forall v\in H:g(v)\in K_r,\ \rho>0.$$

在此基础上, 本节将进一步介绍一类新的广义非凸变分不等式问题 (II): 设 K_r 为 Hilbert 空间 H 中的非凸子集, A,g 为非线性映象, 常数 $\rho>0$, 求 $u\in K_r$, 使得

$$\langle\rho Au+u-g(u),g(v)-u\rangle+\frac{1}{2r}\|g(v)-u\|^2\geqslant 0,\quad \forall v\in H:g(v)\in K_r.$$

显然, 新的广义非凸变分不等式 (II) 是广义非凸变分不等式 (I) 的一种推广形式. 当 $g=I$ 时, 广义非凸变分不等式 (II) 将退化为一类新的非凸变分不等式 (III): 求 $u\in K_r$, 使得

$$\langle Au,v-u\rangle+\frac{1}{2r}\|v-u\|^2\geqslant 0,\quad \forall v\in K_r.$$

本节在 Hilbert 空间中, 将投影算法推广到广义非凸变分不等式 (I) 和 (II), 建立广义非凸变分不等式与不动点问题的等价关系. 通过迭代加速技巧进一步讨论逼近非凸变分不等式解的预测-校正投影算法, 并将对算子 A 的限制条件从强单调推广到松弛 (γ,r)-余强制和 g-γ-强单调, 证明了相应迭代序列收敛到广义非凸变分不等式问题的解, 所得的结果改进并推广了文献 [116-117,121-122,126-128] 中相应的结论.

4.3.2 基本结论

设 H 是一个实 Hilbert 空间, 其内积和范数分别表示为 $\langle\cdot,\cdot\rangle$ 和 $\|\cdot\|$, K 是 H 中的一个非空凸集. 本节涉及文献 [119-120] 中的一些基本概念和结论 (如 4.4.2 小节). 由文献 [121] 可知, 非凸变分不等式与下面的变分包含问题等价

$$0 \in Au + N_{K_r}^P(u),$$

其中, $N_{K_r}^P(u)$ 表示 K_r 在 u 的近似正规锥. 类似地, 可建立广义非凸变分不等式 (I) 等价的变分包含问题, 并进一步推导以下引理:

引理 4.3.1 $u^* \in K_r$ 为广义非凸变分不等式 (I) 的解的充分必要条件是 $u^* = P_{K_r}[g(u^*) - \rho Au^*]$, 其中, P_{K_r} 为 H 在一致近似正规集 K_r 上的投影.

证 设 $u^* \in K_r$ 为广义非凸变分不等式 (I) 的解, 则

$$0 \in \rho Au^* + u^* - g(u^*) + \rho N_{K_r}^P(u^*) = (I + \rho N_{K_r}^P)(u^*) - [g(u^*) - \rho Au^*],$$

当且仅当

$$u^* = (I + \rho N_{K_r}^P)^{-1}[g(u^*) - \rho Au^*] = P_{K_r}[g(u^*) - \rho Au^*],$$

其中, $P_{K_r} = (I + \rho N_{K_r}^P)^{-1}$(参见文献 [119,121]).

引理 4.3.2[119-120] 设 K 为 H 的非空闭子集, 则 $\zeta \in N_K^P(u)$ 的充分必要条件是存在一个常数 $\alpha = \alpha(\zeta, u) > 0$ 满足

$$\langle \zeta, v - u\rangle \leqslant \alpha\|v - u\|^2, \quad \forall v \in K.$$

引理 4.3.3 $u^* \in K_r$ 为广义非凸变分不等式 (II) 的解的充分必要条件是 $u^* = P_{K_r}[g(u^*) - \rho Au^*]$, 其中, P_{K_r} 为 H 在一致近似正规集 K_r 上的投影.

证 设 $u^* \in K_r$ 为广义非凸变分不等式 (II) 的解. 首先, 证明广义非凸变分不等式 (II) 等价于变分包含问题

$$0 \in \rho Au^* + u^* - g(u^*) + N_{K_r}^P(u^*),$$

其中, $N_{K_r}^P(u)$ 为 K_r 在 u 的近似正规锥. 如果 $\rho Au^* + u^* - g(u^*) = 0$, 因为零向量包含于任意正规锥, 所以变分包含问题成立. 另一方面, 如果 $\rho Au^* + u^* - g(u^*) \neq 0$, 由广义非凸变分不等式 (II) 定义得

$$\langle -(\rho Au^* + u^* - g(u^*)), g(v) - u^*\rangle \leqslant \frac{1}{2r}\|g(v) - u^*\|^2.$$

由引理 4.3.2 得

$$-(\rho Au^* + u^* - g(u^*)) \in N_{K_r}^P(u^*),$$

因此

$$0 \in \rho Au^* + u^* - g(u^*) + N_{K_r}^P(u^*).$$

反之, 如果 $u^* \in K_r$ 为变分包含问题的解, 类似可证 u^* 为广义非凸变分不等式 (II) 的解.

其次, 广义非凸变分不等式 (II) 可整理为

$$g(u^*) - \rho Au^* \in u^* + N_{K_r}^P(u^*) = (I + N_{K_r}^P)u^*,$$

即 $u^* = P_{K_r}[g(u^*) - \rho Au^*]$, 其中, I 单位算子, 且 $P_{K_r} = (I + \rho N_{K_r}^P)^{-1}$ (参见文献 [119,121]).

4.3.3 不动点算法及收敛性定理

算法 4.3.1 本节定义在 Noor[121] 将的基础上, 运用变分不等式与不动点问题的等价性 (引理 4.3.1), 定义一个求解广义非凸变分不等式 (I) 的三步投影算法: 对给定的 $u_0 \in K_r$ 和常数 $\rho > 0$, 定义序列 $\{u_n\}$

$$\begin{cases} v_n = (1-\gamma_n)u_n + \gamma_n P_{K_r}[g(u_n) - \rho A u_n], \\ w_n = (1-\beta_n)u_n + \beta_n P_{K_r}[g(v_n) - \rho A v_n], \\ u_{n+1} = (1-\alpha_n)u_n + \alpha_n P_{K_r}[g(w_n) - \rho A w_n], \end{cases} \tag{4.3.1}$$

其中, 实数序列 $\alpha_n, \beta_n, \gamma_n \in (0,1)$, 且 P_{K_r} 表示 H 在非凸集 K_r 上的投影.

算法 4.3.2 利用广义非凸变分不等式 (II) 与不动点问题的等价关系 (引理 4.3.3), 定义一个统一的求解变分不等式 (II) 的隐式投影算法: 对给定的 $u_0 \in K_r$ 和常数 $\rho > 0$, 定义序列 $\{u_n\}$

$$u_{n+1} = (1-\alpha_n)u_n + \alpha_n P_{K_r}[\eta(g(u_{n+1} - g(u_n))) + g(u_n) - \rho A u_{n+1}], \tag{4.3.2}$$

其中, $\alpha_n \in (0,1), \eta \in [0,1]$, 且 P_{K_r} 表示 H 在非凸集 K_r 上的投影.

注 4.3.1 若 $\alpha_n = 1, \eta = 0$, 式 (4.3.2) 便退化为文献 [128] 中讨论的隐式投影算法; 若 $\alpha_n = 1, \eta = 1$ 且 $g = I$, 式 (4.3.2) 便退化为文献 [126] 中研究的隐式投影算法. 同时, 对 $\eta \in (0,1)$ 的不同取值, 可得到另外一些新的隐式投影算法. 因此, 式 (4.3.2) 在一定程度上统一并推广了变分不等式问题的各种隐式投影算法.

隐式迭代算法具有计算不方便和运算复杂度高的缺点. 因此, 为了降低运算复杂度加快收敛速度, 利用预测 -校正技巧对隐式投影算法式 (4.3.2) 进行改进, 建立下面的预测-校正投影算法: 对给定的 $u_0 \in K_r$ 和常数 $\rho > 0$, 定义序列 $\{u_n\}$

$$\begin{cases} v_n = P_{K_r}[g(u_n) - \rho A u_n], \\ u_{n+1} = (1-\alpha_n)u_n + \alpha_n P_{K_r}[\eta(g(v_n) - g(u_n)) + g(u_n) - \rho A v_n], \end{cases} \tag{4.3.3}$$

其中, $\alpha_n \in (0,1), \eta \in [0,1]$, 且 P_{K_r} 表示 H 在非凸集 K_r 上的投影.

算法 4.3.3 如果 $g = I$, 式 (4.3.3) 转化为下面的预测 -校正投影算法: 对给定的 $u_0 \in K_r$ 和常数 $\rho > 0$, 定义序列 $\{u_n\}$

$$\begin{cases} v_n = P_{K_r}[u_n - \rho A u_n], \\ u_{n+1} = (1-\alpha_n)u_n + \alpha_n P_{K_r}[\eta(v_n - u_n) + u_n - \rho A v_n], \end{cases} \tag{4.3.4}$$

如果 $\alpha_n \in (0,1)$, $\sum\limits_{n=0}^{\infty} \alpha_n = \infty$, 且常数 $\eta \in [0,1], \rho \in (0, \dfrac{\eta}{2\gamma})$.

定理 4.3.1 设 K_r 为 H 中的一致近似正规子集, P_{K_r} 是 δ-Lipschitz 连续算子, 其中, $\delta = \dfrac{r}{r-r'}, \forall r' \in (0,r)$. 设 $A: K_r \to K_r$ 为松弛 (γ_1, r_1)-余强制映象且 μ_1-Lipschitz 连续, $g: H \to K_r$ 为松弛 (γ_2, r_2)-余强制映象且 μ_2-Lipschitz 连续. 如果 $\alpha_n, \beta_n, \gamma_n \in (0,1)$, 常数 $\rho > 0$ 并满足条件

$$\left|\rho - \frac{r_1 - \gamma_1\mu_1^2}{\mu_1^2}\right| < \frac{\sqrt{\delta^2(r_1 - \gamma_1\mu_1^2)^2 - \mu_1^2[\delta^2 - (1-k\delta)^2]}}{\delta\mu_1^2}, \quad \frac{\sqrt{\delta^2 - (1-k\delta)^2}}{\delta}\mu_1 < r_1 - \gamma_1\mu_1^2, \tag{4.3.5}$$

其中, $k=\sqrt{1-2r_2+2\gamma_2\mu_2^2+\mu_2^2}$, $k\delta<1$, 则广义非凸变分不等式 (I) 存在唯一解.

证 设 $u,v\in K_r$, 且 $u\neq v$, 由 $F(u)=P_{K_r}[g(u)-\rho Au]$ 以及 P_{K_r} 的 δ-Lipschitz 连续性得

$$\begin{aligned}\|F(u)-F(v)\|&=\|P_{K_r}[g(u)-\rho Au]-P_{K_r}[g(v)-\rho Av]\|\\&\leqslant\delta\|g(u)-g(v)-\rho(Au-Av)\|\\&\leqslant\delta[\|g(u)-g(v)-(u-v)\|+\|u-v-\rho(Au-Av)\|].\end{aligned}\tag{4.3.6}$$

由于 A 为 (γ_1,r_1)-松弛余强制映象, 则

$$\begin{aligned}\|u-v-\rho(Au-Av)\|^2&=\|u-v\|^2-2\rho\langle Au-Av,u-v\rangle+\rho^2\|Au-Av\|^2\\&\leqslant\|u-v\|^2-2\rho(-\gamma_1\|Au-Av\|^2+r_1\|u-v\|^2)+\rho^2\|Au-Av\|^2\\&=(1-2\rho r_1)\|u-v\|^2+(2\rho\gamma_1+\rho^2)\|Au-Av\|^2\\&\leqslant(1-2\rho r_1+2\rho\gamma_1\mu_1^2+\rho^2\mu_1^2)\|u-v\|^2.\end{aligned}\tag{4.3.7}$$

类似地, 有

$$\begin{aligned}\|g(u)-g(v)-(u-v)\|^2&=\|u-v\|^2-2\langle g(u)-g(v),u-v\rangle+\|g(u)-g(v)\|^2\\&\leqslant\|u-v\|^2-2(-\gamma_2\|g(u)-g(v)\|^2+r_2\|u-v\|^2)+\|g(u)-g(v)\|^2\\&=(1-2r_2)\|u-v\|^2+(1+2\gamma_2)\|g(u)-g(v)\|^2\\&\leqslant(1-2r_2+2\gamma_2\mu_2^2+\mu_2^2)\|u-v\|^2.\end{aligned}\tag{4.3.8}$$

由式 (4.3.8) 可得

$$\|g(u)-g(v)-(u-v)\|\leqslant\sqrt{1-2r_2+2\gamma_2\mu_2^2+\mu_2^2}\,\|u-v\|.\tag{4.3.9}$$

结合式 (4.3.6)、式 (4.3.7) 和式 (4.3.9) 得

$$\begin{aligned}\|F(u)-F(v)\|&\leqslant\delta\Big(k+\sqrt{1-2\rho r_1+2\rho\gamma_1\mu_1^2+\rho^2\mu_1^2}\Big)\|u-v\|\\&=\theta\|u-v\|,\end{aligned}\tag{4.3.10}$$

其中

$$\theta=\delta\Big(k+\sqrt{1-2\rho r_1+2\rho\gamma_1\mu_1^2+\rho^2\mu_1^2}\Big),\ k=\sqrt{1-2r_2+2\gamma_2\mu_2^2+\mu_2^2}.\tag{4.3.11}$$

由式 (4.3.5) 得 $\theta\in(0,1)$, 则由 Banach 压缩映象原理可知 $F(u)$ 存在唯一不动点, 即广义非凸变分不等式 (I) 的唯一解.

定理 4.3.2 设 K_r 为 H 中的一致近似正规子集, P_{K_r} 是 δ-Lipschitz 连续算子, 其中, $\delta=\dfrac{r}{r-r'}$, $\forall r'\in(0,r)$. 设 $A:K_r\to K_r$ 为松弛 (γ_1,r_1)-余强制映象且 μ_1-Lipschitz 连续, $g:H\to K_r$ 为松弛 (γ_2,r_2)-余强制映象且 μ_2-Lipschitz 连续. 如果常数 $\rho>0$ 并满足条件式 (4.3.5), 且 $\alpha_n,\beta_n,\gamma_n\in(0,1)$, $\sum\limits_{n=0}^{\infty}\alpha_n=\infty$, 则由式式 (4.3.1) 得到的序列 $\{u_n\}$ 收敛到广义非凸变分不等式的解 $u^*\in K_r$.

证 设 $u^* \in K_r$ 为广义非凸变分不等式 (I) 的解, 由式 (4.3.1)、式 (4.3.10) 和引理 4.3.1 得

$$\begin{aligned}\|u_{n+1}-u^*\| &= \|(1-\alpha_n)(u_n-u^*)+\alpha_n\{P_{K_r}[g(w_n)-\rho Aw_n]-P_{K_r}[g(u^*)-\rho Au^*]\}\| \\ &\leqslant (1-\alpha_n)\|u_n-u^*\|+\alpha_n\|P_{K_r}[g(w_n)-\rho Aw_n]-P_{K_r}[g(u^*)-\rho Au^*]\| \\ &\leqslant (1-\alpha_n)\|u_n-u^*\|+\alpha_n\delta\|g(w_n)-g(u^*)-\rho(Aw_n-Au^*)\| \\ &\leqslant (1-\alpha_n)\|u_n-u^*\|+\alpha_n\delta\Big(k+\sqrt{1-2\rho r_1+2\rho\gamma_1\mu_1^2+\rho^2\mu_1^2}\Big)\|w_n-u^*\| \\ &= (1-\alpha_n)\|u_n-u^*\|+\alpha_n\theta\|w_n-u^*\|,\end{aligned} \tag{4.3.12}$$

由式 (4.3.11) 可知 $\theta \in (0,1)$. 同理可得

$$\|w_n-u^*\| \leqslant (1-\beta_n)\|u_n-u^*\|+\beta_n\theta\|v_n-u^*\|, \tag{4.3.13}$$

$$\|v_n-u^*\| \leqslant (1-\gamma_n)\|u_n-u^*\|+\gamma_n\theta\|u_n-u^*\|. \tag{4.3.14}$$

由式 (4.3.13) 和式 (4.3.14), 以及 $\beta_n, \gamma_n \in (0,1)$ 得

$$\begin{aligned}\|w_n-u^*\| &\leqslant (1-\beta_n)\|u_n-u^*\|+\beta_n\theta[1-(1-\theta)\gamma_n]\|u_n-u^*\| \\ &\leqslant (1-\beta_n)\|u_n-u^*\|+\beta_n\theta\|u_n-u^*\| \\ &\leqslant [1-(1-\theta)\beta_n]\|u_n-u^*\| \\ &\leqslant \|u_n-u^*\|.\end{aligned} \tag{4.3.15}$$

将式 (4.3.15) 代入式 (4.3.12) 得

$$\begin{aligned}\|u_{n+1}-u^*\| &\leqslant (1-\alpha_n)\|u_n-uu^*\|+\alpha_n\theta\|w_n-u^*\| \\ &\leqslant [1-(1-\theta)\alpha_n]\|u_n-u^*\| \\ &\leqslant \prod_{i=0}^{n}[1-(1-\theta)\alpha_i]\|u_0-u^*\|.\end{aligned} \tag{4.3.16}$$

因为 $\alpha_n \in (0,1)$, $\sum\limits_{n=0}^{\infty}\alpha_n=\infty$, 且 $1-\theta>0$, 所以 $\prod\limits_{i=0}^{n}[1-(1-\theta)\alpha_i]=0$. 由式 (4.3.16) 得 $\lim\limits_{n\to\infty}\|u_n-u^*\|=0$, 即序列 $\{u_n\}$ 收敛到广义非凸变分不等式 (I) 的解 u^*.

注 4.3.2 定理 4.3.1 和定理 4.3.2 改进并推广了文献 [116,121] 中相应的结论.

注 4.3.3 式 (4.3.5) 是文中收敛性分析的关键条件, 如果取 $k=\dfrac{1}{4}, \delta=2, \mu_1=2, r_1=4, \gamma_1=0.51$, 可得 $\rho \in \left(0.49-\dfrac{\sqrt{229}}{200}, 0.49+\dfrac{\sqrt{229}}{200}\right)$, 说明的确存在这样的系数使得不等式 (4.3.5) 成立.

定理 4.3.3 设 K_r 为 H 中的一致近似正规子集, P_{K_r} 是 δ-Lipschitz 连续算子, 其中, $\delta=\dfrac{r}{r-r'}, \forall r' \in (0,r)$. 设 $g: H \to K_r$ 为 λ-Lipschitz 连续映象, $A: K_r \to K_r$ 为 g-γ-强单调映象且 μ-Lipschitz 连续. 如果 $\alpha_n \in (0,1)$, $\sum\limits_{n=0}^{\infty}\alpha_n=\infty$, 且常数 $\eta \in [0,1], \rho \in (0,\dfrac{\eta}{2\gamma})$ 并满足

$$\left|\rho-\frac{\gamma\lambda^2}{\mu^2}\right| < \frac{\sqrt{[1-(1-\eta)\lambda\delta]\mu^2-\lambda^2\delta^2(\mu^2-\gamma^2\lambda^2)}}{\delta\mu^2}, \quad \mu > \max\left\{\gamma\lambda, \frac{\lambda\delta\sqrt{\mu^2-\gamma^2\lambda^2}}{1-(1-\eta)\lambda\delta}\right\}, \tag{4.3.17}$$

则由式 (4.3.3) 得到的序列 $\{u_n\}$ 收敛到广义非凸变分不等式 (II) 的解 $u^* \in K_r$.

证 设 $u^* \in K_r$ 为广义非凸变分不等式 (II) 的解, 即 $u^* = P_{K_r}[g(u^*) - \rho Au^*]$. 由式 (4.3.3) 和引理 4.3.3 得

$$\begin{aligned}\|u_{n+1} - u^*\| &= \|(1-\alpha_n)(u_n - u^*) + \alpha_n\{P_{K_r}[\eta(g(v_n) - g(u_n)) + g(u_n) - \rho Av_n] - u^*\}\| \\ &\leqslant (1-\alpha_n)\|u_n - u^*\| + \alpha_n\|P_{K_r}[\eta(g(v_n) - g(u_n)) + g(u_n) - \rho Av_n] - P_{K_r}[g(u^*) - \\ &\quad \rho Au^*]\| \\ &\leqslant (1-\alpha_n)\|u_n - u^*\| + \alpha_n\delta\|\eta(g(v_n) - g(u_n)) + g(u_n) - \rho Av_n - (g(u^*) - \rho Au^*)\| \\ &\leqslant (1-\alpha_n)\|u_n - u^*\| + \alpha_n(1-\eta)\delta\|g(u_n) - g(u^*)\| + \alpha_n\delta\|\eta(g(v_n) - g(u^*)) - \\ &\quad \rho(Av_n - Au^*)\|. \end{aligned} \tag{4.3.18}$$

由于 A 为 g-γ-强单调且 μ-Lipschitz 连续, 以及 g 为 λ-Lipschitz 连续, 则

$$\begin{aligned} &\|\eta(g(v_n) - g(u^*)) - \rho(Av_n - Au^*)\|^2 \\ &= \eta^2\|g(v_n) - g(u^*)\|^2 - 2\rho\eta\langle Av_n - Au^*, g(v_n) - g(u^*)\rangle + \rho^2\|Av_n - Au^*\|^2 \\ &\leqslant \eta^2\|g(v_n) - g(u^*)\|^2 - 2\rho\eta\gamma\|g(v_n) - g(u^*)\|^2 + \rho^2\|Av_n - Au^*\|^2 \\ &\leqslant (\eta^2 - 2\rho\eta\gamma)\|g(v_n) - g(u^*)\|^2 + \rho^2\mu^2\|v_n - u^*\|^2 \\ &\leqslant [(\eta^2 - 2\rho\eta\gamma)\lambda^2 + \rho^2\mu^2]\|v_n - u^*\|^2. \end{aligned}$$

因为 $\rho \in (0, \dfrac{\eta}{2\gamma})$, 所以

$$\|\eta(g(v_n) - g(u^*)) - \rho(Av_n - Au^*)\| \leqslant \sqrt{(\eta^2 - 2\rho\eta\gamma)\lambda^2 + \rho^2\mu^2}\|v_n - u^*\|. \tag{4.3.19}$$

将式 (4.3.19) 代入式 (4.3.18) 得

$$\|u_{n+1} - u^*\| \leqslant (1-\alpha_n)\|u_n - u^*\| + \alpha_n(1-\eta)\delta\|g(u_n) - g(u^*)\| + \alpha_n\delta\tau_0\|v_n - u^*\|, \tag{4.3.20}$$

其中, $\tau_0 = \sqrt{(\eta^2 - 2\rho\eta\gamma)\lambda^2 + \rho^2\mu^2}$, 由式 (4.3.19) 类似可得 $(\eta = 1)$

$$\begin{aligned}\|v_n - u^*\| &= \|P_{K_r}[g(u_n) - \rho Tu_n] - P_{K_r}[g(u^*) - \rho Tu^*]\| \\ &\leqslant \delta\|g(u_n) - g(u^*) - \rho(Tu_n - Tu^*)\| \\ &\leqslant \delta\tau\|u_n - u^*\|, \end{aligned} \tag{4.3.21}$$

其中, $\tau = \sqrt{(1 - 2\rho\gamma)\lambda^2 + \rho^2\mu^2}$, 并且由 $\tau_0 = \tau(\eta)$ 的单调性不难验证 $\tau_0 \leqslant \tau$. 因此, 结合式 (4.3.20) 和式 (4.3.21) 得

$$\begin{aligned}\|u_{n+1} - u^*\| &\leqslant (1-\alpha_n)\|u_n - u^*\| + \alpha_n(1-\eta)\delta\lambda\|u_n - u^*\| + \alpha_n\delta^2\tau^2\|u_n - u^*\| \\ &\leqslant \{1 - [1 - (1-\eta)\delta\lambda) - \delta^2\tau^2]\alpha_n\}\|u_n - u^*\| \\ &\leqslant \prod_{i=0}^{n}[1 - (1-\theta)\alpha_i]\|u_0 - u^*\|, \end{aligned} \tag{4.3.22}$$

其中, $\theta = (1-\eta)\delta\lambda + \delta^2[(1 - 2\rho\gamma)\lambda^2 + \rho^2\mu^2]$, 由式 (4.3.17) 可知 $\theta \in (0,1)$. 又由条件 $\alpha_n \in (0,1)$, $\sum\limits_{n=0}^{\infty}\alpha_n = \infty$ 可得 $\prod\limits_{i=0}^{n}[1-(1-\theta)\alpha_i] = 0$. 因此, 由式 (4.3.22) 得 $\lim\limits_{n\to\infty}\|u_n - u^*\| = 0$, 即序列 $\{u_n\}$ 收敛到广义非凸变分不等式 (II) 的解 $u^* \in K_r$.

定理 4.3.4　设 K_r 为 H 中的一致近似正规子集, P_{K_r} 是 δ-Lipschitz 连续算子, 其中, $\delta=\dfrac{r}{r-r'}, \forall r'\in(0,r)$. 设 $A:K_r\to K_r$ 为 γ- 强单调映象且 μ-Lipschitz 连续. 对给定的 $u_0\in K_r$ 和常数 $\rho>0$, 如果 $\alpha_n\in(0,1)$, $\sum\limits_{n=0}^{\infty}\alpha_n=\infty$, 且常数 $\eta\in[0,1], \rho\in(0,\dfrac{\eta}{2\gamma})$ 并满足

$$\left|\rho-\frac{\gamma}{\mu^2}\right|<\frac{\sqrt{[1-(1-\eta)\delta]\mu^2-\delta^2(\mu^2-\gamma^2)}}{\delta\mu^2},\quad \mu>\max\left\{\gamma,\frac{\delta\sqrt{\mu^2-\gamma^2}}{1-(1-\eta)\delta}\right\},\tag{4.3.23}$$

则由 (4.3.4) 得到的序列 $\{u_n\}$ 收敛到非凸变分不等式 (III) 的解 $u^*\in K_r$.

证　取 $g=I$, 预测-校正算法 (4.3.3) 转化为 (4.3.4), 并且 $\lambda=1$, 条件式 (4.3.17) 退化为式 (4.3.23), 结论由定理 4.3.3 类似可证.

注 4.3.4　令 $\eta=0,1$, 分别可得预测-校正投影算法 (4.3.3) 和算法 (4.3.4) 的特例, 同时定理 4.3.3 和定理 4.3.4 的收敛条件式 (4.3.17) 和式 (4.3.23) 也将得到简化. 另外, 投影算法 (4.3.2) 和算法 (4.3.3) 统一并推广了变分不等式问题的各种隐式和显式投影算法.

注 4.3.5　对任意 $\eta\in(0,1)$, 利用本文提供的方法不难验证隐式投影算法 (4.3.2) 和预测-校正投影算法 (4.3.3) 具有相同的收敛条件, 恰好说明利用预测-校正技巧对隐式投影算法进行显化的可行性和有效性.

4.4　混合拟变分不等式的不动点方法

4.4.1　预备知识

设 K 为 R^n 中的一个非空闭凸子集, 以 $\|.\|_2$ 表示 R^n 中的 2-范数, 以 ∇ 表示梯度. 设 $A:K\to R^n$ 为一个连续映象, 且 $f(.,.):K\times K\to R\cup\{+\infty\}$ 是一个二元连续映象. 考虑混合拟变分不等式: 求 $x^*\in K$, 使得

$$\langle A(x^*),x-x^*\rangle+f(x,x^*)-f(x^*,x^*)\geqslant 0,\quad \forall x\in K.$$

以 $MVI(A,f)$ 表示混合拟变分不等式问题的解集.

注 4.4.1　当 $f(x,y)=f(x)$ 时, 混合拟变分不等式就退化为通常研究的混合变分不等式问题; 当 $f(x,y)\equiv r$ 为常函数时, 混合拟变分不等式就退化为经典的变分不等式问题.

混合拟变分不等式作为变分不等式的一种重要推广形式, 由于包含一个非线性二元函数使得求解变分不等式问题的各类投影算法无法继续应用, 因此, 运用各种辅助原理技巧便成为求解混合拟变分不等式问题的主要方法 [129-135], 并且要求映象具有强制性是以上各类算法中最弱的限制条件. 2005 年, Yang[136-137] 引入了弱强制的定义, 并研究了弱强制性在求解变分不等式问题中的应用. 在此基础上, 文献 [138] 继续讨论了弱强制在求解变分不等式问题的各种迭代算法中的具体应用.

本节将在算子具有弱强制性的条件下进一步讨论混合拟变分不等式的求解问题, 并利用辅助原理技巧提出一个新的三步预测-校正算法, 在一定条件下证明了该迭代算法的收敛性. 本节的结果改进并推广了文献 [136-138] 中相应的结论.

4.4.2 基本结论

设 K 为 R^n 中的一个非空闭凸子集, 以 $\|.\|_2$ 表示 R^n 中的 2-范数, 以 ∇ 表示梯度. 证明本节的主要结果, 需要以下基本概念和结论:

称二元映象 $f(.,.):K\times K\to R\cup\{+\infty\}$ 是斜对称的，如果满足

$$f(u,u)-f(u,v)-f(v,u)+f(v,v)\geqslant 0,\quad \forall u,v\in K.$$

称映象 A 在 K 上 $\gamma(x,y)$-弱强制, 如果存在 $\gamma(x,y):K\times K\to R^n$ 且 $\gamma(x,y)>0$, 使得

$$\langle A(x)-A(y),x-y\rangle\geqslant\gamma(x,y)\|A(x)-A(y)\|_2^2,\quad \forall x,y\in K.$$

当 $\gamma(x,y)=\alpha$ 时, 弱强制映象就退化为强制映象, 即弱强制映象是比强制映象条件更弱的一类映象.

设 h 是定义在 K 上的一个连续可微映象, 则有以下结论成立 (参见文献 [131,138]):
如果 $\tau\geqslant 0$ 且 h 是 K 上的 τ-严格凸映象, 则

$$h(x_2)-h(x_1)\geqslant\langle\nabla h(x_1),x_2-x_1\rangle+\frac{1}{2}\tau\|x_2-x_1\|_2^2,\quad \forall x_1,x_2\in K.$$

如果 $\delta>0$ 且 ∇h 在 K 上 δ-Lipschitz 连续, 则

$$h(x_2)-h(x_1)\leqslant\langle\nabla h(x_1),x_2-x_1\rangle+\frac{1}{2}\delta\|x_2-x_1\|_2^2,\quad \forall x_1,x_2\in K.$$

4.4.3 不动点算法及收敛性定理

对于给定的 $v_k\in K$, 如果常数 $\mu_k>0$, 考虑辅助混合拟变分不等式问题: 求 $u_k\in K$ 使得

$$\langle\mu_kA(v_k)+\nabla h(u_k)-\nabla h(v_k),x-u_k\rangle+\mu_k(f(x,u_k)-f(u_k,u_k))\geqslant 0,\quad \forall x\in K.$$

其中, h 是定义在 K 上的一个连续可微映象. 显然, 当 $u_k=v_k$ 时, u_k 就是合拟变分不等式的解. 由此定义一个求解混合拟变分不等式问题的三步预测-校正算法:

算法 4.4.1 设 $\{\varepsilon_k\},\{\rho_k\}$ 和 $\{\eta_k\}$ 为非负序列, 对任意给定的 $x_0\in K$, 定义序列 $\{x_{k+1}\}$

$$\begin{cases}\langle\varepsilon_kA(y_k)+\nabla h(x_{k+1})-\nabla h(y_k),x-x_{k+1}\rangle+\varepsilon_k(f(x,x_{k+1})-f(x_{k+1},x_{k+1}))\geqslant 0,\\ \langle\rho_kA(z_k)+\nabla h(y_k)-\nabla h(z_k),x-y_k\rangle+\rho_k(f(x,y_k)-f(y_k,y_k))\geqslant 0,\\ \langle\eta_kA(x_k)+\nabla h(z_k)-\nabla h(x_k),x-z_k\rangle+\eta_k(f(x,z_k)-f(z_k,z_k))\geqslant 0.\end{cases}\tag{4.4.1}$$

定理 4.4.1 设 $A:K\to R^n$ 为 $\gamma(x,y)$-弱强制映象, 且 $f(.,.):K\times K\to R\cup\{+\infty\}$ 为斜对称映象. 设 h 为 K 上的 τ-严格凸映象, 并且 ∇h 是 δ-Lipschitzian 连续的. 如果 $x^*\in MVI(A,f)$ 且 u_k,v_k 是由辅助问题得到的近似解, 则

$$\Lambda^*(v_k)-\Lambda^*(u_k)\geqslant(\frac{\tau}{2}-\frac{\mu_k}{4\gamma_k})\|v_k-u_k\|_2^2.$$

其中, $\Lambda^*(x)=h(x^*)-h(x)-\langle\nabla h(x),x^*-x\rangle$, 且 $\gamma_k=\min\limits_{x\in K}\gamma(x_k,x)$.

证 在辅助问题中取 $x=x^*$, 并结合 h 在 K 上的 τ-严格凸性得

$$\begin{aligned}\Lambda^*(v_k)-\Lambda^*(u_k)&=h(u_k)-h(v_k)-\langle\nabla h(v_k),x^*-v_k\rangle+\langle\nabla h(u_k),x^*-u_k\rangle\\&=h(u_k)-h(v_k)-\langle\nabla h(v_k),u_k-v_k\rangle+\langle\nabla h(u_k)-\nabla h(v_k),x^*-u_k\rangle\\&\geqslant\frac{\tau}{2}\|v_k-u_k\|_2^2+\mu_k\langle A(v_k),u_k-x^*\rangle+\mu_k(f(u_k,u_k)-f(x^*,u_k)).\end{aligned}\tag{4.4.2}$$

由于 $f(.,.)$ 是斜对称性映象, 并在混合拟变分不等式中取 $x=u_k$ 可得

$$f(u_k,u_k)-f(x^*,u_k)\geqslant f(u_k,x^*)-f(x^*,x^*)\geqslant\langle -A(x^*),u_k-x^*\rangle.\tag{4.4.3}$$

由式 (4.4.2)、式 (4.4.3) 和 A 的弱强制性得

$$\begin{aligned}\Lambda^*(v_k)-\Lambda^*(u_k)&\geqslant\frac{\tau}{2}\|v_k-u_k\|_2^2+\mu_k\langle A(v_k)-A(x^*),u_k-x^*\rangle\\&=\frac{\tau}{2}\|v_k-u_k\|_2^2+\mu_k(\langle A(v_k)-A(x^*),v_k-x^*\rangle+\langle A(v_k)-A(x^*),u_k-v_k\rangle)\\&\geqslant\frac{\tau}{2}\|v_k-u_k\|_2^2+\mu_k(\gamma_k\|A(v_k)-A(x^*)\|_2^2-\|A(v_k)-A(x^*)\|_2\|u_k-v_k\|_2)\\&\geqslant\left(\frac{\tau}{2}-\frac{\mu_k}{4\gamma_k}\right)\|v_k-u_k\|_2^2.\end{aligned}$$

定理 4.4.2 设 $A:K\to R^n$ 为 $\gamma(x,y)$-弱强制映象, 且 $f(.,.):K\times K\to R\cup\{+\infty\}$ 为斜对称映象. 设 h 为 K 上的 τ-严格凸映象, 并且 ∇h 是 δ-Lipschitzian 连续. 如果 $\gamma_k=\min\limits_{x\in K}\gamma(x_k,x)$, 且 $\varepsilon_k,\rho_k,\eta_k\in(0,2\tau\gamma_k)$, 则由式 (4.4.1) 得到的 $\{x_k\}$ 有界且收敛到 $\overline{x}\in MVI(A,f)$.

证 由于 h 是 K 上的 τ-严格凸映象, 则式 (4.4.1) 中存在唯一的 x_{k+1}. 由定理 4.4.1 和式 (4.4.1) 得

$$\begin{cases}\Lambda^*(y_k)-\Lambda^*(x_{k+1})\geqslant\left(\dfrac{\tau}{2}-\dfrac{\varepsilon_k}{4\gamma_k}\right)\|x_{k+1}-y_k\|_2^2,\\\Lambda^*(z_k)-\Lambda^*(y_k)\geqslant\left(\dfrac{\tau}{2}-\dfrac{\rho_k}{4\gamma_k}\right)\|y_k-z_k\|_2^2,\\\Lambda^*(x_k)-\Lambda^*(z_k)\geqslant\left(\dfrac{\tau}{2}-\dfrac{\eta_k}{4\gamma_k}\right)\|z_k-x_k\|_2^2.\end{cases}\tag{4.4.4}$$

记 $\sigma_k=\max\{\varepsilon_k,\rho_k,\eta_k\}$, 由 $\varepsilon_k,\rho_k,\eta_k\in(0,2\tau\gamma_k)$ 可知 $\sigma_k\in(0,2\tau\gamma_k)$, 对式 (4.4.4) 求和得

$$\Lambda^*(x_k)-\Lambda^*(x_{k+1})\geqslant\left(\frac{\tau}{2}-\frac{\sigma_k}{4\gamma_k}\right)(\|x_{k+1}-y_k\|_2^2+\|y_k-z_k\|_2^2+\|z_k-x_k\|_2^2)\geqslant 0,\tag{4.4.5}$$

即 $\{\Lambda^*(x_k)\}$ 是单调递减序列. 又由于 ∇h 是 τ- 严格凸的, 则

$$\Lambda^*(x)=h(x^*)-h(x)-\langle\nabla h,x^*-x\rangle\geqslant\frac{\tau}{2}\|x-x^*\|_2^2.\tag{4.4.6}$$

如果 $x_{k+1}=y_k=z_k=x_k$, 则 $x_k\in MVI(A,f)$; 否则, 由式 (4.4.5) 和式 (4.4.6) 得序列 $\{\Lambda^*(x_k)\}$ 收敛, 并且

$$\lim_{k\to\infty}\|x_{k+1}-y_k\|_2=\lim_{k\to\infty}\|y_k-z_k\|_2=\lim_{k\to\infty}\|z_k-x_k\|_2=0.\tag{4.4.7}$$

另一方面, 由于

$$\|x_{k+1}-x_k\|_2 \leqslant \|x_{k+1}-y_k\|_2+\|y_k-z_k\|_2+\|z_k-x_k\|_2, \tag{4.4.8}$$

由式 (4.4.7) 和式 (4.4.8) 可得

$$\lim_{k\to\infty}\|x_{k+1}-x_k\|_2=0.$$

又因为 ∇h 是 τ- 严格凸的, 即 $\|x_k-x^*\|_2^2 \leqslant \frac{2}{\tau}\Lambda^*(x_k)$, 所以 $\{x_k\}$ 有界.

设 $\overline{x}$ 为 $\{x_k\}$ 的聚点, 并在 (4.4.1) 中取极限容易验证 $\overline{x}\in MVI(A,f)$. 如果用 $\overline{x}$ 代替 x^*, 记 $\overline{\Lambda}(x)=h(\overline{x})-h(x)-\langle\nabla h(x),\overline{x}-x\rangle$, 可类似证明 $\{\overline{\Lambda}(x_k)\}$ 收敛. 由 ∇h 的 δ- Lipschitzian 连续性得

$$\overline{\Lambda}(x_k) \leqslant \frac{1}{2}\delta\|\overline{x}-x_k\|_2^2, \tag{4.4.9}$$

即序列 $\{\overline{\Lambda}(x_k)\}\to 0$. 又因为 h 是 τ- 严格凸映象, 所以

$$\frac{1}{2}\tau\|x_k-\overline{x}\|_2^2 \leqslant \overline{\Lambda}(x_k). \tag{4.4.10}$$

由式 (4.4.10) 可知 $\lim\limits_{k\to\infty}\|x_k-\overline{x}\|_2=0$, 即 $\{x_k\}\to\overline{x}$.

第 5 章　不动点方法在平衡问题中的应用

本章在 Hilbert 空间中, 介绍一个逼近平衡问题数值解的广义迭代方法, 引入 Meir-Keeler 压缩映象定义一个关于广义平衡问题和渐近严格伪压缩映象的黏滞-投影方法, 建立关于平衡问题、广义平衡问题和渐近严格伪压缩映象不动点的强收敛定理, 并在收敛性分析中去掉了部分迭代控制条件和映象的渐近正则性等. 最后, 定义一个新的逼近伪单调平衡问题和广义渐近 λ-严格伪压缩映象不动点的黏滞 -次梯度方法, 建立关于伪单调平衡问题和一簇广义渐近 λ-严格伪压缩映象公共不动点的强收敛定理, 并在收敛性分析中去掉了映象的一致 Lipschitz 连续性条件.

5.1　平衡问题的不动点方法

5.1.1　预备知识

设 H 为一实 Hilbert 空间, 其内积和范数分别表示为 $\langle\cdot,\cdot\rangle$ 和 $\|\cdot\|$, K 为 H 的一个非空闭凸子集. 设 $F: K\times K\to R$ 为一双变元函数, $\mathbb{R}$ 为实数集. 考虑下面的平衡问题: 求一点 $x\in K$, 使得

$$F(x,y)\geqslant 0,\quad \forall y\in K.$$

以 $EP(K,F)$ 表示平衡问题的解集. 如果 $F(x,y)=\langle Ax,y-x\rangle,\forall x,y\in K$, 则 $x^*\in EP(K,F)$ 的充分必要条件是 $\langle Ax^*,y-x^*\rangle\geqslant 0$, $\forall y\in K$, 即 x^* 是变分不等式问题 $\langle Ax,y-x\rangle\geqslant 0$, $\forall y\in K$ 的一个解. 1994 年, Blum 和 Oettli 基于变分不等式和最优化引入了平衡问题的定义, 研究内容和方法广泛涉及不动点理论、Walras 经济均衡、Nash 均衡和极大极小问题中平衡点的存在性及数值方法等 [100,139-140].

称 $f: K\to K$ 为压缩映象, 如果存在常数 $\rho\in(0,1)$, 使得

$$\|f(x)-f(y)\|\leqslant\rho\|x-y\|,\quad \forall x,y\in K.$$

称 $T: K\to K$ 为非扩张映象, 如果

$$\|Tx-Ty\|\leqslant\|x-y\|,\quad \forall x,y\in K.$$

本文以 $Fix(T)$ 表示 T 的不动点集合, 即

$$Fix(T)=\{x\in K, Tx=x\}.$$

近年来, 利用非扩张映象的不动点方法解决变分不等式和平衡问题引起了数学研究者的极大兴趣, 并获得了一系列很好的研究成果 [75,100,127,141-148]. 2006 年, Marino, Xu[77] 介绍了一个逼近非扩张映象不动点的广义迭代方法

$$x_{n+1} = \alpha_n \gamma f(x_n) + (I - \alpha_n A)Tx_n,$$

其中, I 为单位算子,A 为强正有界线性算子. 它们在一定条件下证明了迭代序列强收敛到非扩张映象的不动点, 并且该不动点为变分不等式问题

$$\langle (A - \gamma f)x, x - z \rangle \leqslant 0, \quad \forall z \in Fix(T)$$

的唯一解, 这恰好是非扩张映象的不动点集上二次泛函 $\min_{x \in F(T)} \dfrac{1}{2}\langle Ax, x \rangle - \langle x, b \rangle$ 的最优化条件.

2012 年, Zegeye, Shahzad[79] 为了研究伪压缩映象和单调映象的公共不动点定理, 引入了 T_{r_n} 和 F_{r_n} 映象的定义, 建立了迭代逼近方法

$$x_{n+1} = \alpha_n \gamma f(x_n) + \alpha_n T_{r_n} F_{r_n} x_n,$$

并在一定条件下证明了逼近伪压缩映象和单调映象公共不动点的强收敛定理.

本节将在 Hilbert 空间中利用不动点方法建立逼近平衡问题解的强收敛定理, 所得的结果改进并推广了文献 [77,79] 中相应的结论.

5.1.2 基本结论

设 H 为一实 Hilbert 空间, 其内积和范数分别表示为 $\langle \cdot, \cdot \rangle$ 和 $\| \cdot \|$, K 为 H 的一个非空闭凸子集, 以“ $\rightarrow$ ”和“ $\rightharpoonup$ ”分别表示 K 中序列的强弱收敛. 称算子 A 为强正. 如果存在常数 $\overline{\gamma} > 0$, 使得

$$\langle Ax, x \rangle \geqslant \overline{\gamma} \|x\|^2, \quad \forall x \in H.$$

引理 5.1.1[77] 在 Hilbert 空间 H 中, 下列不等式成立:

① $\|x + y\|^2 = \|x\|^2 + 2\langle x, y \rangle + \|y\|^2 \leqslant \|x\|^2 + 2\langle y, (x + y) \rangle, \quad \forall x, y \in H;$

② $\|tx + (1 - t)y\|^2 = t\|x\|^2 + (1 - t)\|y\|^2 - t(1 - t)\|x - y\|^2, \quad \forall t \in [0, 1], \ \forall x, y \in H.$

引理 5.1.2[73] 设 K 为 Hilbert 空间 H 的非空闭凸子集, $T : K \rightarrow K$ 为非扩张映象且 $Fix(T) \neq \phi$. 如果 K 中的序列 $x_n \rightharpoonup x$ 且 $x_n - Tx_n \rightarrow y$, 则 $x - Tx = y$.

引理 5.1.3[77] 设 A 为 Hilbert 空间 H 中的强正有界线性算子, 如果系数 $\overline{\gamma} > 0$ 且 $0 < \rho \leqslant \|A\|^{-1}$, 则 $\|I - \rho A\| \leqslant 1 - \rho\overline{\gamma}$.

为了研究涉及双变元函数 $F : K \times K \rightarrow R$ 的平衡问题, 假设 F 满足下列条件:

A1. 对一切 $x \in K$, 恒有 $F(x, x) = 0$;

A2. F 是单调的, 即 $F(x, y) + F(y, x) \leqslant 0$, $\forall x, y \in K$;

A3. $\lim\limits_{t \rightarrow 0} F(tz + (1 - t)x, y)$, $\forall x, y, z \in K$;

A4. 对任意的 $x \in K$, $y \mapsto F$ 是凸且下半连续的.

引理 5.1.4[139] 设 K 为 Hilbert 空间 H 的非空闭凸子集,$F : K \times K \rightarrow R$ 满足条件 A1—A4, 则对任意 $r > 0$, $x \in H$, 都存在 $z \in K$ 满足

$$F(z, y) + \frac{1}{r}\langle y - z, z - x \rangle \geqslant 0, \quad \forall y \in K.$$

记 $J_r := \{z \in K : F(z,y) + \frac{1}{r}\langle y-z, z-x\rangle \leqslant 0, \ \forall\, y \in K\}$, 则下列结论成立:

①J_r 是单值映象;

②J_r 是严格非扩张映象, 即 $\|J_rx - J_ry\|^2 \leqslant \langle J_rx - J_ry, x-y\rangle, \forall\, x, y \in H$;

③$EP(K,F) = Fix(J_r)$ 是闭凸集.

引理 5.1.5[82]　设 $\{a_n\}, \{\gamma_n\}, \{\delta_n\}$ 为 3 个非负实数列, 并且 $\gamma_n \in (0,1)$. 如果满足不等式

$$a_{n+1} \leqslant (1-\gamma_n)a_n + \gamma_n\delta_n, \quad n \geqslant 0.$$

其中, $\sum\limits_{n=1}^{\infty}\gamma_n = \infty$, $\limsup\limits_{n\to\infty}\delta_n \leqslant 0$ (或 $\sum\limits_{n=1}^{\infty}|\gamma_n\delta_n| < \infty$), 则 $\lim\limits_{n\to\infty} a_n = 0$.

5.1.3 不动点算法及收敛性定理

算法 5.1.1　本节将改进 Zegeye, Shahzad[79] 研究单调映象不动点定理的方法, 定义一个逼近平衡问题解的一个改进的广义的黏滞逼近方法

$$\begin{cases} F(u_n, y) + \dfrac{1}{r_n}\langle y - u_n, u_n - x_n\rangle \geqslant 0, \ \forall\, y \in K, \\ x_{n+1} = \alpha_n\gamma f(x_n) + (I - \alpha_n A)u_n, \end{cases} \tag{5.1.1}$$

其中, $\alpha_n \in (0,1)$, A 为一强正有界线性算子.

定理 5.1.1　设 K 为 Hilbert 空间 H 的非空闭凸子集, $F: K\times K \to R$ 是满足条件 A1—A4 的双变元函数且 $EP(K,F) \neq \phi$. 如果 $f: K \to K$ 是系数为 $\rho \in (0,1)$ 的压缩映象,A 是系数为 $\overline{\gamma}$ 的强正有界线性算子且 $0 < \gamma < \dfrac{\overline{\gamma}}{\rho}$. 对给定 $x_0 \in K, \alpha_n \in (0,1)$, 并满足下列条件:

① $\lim\limits_{n\to\infty}\alpha_n = 0$, $\sum\limits_{n=1}^{\infty}\alpha_n = \infty$, $\sum\limits_{n=1}^{\infty}|\alpha_n - \alpha_{n-1}| < \infty$;

②$\liminf\limits_{n\to\infty}\ r_n > 0$, $\sum\limits_{n=1}^{\infty}|r_n - r_{n-1}| < \infty$.

则由式 (5.1.1) 定义的迭代序列 $\{x_n\}$ 强收敛到 T 和 F 的某个公共元 $q \in EP(K,F)$, 且

$$\langle (A - \gamma f)q, q - w\rangle \leqslant 0, \quad \forall\, w \in EP(K,F).$$

证　首先, 证明序列 $\{x_n\}$ 有界. 记 $u_n = J_{r_n}x_n$ 且

$$J_{r_n}x := \{z \in K : F(z,y) + \frac{1}{r_n}\langle y - z, z - x\rangle \geqslant 0, \ \forall\, y \in K\}, \tag{5.1.2}$$

则式 (5.1.1) 可简记为 (注: 文献 [79] 中定义的 F_{r_n} 是式 (5.1.2) 定义的特例)

$$x_{n+1} = \alpha_n\gamma f(x_n) + (I - \alpha_n A)J_{r_n}x_n. \tag{5.1.3}$$

取 $p \in EP(F)$, 由引理 5.1.4 可知 $p \in Fix(J_{r_n})$ 且

$$\|u_n - p\| = \|J_{r_n}x_n - p\| \leqslant \|x_n - p\|. \tag{5.1.4}$$

由式 (5.1.3) 和引理 5.1.3 得

$$\begin{aligned}\|x_{n+1}-p\| &= \|\alpha_n\gamma f(x_n)+(I-\alpha_nA)J_{r_n}x_n-p\| \\ &\leqslant \alpha_n\|\gamma f(x_n)-Ap\|+\|(I-\alpha_nA)(u_n-p)\| \\ &\leqslant \alpha_n\gamma\|f(x_n)-f(p)\|+\alpha_n\|\gamma f(p)-Ap\|+(1-\alpha_n\overline{\gamma})\|u_n-p\| \\ &\leqslant \alpha_n\gamma\rho\|x_n-p\|+\alpha_n\|\gamma f(p)-Ap\|+(1-\alpha_n\overline{\gamma})\|x_n-p\| \\ &= [1-(\overline{\gamma}-\gamma\rho)\alpha_n]\|x_n-p\|+\alpha_n\|\gamma f(p)-Ap\| \\ &\leqslant \max\left\{\|x_n-p\|,\frac{1}{\overline{\gamma}-\gamma\rho}\|\gamma f(p)-Ap\|\right\}.\end{aligned}$$

类似地, 递推可得

$$\|x_n-p\|\leqslant\max\left\{\|x_0-p\|,\frac{1}{\overline{\gamma}-\gamma\rho}\|\gamma f(p)-Ap\|\right\},\quad n\geqslant 0. \tag{5.1.5}$$

因此, $\{x_n\}$ 有界, 进一步可得 $\{u_n\}$,$\{Au_n\}$ 和 $\{f(x_n)\}$ 有界.

其次, 证明 $\lim\limits_{n\to\infty}\|x_{n+1}-x_n\|=0$. 由式 (5.1.3) 得

$$\begin{aligned}\|x_{n+1}-x_n\| &= \|\alpha_n\gamma f(x_n)+(I-\alpha_nA)u_n-[\alpha_{n-1}\gamma f(x_{n-1})+(I-\alpha_{n-1}A)u_{n-1}]\| \\ &= \|\alpha_n\gamma f(x_n)-\alpha_n\gamma f(x_{n-1})+\alpha_n\gamma f(x_{n-1})-\alpha_{n-1}\gamma f(x_{n-1})+ \\ &\quad (I-\alpha_nA)u_n-(I-\alpha_nA)u_{n-1}+(I-\alpha_nA)u_{n-1}-(I-\alpha_{n-1}A)u_{n-1}\| \\ &\leqslant \alpha_n\gamma\|f(x_n)-f(x_{n-1})\|+|\alpha_n-\alpha_{n-1}|\|\gamma f(x_{n-1})\|+ \\ &\quad (1-\alpha_n\overline{\gamma})\|u_n-u_{n-1}\|+|\alpha_n-\alpha_{n-1}|\|Au_{n-1}\| \\ &\leqslant \alpha_n\gamma\rho\|x_n-x_{n-1}\|+(1-\alpha_n\overline{\gamma})\|u_n-u_{n-1}\|+|\alpha_n-\alpha_{n-1}|M_1,\end{aligned} \tag{5.1.6}$$

其中, $M_1=\sup\{\gamma\|f(x_n)\|+\|Au_n\|\}$. 又因为 $u_n=J_{r_n}x_n\in K$ 和式 (5.1.2) 得

$$F(u_n,y)+\frac{1}{r_n}\langle y-u_n,u_n-x_n\rangle\geqslant 0, \tag{5.1.7}$$

$$F(u_{n-1},y)+\frac{1}{r_{n-1}}\langle y-u_{n-1},u_{n-1}-x_{n-1}\rangle\geqslant 0. \tag{5.1.8}$$

在式 (5.1.7) 和式 (5.1.8) 中, 分别取 $y=u_{n-1},y=u_n$, 则

$$F(u_n,u_{n-1})+\frac{1}{r_n}\langle u_{n-1}-u_n,u_n-x_n\rangle\geqslant 0, \tag{5.1.9}$$

$$F(u_{n-1},u_n)+\frac{1}{r_{n-1}}\langle u_n-u_{n-1},u_{n-1}-x_{n-1}\rangle\geqslant 0. \tag{5.1.10}$$

将式 (5.1.9) 和式 (5.1.10) 相加, 并利用 A2 得

$$\left\langle u_n-u_{n-1},\frac{u_{n-1}-x_{n-1}}{r_{n-1}}-\frac{u_n-x_n}{r_n}\right\rangle\geqslant 0, \tag{5.1.11}$$

式 (5.1.11) 等价于

$$\left\langle u_n-u_{n-1},u_{n-1}-u_n+u_n-x_{n-1}-\frac{r_{n-1}}{r_n}(u_n-x_n)\right\rangle\geqslant 0,$$

即

$$\begin{aligned}\|u_n-u_{n-1}\|^2&\leqslant\left\langle u_n-u_{n-1},x_n-x_{n-1}+\left(1-\frac{r_{n-1}}{r_n}\right)(u_n-x_n)\right\rangle\\&\leqslant\|u_n-u_{n-1}\|\left[\|x_n-x_{n-1}\|+\left|\frac{r_n-r_{n-1}}{r_n}\right|\|u_n-x_n\|\right].\end{aligned}$$

由条件②不妨设 $r_n\geqslant\epsilon>0$, 则

$$\|u_n-u_{n-1}\|\leqslant\|x_n-x_{n-1}\|+\frac{1}{\epsilon}|r_n-r_{n-1}|\|u_n-x_n\|. \tag{5.1.12}$$

结合式 (5.1.3)、式 (5.1.6) 和式 (5.1.12) 得

$$\begin{aligned}\|x_{n+1}-x_n\|\leqslant&\,\alpha_n\gamma\rho\|x_n-x_{n-1}\|+(1-\alpha_n\overline{\gamma})\left[\|x_n-x_{n-1}\|+\frac{1}{\epsilon}|r_n-r_{n-1}|\|u_n-x_n\|\right]+\\&|\alpha_n-\alpha_{n-1}|M_1\\\leqslant&\,[1-(\overline{\gamma}-\gamma\rho)\alpha_n]\|x_n-x_{n-1}\|+\frac{1}{\epsilon}|r_n-r_{n-1}|\|u_n-x_n\|+|\alpha_n-\alpha_{n-1}|M_1\\\leqslant&\,[1-(\overline{\gamma}-\gamma\rho)\alpha_n]\|x_n-x_{n-1}\|+\frac{1}{\epsilon}|r_n-r_{n-1}|M_2+|\alpha_n-\alpha_{n-1}|M_1,\end{aligned} \tag{5.1.13}$$

其中, $M_2=\sup\{\|u_n-x_n\|\}$. 由条件①—②和引理 5.1.5, 得

$$\lim_{n\to\infty}\|x_{n+1}-x_n\|=0. \tag{5.1.14}$$

进一步, 结合式 (5.1.12) 和式 (5.1.14) 得

$$\lim_{n\to\infty}\|u_n-u_{n-1}\|=0. \tag{5.1.15}$$

另一方面, 由式 (5.1.3) 有 $x_n=\alpha_{n-1}\gamma f(x_{n-1})+(I-\alpha_{n-1}A)u_{n-1}$, 则

$$\begin{aligned}\|x_n-u_n\|&\leqslant\|x_n-u_{n-1}\|+\|u_{n-1}-u_n\|\\&\leqslant\alpha_{n-1}\|\gamma f(x_{n-1})-Au_{n-1}\|+\|u_{n-1}-u_n\|,\end{aligned}$$

结合条件①和式 (5.1.15) 得

$$\lim_{n\to\infty}\|x_n-u_n\|=0. \tag{5.1.16}$$

设 $\{x_{n_i}\}$ 为 $\{x_n\}$ 的一子列, 由于 $\{x_{n_i}\}$ 有界, 故存在一个弱收敛的子列 $\{x_{n_{i_j}}\}$, 为了不失一般性, 不妨设 $x_{n_i}\rightharpoonup w$. 因为 K 是闭凸集, 所以 K 也是弱闭的. 因此,$w\in K$. 类似地, 如果 $\{u_{n_i}\}$ 为 $\{u_n\}$ 的一个弱收敛子列, 则由式 (5.1.16) 可知 $u_{n_i}\rightharpoonup w$. 由式 (5.1.1) 和式 (5.1.7) 得

$$F(u_{n_i},y)+\frac{1}{r_{n_i}}\langle y-u_{n_i},u_{n_i}-x_{n_i}\rangle\geqslant 0,\quad\forall\, y\in K. \tag{5.1.17}$$

结合 A2 和式 (5.1.17) 得

$$\frac{1}{r_{n_i}}\langle y-u_{n_i},u_{n_i}-x_{n_i}\rangle\geqslant F(y,u_{n_i}). \tag{5.1.18}$$

由式 (5.1.16) 可知 $u_{n_i} - x_{n_i} \to 0$, 且 $u_{n_i} \rightharpoonup w$, 则由式 (5.1.18) 得

$$F(y, w) \leqslant 0, \quad \forall y \in K. \tag{5.1.19}$$

记 $z_t = ty + (1-t)w, \forall t \in (0,1], y \in K$, 则 $z_t \in K$, 进一步得 $F(z_t, w) \leqslant 0$. 同时, 由 A1 和 A4 得

$$0 = F(z_t, z_t) \leqslant tF(z_t, y) + (1-t)F(z_t, w) \leqslant tF(z_t, y).$$

因此, $F(z_t, y) \geqslant 0$. 由 A3 得 $F(w, y) \geqslant 0, \forall y \in K$, 即 $x_{n_i} \rightharpoonup w \in EP(K, F)$.

现在, 证明 $\limsup\limits_{n\to\infty}\langle (A-\gamma f)q, q - x_n\rangle \leqslant 0$, 其中，$q = \lim\limits_{t\to 0} x_t$. 定义映象 $\Phi_n(x) = t\gamma f(x) + (I - tA)J_{r_n}x, \forall t \in (0,1)$, 对任意 $x, y \in H$, 有

$$\begin{aligned}\|\Phi_n x - \Phi_n y\| &\leqslant t\gamma\|f(x) - f(y)\| + (1 - t\overline{\gamma})\|J_{r_n}x - J_{r_n}y\|\\ &\leqslant t\gamma\rho\|x - y\| + (1 - t\overline{\gamma})\|x - y\|\\ &= [1 - (\overline{\gamma} - \gamma\rho)t]\|x - y\|,\end{aligned}$$

由于 $0 < 1 - (\overline{\gamma} - \gamma\rho)t < 1$, 则 Φ_n 是压缩映象, 故存在唯一的不动点 x_t, 即

$$x_t = t\gamma f(x_t) + (I - tA)J_{r_n}x_t. \tag{5.1.20}$$

由引理 5.1.1 和引理 5.1.4 以及式 (5.1.16) 和式 (5.1.20) 得

$$\begin{aligned}\|x_t - x_n\|^2 &= \|t[\gamma f(x_t) - Ax_n] + (I - tA)(J_{r_n}x_t - x_n)\|^2\\ &\leqslant (1-\overline{\gamma}t)^2\|J_{r_n}x_t - x_n\|^2 + 2t\langle\gamma f(x_t) - Ax_n, x_t - x_n\rangle\\ &= (1-\overline{\gamma}t)^2\|J_{r_n}x_t - J_{r_n}x_n + J_{r_n}x_n - x_n\|^2 + 2t\langle\gamma f(x_t) - Ax_n, x_t - x_n\rangle\\ &\leqslant (1-\overline{\gamma}t)^2(\|x_t - x_n\| + \|u_n - x_n\|)^2 + 2t\langle\gamma f(x_t) - Ax_n, x_t - x_n\rangle\\ &\leqslant (1-\overline{\gamma}t)^2\|x_t - x_n\|^2 + \psi_n(t) + 2t\langle\gamma f(x_t) - Ax_t, x_t - x_n\rangle + 2t\langle Ax_t - Ax_n, x_t - x_n\rangle,\end{aligned} \tag{5.1.21}$$

其中，$\psi_n(t) = (1-\overline{\gamma}t)^2(2\|x_t - x_n\| + \|u_n - x_n\|)\|u_n - x_n\| \to 0\,(n \to \infty)$. 因为 A 是强正算子, 则

$$\langle Ax_t - Ax_n, x_t - x_n\rangle = \langle A(x_t - x_n), x_t - x_n\rangle \geqslant \overline{\gamma}\|x_t - x_n\|^2. \tag{5.1.22}$$

结合式 (5.1.21) 和式 (5.1.22) 得

$$\begin{aligned}2t\langle Ax_t - \gamma f(x_t), x_t - x_n\rangle &\leqslant (\overline{\gamma}^2t^2 - 2\overline{\gamma}t)\|x_t - x_n\|^2 + \psi_n(t) + 2t\langle Ax_t - Ax_n, x_t - x_n\rangle\\ &\leqslant (\overline{\gamma}t^2 - 2t)\langle Ax_t - Ax_n, x_t - x_n\rangle + \psi_n(t) + 2t\langle Ax_t - Ax_n, x_t - x_n\rangle\\ &= \overline{\gamma}t^2\langle Ax_t - Ax_n, x_t - x_n\rangle + \psi_n(t),\end{aligned}$$

整理得

$$\langle Ax_t - \gamma f(x_t), x_t - x_n\rangle \leqslant \frac{\overline{\gamma}t}{2}\langle Ax_t - Ax_n, x_t - x_n\rangle + \frac{1}{2t}\psi_n(t). \tag{5.1.23}$$

对式 (5.1.23) 关于 $n\to\infty$ 取极限, 并由 $\psi_n(t)\to 0\ (n\to\infty)$ 得

$$\limsup_{n\to\infty}\langle Ax_t-\gamma f(x_t),x_t-x_n\rangle\leqslant\frac{t}{2}M_3,\tag{5.1.24}$$

其中，常数 $M_3\geqslant\overline{\gamma}\langle Ax_t-Ax_n,x_t-x_n\rangle$. 由式 (5.1.24) 进一步得

$$\limsup_{t\to0}\limsup_{n\to\infty}\langle Ax_t-\gamma f(x_t),x_t-x_n\rangle\leqslant 0.\tag{5.1.25}$$

另一方面, 由于

$$\begin{aligned}\langle\gamma f(q)-Aq,x_n-q\rangle=&\langle\gamma f(q)-Aq,x_n-q\rangle-\langle\gamma f(q)-Aq,x_n-x_t\rangle+\langle\gamma f(q)-Aq,x_n-x_t\rangle-\\&\langle\gamma f(q)-Ax_t,x_n-x_t\rangle+\langle\gamma f(q)-Ax_t,x_n-x_t\rangle-\\&\langle\gamma f(x_t)-Ax_t,x_n-x_t\rangle+\langle\gamma f(x_t)-Ax_t,x_n-x_t\rangle.\end{aligned}$$

所以

$$\begin{aligned}\limsup_{n\to\infty}\langle\gamma f(q)-Aq,x_n-q\rangle\leqslant&\|\gamma f(q)-Aq\|\|x_t-q\|+\|A\|\|x_t-q\|\lim_{n\to\infty}\|x_n-x_t\|+\\&\gamma\rho\|x_t-q\|\lim_{n\to\infty}\|x_n-x_t\|+\limsup_{n\to\infty}\langle\gamma f(x_t)-Ax_t,x_n-x_t\rangle.\end{aligned}$$

因此, 由式 (5.1.25) 和 $\lim\limits_{t\to0}x_t=q$ 得

$$\begin{aligned}\limsup_{n\to\infty}\langle\gamma f(q)-Aq,x_n-q\rangle=&\limsup_{t\to0}\limsup_{n\to\infty}\langle\gamma f(q)-Aq,x_n-q\rangle\\\leqslant&\limsup_{t\to0}\|\gamma f(q)-Aq\|\|x_t-q\|+\limsup_{t\to0}\|A\|\|x_t-\\&q\|\lim_{n\to\infty}\|x_n-x_t\|+\\&\limsup_{t\to0}\gamma\rho\|x_t-q\|\lim_{n\to\infty}\|x_n-x_t\|+\\&\limsup_{t\to0}\limsup_{n\to\infty}\langle\gamma f(x_t)-Ax_t,x_n-x_t\rangle\leqslant 0.\end{aligned}\tag{5.1.26}$$

最后, 证明 $\{x_n\}$ 强收敛到 $q\in EP(K,F)$. 由式 (5.1.3) 和式 (5.1.4) 和引理 5.1.3 得

$$\begin{aligned}\|x_{n+1}-q\|^2=&\alpha_n\langle\gamma f(x_n)-Aq,x_{n+1}-q\rangle+\langle(I-\alpha_nA)(u_n-q),x_{n+1}-q\rangle\\\leqslant&\alpha_n\gamma\langle f(x_n)-f(q),x_{n+1}-q\rangle+\alpha_n\langle\gamma f(q)-Aq,x_{n+1}-q\rangle+\\&(1-\alpha_n\overline{\gamma})\|u_n-q\|\|x_{n+1}-q\|\\\leqslant&\alpha_n\gamma\rho\|x_n-q\|\|x_{n+1}-q\|+\alpha_n\langle\gamma f(q)-Aq,x_{n+1}-q\rangle+\\&(1-\alpha_n\overline{\gamma})\|x_n-q\|\|x_{n+1}-q\|\\\leqslant&\frac{1-(\overline{\gamma}-\gamma\rho)\alpha_n}{2}(\|x_n-q\|^2+\|x_{n+1}-q\|^2)+\alpha_n\langle\gamma f(q)-Aq,x_{n+1}-q\rangle\\\leqslant&\frac{1-(\overline{\gamma}-\gamma\rho)\alpha_n}{2}\|x_n-q\|^2+\frac{1}{2}\|x_{n+1}-q\|^2+\alpha_n\langle\gamma f(q)-Aq,x_{n+1}-q\rangle.\end{aligned}$$

整理得

$$\|x_{n+1}-q\|^2\leqslant[1-(\overline{\gamma}-\gamma\rho)\alpha_n]\|x_n-q\|^2+2\alpha_n\langle\gamma f(q)-Aq,x_{n+1}-q\rangle.\tag{5.1.27}$$

结合式 (5.1.26)、式 (5.1.27) 和引理 5.1.5 得

$$\lim_{n\to\infty}\|x_n-q\|=0.$$

5.2 广义平衡问题的不动点方法

5.2.1 预备知识

设 H 为一实 Hilbert 空间, 其内积和范数分别表示为 $\langle\cdot,\cdot\rangle$ 和 $\|\cdot\|$. 设 K 为 H 的一个非空闭凸子集, $A:K\to H$ 为一非线性映象, $F:K\times K\to R$ 为一双变元函数, R 为实数集. 考虑下面的广义平衡问题: 求一点 $x\in K$, 使得

$$F(x,y)+\langle Ax,y-x\rangle\geqslant 0,\quad \forall y\in K.$$

如果 $A\equiv 0$, 广义平衡问题退化为平衡问题; 如果 $F\equiv 0$, 广义平衡问题退化为变分不等式问题. 显然, 广义平衡问题包含平衡问题和变分不等式问题作为特例 [97,100,149-151]. 本文用 $EP(F,A)$, $EP(K,F)$ 和 $VI(K,A)$ 分别表示问题广义平衡问题、平衡问题和变分不等式问题的解集.

设 $T:K\to K$ 为一非线性映象, 称 T 是 L-Lipschitz 连续的, 如果存在 $L>0$, 使得

$$\|Tx-Ty\|\leqslant L\|x-y\|,\quad \forall x,y\in K.$$

称 T 为 λ-严格伪压缩映象, 如果存在常数 $\lambda\in[0,1)$, 使得

$$\|Tx-Ty\|^2\leqslant\|x-y\|^2+\lambda\|(I-T)x-(I-T)y\|^2,\quad \forall x,y\in K.$$

称 T 为渐近 λ-严格伪压缩映象, 如果存在常数 $\lambda\in[0,1), k_n\in[1,\infty), \lim\limits_{n\to\infty}k_n=1$, 使得

$$\|T^nx-T^ny\|^2\leqslant k_n\|x-y\|^2+\lambda\|(x-T^nx)-(y-T^ny)\|^2,\quad \forall x,y\in K.$$

显然, 每一个非扩张映象均为 0-严格伪压缩映象; 渐近严格伪压缩映象是严格伪压缩映象的进一步推广, 并且每一个渐近非扩张映象均为渐近 0-严格伪压缩映象. 如果 $\lambda=1$, 称 1-严格伪压缩映象为伪压缩映象, 称渐近 1-严格伪压缩映象为渐近伪压缩映象[72,75,152-156]. 本文以 $Fix(T)$ 表示 T 的不动点集合, 即 $Fix(T)=\{x\in K, Tx=x\}$.

2000 年, Moudafi[84] 引进压缩映象 $f:K\to K$ 改进传统的 Mann 迭代和 Halper 迭代, 建立了一个如下的黏滞逼近方法

$$x_{n+1}=\alpha_nf(x_n)+(1-\alpha_n)Tx_n,$$

在一定条件下证明了黏滞迭代序列强收敛到 T 的某个不动点 q, 并且该不动点为变分不等式

$$\langle(I-f)q,z-q\rangle\geqslant 0,\quad \forall z\in Fix(T)$$

的唯一解. 此后, 黏滞逼近方法被应用到凸优化问题、单调包含和微分方程等领域, 受到越来越多数学爱好者和经济领域研究者的广泛关注[79,85,86,90,157].

2008 年, Takahashi 等 [88] 利用投影算子建立了逼近非扩张映象不动点的混合投影算法

$$\begin{cases} y_n = Tx_n, \\ C_{n+1} = \{w \in C_n : \|y_n - w\| \leqslant \|x_n - w\|\}, \\ x_{n+1} = P_{C_{n+1}}x, \end{cases}$$

并在一定条件下证明了混合迭代序列强收敛到非扩张映象 T 的不动点 $q = P_{Fix(T)}x$.

另一方面, 非线性映象的不动点问题与平衡问题和变分不等式问题存在紧密联系, 部分学者开始尝试利用不动点技巧建立有效的数值算法逼近 $Fix(T) \cap EP(F, A)$ 或 $Fix(T) \cap VI(K, A)$ 中的某个公共元素[85,86,155,158-160].2010 年, Liu,Su[85] 介绍了一个广义平衡问题和渐近非扩张映象不动点问题的黏滞逼近方法

$$\begin{cases} F(u_n, y) + \langle Ax_n, y - u_n\rangle + \dfrac{1}{r_n}\langle y - u_n, u_n - x_n\rangle \geqslant 0, \ \forall y \in C, \\ x_{n+1} = \alpha_n f(x_n) + \beta_n x_n + \gamma_n T^n u_n, \end{cases}$$

并在 (C1) $\lim\limits_{n\to\infty} |r_{n+1} - r_n| = 0$ 和映象 T 满足渐近正则性 (C2) $\lim\limits_{n\to\infty} \|T^{n+1}u_n - T^n u_n\| = 0$ 的条件下, 证明了黏滞迭代序列强收敛到 $q \in \Omega = EP(K, F) \cap Fix(T)$, 并且 $q = P_\Omega f(q)$.

本将黏滞逼近方法中的压缩映象 f 推广到 Meir-Keeler 压缩映象, 在 Hilbert 空间中建立逼近广义平衡问题和渐近 λ-严格伪压缩映象不动点的强收敛定理, 并在收敛性分析中去掉了文献 [85] 中的条件 (C1) 和映象 T 的渐近正则性 (C2) 等条件, 所得的结果改进并推广了文献 [85,88,90,157] 中相应的结论.

5.2.2 基本结论

设 K 为一实 Hilbert 空间 H 的一非空闭凸子集, $\{x_n\}$ 为 K 中的任一序列, 以 $x_n \to x$ 和 $x_n \rightharpoonup x$ 分别表示序列 $\{x_n\}$ 强和弱收敛到 x. 称映象 $A : K \to H$ 是单调的, 如果

$$\langle Ax - Ay, x - y\rangle \geqslant 0, \quad \forall x, y \in K.$$

称映象 $A : K \to H$ 是 α-逆强单调的, 如果存在常数 $\alpha > 0$, 使得

$$\langle Ax - Ay, x - y\rangle \geqslant \alpha\|Ax - Ay\|^2, \quad \forall x, y \in K.$$

不难验证, 如果 A 是 α-逆强单调的则 A是 $\dfrac{1}{\alpha}$-Lipschitz 连续的, 即 $\|Ax - Ay\| \leqslant \dfrac{1}{\alpha}\|x-y\|$, $\forall x, y \in K$. 同时, 称 T 是一致 L- Lipschitz 连续的, 如果存在 $L > 0$, 使得

$$\|T^n x - T^n y\| \leqslant L\|x - y\|, \quad \forall x, y \in K, n \in N.$$

引理 5.2.1[153] 设 K 为 Hilbert 空间 H 的非空闭凸子集, $T : K \to K$ 为渐近严格伪压缩映象, 则 $Fix(T)$ 为闭凸集, 并且 T 是一致 L -Lipschitz 连续的, 其中, $L = \dfrac{\lambda + \sqrt{1 + (1-\lambda)(\sup\{k_n\} - 1)}}{1 - \lambda}$.

引理 5.2.2[153] 设 K 为 Hilbert 空间 H 的非空闭凸子集, $T : K \to K$ 为渐近严格伪压缩映象. 如果 $\{x_n\} \subset K$ 且 $x_n \rightharpoonup x$, $x_n - Tx_n \to 0$, 则 $x \in Fix(T)$.

引理 5.2.3[81] 设 K 为 Hilbert 空间 H 的非空闭凸子集, 对任意 $x,y,z\in H$ 和给定的 $a\in R$, 则 $\prod_K$ 为闭凸集, 其中, $\prod_K=\{v\in K:\|y-v\|^2\leqslant\|x-v\|^2+\langle z,v\rangle+a\}$.

为了研究涉及双变元函数 $F:K\times K\to R$ 的广义平衡问题, 假设 F 满足下列条件:

A1. 对一切 $x\in K$, 恒有 $F(x,x)=0$;

A2. F 是单调的, 即 $F(x,y)+F(y,x)\leqslant 0,\ \forall x,y\in K$;

A3. $\lim\limits_{t\to 0}F(tz+(1-t)x,y)\leqslant F(x,y),\ \forall x,y,z\in K$;

A4. 对任意的 $x\in K$, $y\mapsto F(x,y)$ 是凸且下半连续的.

设 (X,d) 为一完备度量空间, 称 $f:X\to X$ 为压缩映象: 如果存在系数 $r\in(0,1)$, 使得

$$\|f(x)-f(y)\|\leqslant r\|x-y\|,\quad \forall x,y\in X.$$

由文献 [89] 可知, 压缩映象 f 存在唯一不动点. 另一方面, Meir-Keeler[90] 定义了一个新的压缩映象, 称为 Meir-Keeler 压缩映象: 如果对任意 $\epsilon>0$, 存在 $\delta>0$, 当 $d(x,y)<\epsilon+\delta$ 时, 有

$$d(f(x),f(y))<\epsilon,\quad \forall x,y\in X.$$

Meir-Keeler 压缩映象包含压缩映象, 是压缩映象的一种推广形式. 关于 Meir-Keeler 压缩映象包含压缩映象的相关引理及结论参见文献 [90-92].

5.2.3 不动点算法及收敛性定理

算法 5.2.1 本节将非扩张映象 [88] 和渐近非扩张映象 [85] 推广到渐近 λ-严格伪压缩映象, 定义一个新的逼近广义平衡问题和渐近 λ-严格伪压缩映象不动点的黏滞-投影方法

$$\begin{cases}F(u_n,y)+\langle Ax_n,y-u_n\rangle+\dfrac{1}{r_n}\langle y-u_n,u_n-x_n\rangle\geqslant 0,\ \forall y\in K,\\ y_n=(1-\alpha_n)u_n+\alpha_nT^nu_n,\\ C_{n+1}=\{w\in C_n:\|y_n-w\|^2\leqslant\|x_n-w\|^2+\theta_n\},\\ x_{n+1}=P_{C_{n+1}}f(x_n),\end{cases}\tag{5.2.1}$$

其中, $\theta_n=(k_n-1)M_0$, 且 $M_0=\sup\{\|x_n-p\|^2:p\in\Omega\}<\infty$.

算法 5.2.2 在式 (5.2.1) 的基础上, 定义一个新的逼近广义平衡问题和渐近 λ-严格伪压缩映象不动点的黏滞-投影方法

$$\begin{cases}F(u_n,y)+\dfrac{1}{r_n}\langle y-u_n,u_n-x_n\rangle\geqslant 0,\ \forall y\in K,\\ y_n=(1-\alpha_n)u_n+\alpha_nT^nu_n,\\ C_{n+1}=\{w\in C_n:\|y_n-w\|^2\leqslant\|x_n-w\|^2+\theta_n\},\\ x_{n+1}=P_{C_{n+1}}f(x_n),\end{cases}\tag{5.2.2}$$

其中, $\theta_n=(k_n-1)M_0$, 且 $M_0=\sup\{\|x_n-p\|^2:p\in\Omega\}<\infty$,

算法 5.2.3 在式 (5.2.1) 的基础上, 定义一个新的逼近变分不等式问题和渐近 λ-严格伪压缩映象不动点的黏滞-投影方法

$$\begin{cases}y_n=(1-\alpha_n)u_n+\alpha_nT^nP_C(x_n-r_nAx_n),\\ C_{n+1}=\{w\in C_n:\|y_n-w\|^2\leqslant\|x_n-w\|^2+\theta_n\},\\ x_{n+1}=P_{C_{n+1}}f(x_n),\end{cases}\tag{5.2.3}$$

其中，$\theta_n=(k_n-1)M_0$, 且 $M_0=\sup\{\|x_n-p\|^2:p\in\Omega\}<\infty$,

定理 5.2.1　设 K 为 Hilbert 空间 H 的非空闭凸子集, $A:K\to H$ 为 α-逆强单调映象, $F:K\times K\to R$ 为满足条件 A1—A4 的双变元函数. 设 $f:K\to K$ 为 Meir-Keeler 压缩映象, $T:K\to K$ 为渐近 λ-严格伪压缩映象且 $\Omega=Fix(T)\bigcap EP(F,A)\neq\phi$. 如果序列 $\alpha_n\in[a,b]\subset(0,1)$, $r_n\in[c,d]\subset(0,2\alpha)$ 且 $\lambda\in[0,1-b]$, 对给定 $x_1\in K$, $C_1=K$, 则由式 (5.2.1) 定义的黏滞迭代序列 $\{x_n\}$ 强收敛到 $q\in\Omega$, 且 $q=P_\Omega f(q)$.

证　首先, 证明 $P_\Omega f$ 存在唯一不动点. 由式 (5.2.1) 和引理 5.1.4 得 $u_n=J_{r_n}(x_n-r_nAx_n)=J_{r_n}(I-r_nA)x_n$. 对任意 $x,y\in K$, 由 $r_n\in[c,d]\subset(0,2\alpha)$ 和 A 的 α-逆强单调性得

$$\begin{aligned}\|(I-r_nA)x-(I-r_nA)y\|^2&=\|(x-y)-r_n(Ax-Ay)\|^2\\&=\|x-y\|^2-2r_n\langle Ax-Ay,x-y\rangle+r_n^2\|Ax-Ay\|^2\\&\leqslant\|x-y\|^2-r_n(2\alpha-r_n)\|Ax-Ay\|^2\\&\leqslant\|x-y\|^2.\end{aligned}\tag{5.2.4}$$

因此, $(I-r_nA)$ 是非扩张的, 并结合引理 5.2.1 和引理 5.1.4, 可得 $\Omega=Fix(T)\bigcap EP(F,A)$ 是闭凸集. 又因为投影算子 P_Ω 是非扩张的, 所以 $P_\Omega f$ 是定义在 K 上的 Meir-Keeler 压缩映象 (注：文献 [91], Proposition 3). 由引理 3.2.4, $P_\Omega f$ 存在唯一不动点, 记 $q=P_\Omega f(q)$.

其次, 证明 C_n 是闭凸集且 $\phi\neq\Omega\subset C_{n+1}\subset C_n$. 由式 (5.2.1) 和引理 5.2.3 易得 C_n 为闭集. 已知 $C_1=K$ 是 H 中的凸集, 不妨假设 C_k 为凸集, $k\geqslant1$. 对任意 $w\in C_k$, 则

$$\|y_k-w\|^2\leqslant\|x_k-w\|^2+\theta_k,\quad k\geqslant1.\tag{5.2.5}$$

式 (5.2.5) 等价于

$$2\langle x_k-y_k,w\rangle\leqslant\|x_k\|^2-\|y_k\|^2+\theta_k.\tag{5.2.6}$$

取 $w_1,w_2\in C_{k+1}$, 令 $\overline{w}=tw_1+(1-t)w_2$. 由 C_{n+1} 的定义得 $w_1,w_2\in C_k$, 并且

$$2\langle x_k-y_k,w_1\rangle\leqslant\|x_k\|^2-\|y_k\|^2+\theta_k,\tag{5.2.7}$$

$$2\langle x_k-y_k,w_2\rangle\leqslant\|x_k\|^2-\|y_k\|^2+\theta_k.\tag{5.2.8}$$

结合式 (5.2.7) 和式 (5.2.8), 并整理得

$$2\langle x_k-y_k,\overline{w}\rangle\leqslant\|x_k\|^2-\|y_k\|^2+\theta_k,$$

即

$$\|y_k-\overline{w}\|^2\leqslant\|x_k-\overline{w}\|^2+\theta_k.\tag{5.2.9}$$

由 C_k 的凸性可知，$\overline{w}\in C_k$, 结合式 (5.2.9) 进一步得 $\overline{w}\in C_{k+1}$. 因此, C_n 是闭凸集且 $C_{n+1}\subset C_n$.

另一方面, 显然 $\Omega\subset C_1=K$, 不妨假设 $\Omega\subset C_k$, $k\geqslant1$. 对任意 $p\in\Omega\subset C_k$, 由引理 5.1.4 和式 (5.2.4) 得

$$\begin{aligned}\|u_n-p\|^2&=\|J_{r_n}(x_n-r_nAx_n)-J_{r_n}(p-r_nAp)p\|^2\\&\leqslant\|(I-r_nA)x_n-(I-r_nA)p\|^2\\&=\|x_n-p\|^2.\end{aligned}\tag{5.2.10}$$

由于 $\lambda \in [0, 1-b]$, 结合引理 5.1.1 和式 (5.2.10) 得

$$\begin{aligned}
\|y_n - p\|^2 &= \|(1-\alpha_n)u_n + \alpha_n T^n u_n - p\|^2 \\
&= (1-\alpha_n)\|u_n - p\|^2 + \alpha_n\|T^n u_n - p\|^2 - \alpha_n(1-\alpha_n)\|u_n - T^n u_n\|^2 \\
&\leqslant (1-\alpha_n)\|u_n - p\|^2 + \alpha_n[k_n\|u_n - p\|^2 + \lambda\|u_n - T^n u_n\|^2] - \alpha_n(1-\alpha_n)\|u_n - T^n u_n\|^2 \\
&\leqslant \|u_n - p\|^2 + (k_n - 1)\|u_n - p\|^2 - \alpha_n(1-\alpha_n-\lambda)\|u_n - T^n u_n\|^2 \\
&\leqslant |u_n - p\|^2 + (k_n - 1)\|x_n - p\|^2 \\
&\leqslant \|x_n - p\|^2 + \theta_n,
\end{aligned} \tag{5.2.11}$$

其中，$\theta_n = (k_n - 1)M_0$, 且 $M_0 = \sup\{\|x_n - p\|^2 : p \in \Omega\} < \infty$. 式 (5.2.10) 和式 (5.2.11) 中取 $n = k$ 即得 $p \in C_{k+1}$. 因此, 对任意 $n \geqslant 1$, 有 $\Omega \in C_n$.

现在证明 $\lim\limits_{n\to\infty} x_n = q$. 因为 $P_{\bigcap_{n=1}^{\infty} C_n} f$ 是定义在 K 上的 Meir-Keeler 压缩映象, 则存在唯一不动点 $q = P_{\bigcap_{n=1}^{\infty} C_n} f(q) \in \bigcap_{n=1}^{\infty} C_n$. 设 $z_n = P_{C_n} f(q), n \in \mathrm{N}$, 由于 $\bigcap_{n=1}^{\infty} C_n = M - \lim_n C_n$ 且 $\Omega \subset C_{n+1} \subset C_n$, 则由引理 3.2.6 得

$$z_n \to P_{\bigcap_{n=1}^{\infty} C_n} f(q) = q. \tag{5.2.12}$$

(反证法) 如果 $x_n \nrightarrow q$, 则有 $\limsup\limits_{n\to\infty} \|x_n - q\| > 0$. 设 $\epsilon > 0$ 且 $\limsup\limits_{n\to\infty} \|x_n - q\| > \epsilon$, 由 Meir-Keeler 压缩映象的定义, 存在 $\delta > 0$, $\limsup\limits_{n\to\infty} \|x_n - q\| > \epsilon + \delta$ 且 $\|x - y\| < \epsilon + \delta$ 满足

$$\|f(x) - f(y)\| < \epsilon, \quad x, y \in K. \tag{5.2.13}$$

另一方面, 由引理 3.2.5 可知, 存在 $r \in (0,1)$, 当 $\|x - y\| \geqslant \epsilon + \delta$ 时, 有

$$\|f(x) - f(y)\| < r\|x - y\|, \quad x, y \in K. \tag{5.2.14}$$

(与文献 [91], Theorem 8 类似):

I. 存在 $n_1 > n_0$ 使得 $\|x_{n_1} - q\| < \epsilon + \delta$, 则由式 (5.2.1) 和式 (5.2.13) 得

$$\|x_{n_1+1} - z_{n_1+1}\| \leqslant \|f(x_{n_1}) - f(q)\| < \epsilon,$$

结合式 (5.2.12) 进一步得

$$\|x_{n_1+1} - q\| \leqslant \|x_{n_1+1} - z_{n_1+1}\| + \|z_{n_1+1} - q\| < \epsilon + \delta.$$

这表明

$$\limsup_{n\to\infty} \|x_n - q\| \leqslant \epsilon + \delta < \limsup_{n\to\infty} \|x_n - q\|. \tag{5.2.15}$$

II. 对任意 $n \geqslant n_0$ 都有 $\|x_n - q\| \geqslant \epsilon + \delta$ 成立, 则由式 (5.2.1) 和式 (5.2.14) 得

$$\|f(x_n - f(q)\| < r\|x_n - q\|, \quad n \geqslant n_0.$$

进一步得

$$\|x_{n_1+1} - z_{n_1+1}\| \leqslant \|f(x_n) - f(q)\| < r\|x_n - q\| \leqslant r(\|x_n - z_n\| + \|z_n - q\|),$$

结合式 (5.2.12) 可得

$$\begin{aligned}\limsup_{n\to\infty}\|x_n-z_n\| &= \limsup_{n\to\infty}\|x_{n_1+1}-z_{n_1+1}\|\\ &\leqslant r\limsup_{n\to\infty}\|x_n-z_n\|\\ &< \limsup_{n\to\infty}\|x_n-z_n\|.\end{aligned}\tag{5.2.16}$$

在假设 $x_n\nrightarrow q$ 的条件下, 由情形 I 和情形 II 分别得到两个相互矛盾的结论式 (5.2.15) 和式 (5.2.16). 因此 $\lim\limits_{n\to\infty}x_n=q$. 同时, 由于 $x_{n+1}=P_{C_{n+1}}f(x_n)$, 所以

$$\langle f(x_n)-x_{n+1},x_{n+1}-y\rangle\geqslant 0,\quad \forall y\in C_{n+1}.$$

又因为 $\Omega\subset C_{n+1}$, 进一步得 $\langle f(q)-q,q-y\rangle\geqslant 0$, $\forall y\in\Omega$, 即 $q=P_\Omega f(q)$.

下面证明 $\lim\limits_{n\to\infty}\|x_n-u_n\|=0$. 既然 $x_n\to q$, 则

$$\lim_{n\to\infty}\|x_{n+1}-x_n\|=0.\tag{5.2.17}$$

由于 $x_{n+1}=P_{C_{n+1}}f(x_n)\in C_{n+1}$, 故

$$\|y_n-x_{n+1}\|^2\leqslant\|x_n-x_{n+1}\|^2+\theta_n.\tag{5.2.18}$$

因为

$$\begin{aligned}\|y_n-x_n\|^2 &= \|y_n-x_{n+1}+x_{n+1}-x_n\|^2\\ &= \|y_n-x_{n+1}\|^2+\|x_{n+1}-x_n\|^2+2\langle y_n-x_{n+1},x_{n+1}-x_n\rangle\\ &\leqslant 2\|x_n-x_{n+1}\|^2+2\|y_n-x_{n+1}\|\|x_{n+1}-x_n\|+\theta_n.\end{aligned}\tag{5.2.19}$$

又因为 $\lim\limits_{n\to\infty}k_n=1$, 所以

$$\lim_{n\to\infty}\theta_n=\lim_{n\to\infty}(k_n-1)M_0=0,\tag{5.2.20}$$

结合式 (5.2.17)、式 (5.2.19) 和式 (5.2.20) 得

$$\lim_{n\to\infty}\|y_n-x_n\|=0.\tag{5.2.21}$$

任取 $p\in\Omega$, 由引理 5.1.4 得

$$\begin{aligned}\|u_n-p\|^2 &= \|J_{r_n}(x_n-r_nAx_n)-J_{r_n}(p-r_nAp)\|^2\\ &\leqslant \langle (x_n-r_nAx_n)-(p-r_nAp),u_n-p\rangle\\ &= \frac{1}{2}\big[\|(x_n-r_nAx_n)-(p-r_nAp)\|^2+\|u_n-p\|^2-\|(x_n-r_nAx_n)-(p-r_nAp)-\\ &\quad (u_n-p)\|^2\big]\\ &\leqslant \frac{1}{2}\big[\|x_n-p\|^2+\|u_n-p\|^2-\|(x_n-u_n)-r_n(Ax_n-Ap)\|^2\big]\\ &= \frac{1}{2}\big[\|x_n-p\|^2+\|u_n-p\|^2-\|x_n-u_n\|^2-r_n^2\|Ax_n-Ap\|^2+2r_n\langle Ax_n-Ap,\\ &\quad x_n-u_n\rangle\big],\end{aligned}$$

整理得

$$\|u_n - p\|^2 \leqslant \|x_n - p\|^2 - \|x_n - u_n\|^2 + 2r_n\langle Ax_n - Ap, x_n - u_n\rangle. \tag{5.2.22}$$

另一方面, 由 A 的 α-逆强单调性和引理 5.1.4 得

$$\begin{aligned}\|u_n - p\|^2 &= \|J_{r_n}(x_n - r_nAx_n) - J_{r_n}(p - r_nAp)\|^2\\ &\leqslant \|(x_n - r_nAx_n) - (p - r_nAp)\|^2\\ &= \|x_n - p\|^2 - 2r_n\langle Ax_n - Ap, x_n - p\rangle + r_n^2\|Ax_n - Ap\|^2\\ &= \|x_n - p\|^2 - r_n(2\alpha - r_n)\|Ax_n - Ap\|^2.\end{aligned} \tag{5.2.23}$$

由式 (5.2.11) 和式 (5.2.23) 得

$$\|y_n - p\|^2 \leqslant \|x_n - p\|^2 - r_n(2\alpha - r_n)\|Ax_n - Ap\|^2 + \theta_n,$$

整理得

$$\begin{aligned}r_n(2\alpha - r_n)\|Ax_n - Ap\|^2 &\leqslant \|x_n - p\|^2 - \|y_n - p\|^2 + \theta_n\\ &\leqslant (\|x_n - p\| + \|y_n - p\|)\|x_n - y_n\| + \theta_n.\end{aligned} \tag{5.2.24}$$

既然 $r_n \in [c, d] \subset (0, 2\alpha)$, 由式 (5.2.20)、式 (5.2.21) 和式 (5.2.24) 得

$$\lim_{n\to\infty} \|Ax_n - Ap\| = 0. \tag{5.2.25}$$

同时, 由式 (5.2.11) 和式 (5.2.22) 得

$$\|y_n - p\|^2 \leqslant \|x_n - p\|^2 - \|x_n - u_n\|^2 + 2r_n\langle Ax_n - Ap, x_n - u_n\rangle + \theta_n,$$

整理得

$$\begin{aligned}\|x_n - u_n\|^2 &\leqslant \|x_n - p\|^2 - \|y_n - p\|^2 + 2r_n\langle Ax_n - Ap, x_n - u_n\rangle + \theta_n\\ &\leqslant (\|x_n - p\| + \|y_n - p\|)\|x_n - y_n\| + 2r_n\langle Ax_n - Ap, x_n - u_n\rangle + \theta_n.\end{aligned} \tag{5.2.26}$$

结合式 (5.2.20)、式 (5.2.21) 和式 (5.2.25) 得

$$\lim_{n\to\infty} \|x_n - u_n\| = 0. \tag{5.2.27}$$

由于 $\|y_n - u_n\| \leqslant \|y_n - x_n\| + \|x_n - u_n\|$, 结合式 (5.2.21) 和式 (5.2.27) 进一步得

$$\lim_{n\to\infty} \|y_n - u_n\| = 0. \tag{5.2.28}$$

最后, 证明 $q \in Fix(T) \bigcap EP(F, A)$. 由 $\alpha_n \in [a, b] \subset (0, 1)$ 和式 (5.2.1) 得

$$\lim_{n\to\infty} \|u_n - T^nu_n\| = \lim_{n\to\infty} \frac{1}{\alpha_n}\|y_n - u_n\| = 0. \tag{5.2.29}$$

由引理 5.2.1, T 是一致 L-Lipschitz 连续的, 故

$$\begin{aligned}\|x_n - T^nx_n\| &\leqslant \|x_n - u_n\| + \|u_n - T^nu_n\| + \|T^nu_n - T^nx_n\|\\ &\leqslant (1 + L)\|x_n - u_n\| + \|u_n - T^nu_n\|.\end{aligned}$$

结合式 (5.2.27) 和式 (5.2.29) 得

$$\lim_{n\to\infty}\|x_n - T^n x_n\| = 0. \tag{5.2.30}$$

又因为

$$\begin{aligned}\|x_n - Tx_n\| &\leqslant \|x_n - x_{n+1}\| + \|x_{n+1} - T^{n+1}x_{n+1}\| + \|T^{n+1}x_{n+1} - T^{n+1}x_n\| + \|T^{n+1}x_n - Tx_n\| \\ &\leqslant (1+L)\|x_n - x_{n+1}\| + \|x_{n+1} - T^{n+1}x_{n+1}\| + L\|x_n - T^n x_n\|.\end{aligned}$$

由式 (5.2.17) 和式 (5.2.30) 得

$$\lim_{n\to\infty}\|x_n - Tx_n\| = 0. \tag{5.2.31}$$

因此, 由引理 5.2.2 和式 (5.2.31) 得 $x_n \to q \in Fix(T)$. 另外, 由 $u_n = J_{r_n}(x_n - r_n Ax_n)$ 和式 (5.2.1) 得

$$F(u_n, y) + \langle Ax_n, y - u_n\rangle + \frac{1}{r_n}\langle y - u_n, u_n - x_n\rangle \geqslant 0, \quad \forall y \in K. \tag{5.2.32}$$

由 A2 和式 (5.2.32) 得

$$\langle Ax_n, y - u_n\rangle + \frac{1}{r_n}\langle y - u_n, u_n - x_n\rangle \geqslant F(y, u_n), \quad \forall y \in K. \tag{5.2.33}$$

记 $z_t = ty + (1-t)q$, $\forall t \in (0,1], y \in K$, 则 $z_t \in K$. 由式 (5.2.33) 得

$$\begin{aligned}\langle Az_t, z_t - u_n\rangle &\geqslant \langle Az_t, z_t - u_n\rangle - \langle Ax_n, z_t - u_n\rangle - \left\langle z_t - u_n, \frac{u_n - x_n}{r_n}\right\rangle + F(z_t, u_n) \\ &= \langle Az_t - Au_n, z_t - u_n\rangle + \langle Au_n - Ax_n, z_t - u_n\rangle - \left\langle z_t - u_n, \frac{u_n - x_n}{r_n}\right\rangle + \\ &\quad F(z_t, u_n).\end{aligned} \tag{5.2.34}$$

因为 A 是 α-逆强单调的, 所以 A 是单调的. 由式 (5.2.27) 和式 (5.2.34) 得

$$\langle Az_t, z_t - q\rangle \geqslant F(z_t, q). \tag{5.2.35}$$

由 A1、A4 和式 (5.2.35) 得

$$\begin{aligned}0 = F(z_t, z_t) &\leqslant tF(z_t, y) + (1-t)F(z_t, q) \\ &\leqslant tF(z_t, y) + (1-t)\langle Az_t, z_t - q\rangle \\ &\leqslant tF(z_t, y) + (1-t)t\langle Az_t, y - q\rangle.\end{aligned}$$

所以

$$F(z_t, y) + (1-t)\langle Az_t, y - q\rangle \geqslant 0.$$

令 $t \to 0$, 则 $z_t \to q$, 并且

$$F(q, y) + \langle Aq, y - q\rangle \geqslant 0, \quad \forall y \in C, \tag{5.2.36}$$

式 (5.2.36) 表明, $q \in EP(F,A)$. 因此, $q \in \Omega = Fix(T)\bigcap EP(F,A)$.

定理 5.2.2 设 K 为 Hilbert 空间 H 的非空闭凸子集, $A: K \to H$ 为 α-逆强单调映象, $F: K\times K \to R$ 为满足条件 A1—A4 的双变元函数. 设 $f: K \to K$ 为 Meir-Keeler 压缩映象, $T: K \to K$ 为渐近非扩张映象且 $\Omega = Fix(T)\bigcap EP(F,A) \neq \phi$. 如果序列 $\alpha_n \in [a,b] \subset (0,1)$, $r_n \in [c,d] \subset (0,2\alpha)$, 对给定 $x_1 \in K$, $C_1 = K$, 则由式 (5.2.1) 定义的黏滞迭代序列 $\{x_n\}$ 强收敛到 $q \in \Omega$, 且 $q = P_\Omega f(q)$.

证 由于渐近非扩张映象是渐近 0-严格伪压缩映象. 取 $\lambda = 0$, 由定理 5.2.1 类似可证.

定理 5.2.3 设 K 为 Hilbert 空间 H 的非空闭凸子集, $F: K\times K \to R$ 为满足条件 A1—A4 的双变元函数. 设 $f: K\to K$ 为 Meir-Keeler 压缩映象, $T: K\to K$ 为渐近 λ-严格伪压缩映象且 $\Omega = Fix(T)\bigcap EP(K,F) \neq \phi$. 对给定 $x_1 \in K, C_1 = K$, 如果序列 $\alpha_n \in [a,b] \subset (0,1)$, $r_n \in (0,\infty)$ 且 $\lambda \in [0, 1-b]$, 则由式 (5.2.2) 定义的序列 $\{x_n\}$ 强收敛到 $q \in \Omega$, 且 $q = P_\Omega f(q)$.

证 令 $A = 0$, 则广义平衡问题退化为平衡问题, 由定理 5.2.1 类似可证.

定理 5.2.4 设 K 为 Hilbert 空间 H 的非空闭凸子集, $A: K \to H$ 为 α-逆强单调映象. 设 $f: K\to K$ 为 Meir-Keeler 压缩映象, $T: K \to K$ 为渐近 λ-严格伪压缩映象且 $\Omega = Fix(T)\bigcap VI(K,A) \neq \phi$. 对给定 $x_1 \in K$, $C_1 = K$, 如果序列 $\alpha_n \in [a,b] \subset (0,1)$, $r_n \in [c,d] \subset (0,2\alpha)$ 且 $\lambda \in [0,1-b]$, 则由式 (5.2.3) 定义的序列 $\{x_n\}$ 强收敛到 $q \in \Omega$, 且 $q = P_\Omega f(q)$.

证 令 $F = 0$, 则广义平衡问题退化为变分不等式, 且

$$\langle Ax_n, y - u_n\rangle + \frac{1}{r_n}\langle y - u_n, u_n - x_n\rangle \geqslant 0,\ \ \forall y \in K.$$

等价于

$$\langle y - u_n, u_n - (x_n - r_nAx_n)\rangle \geqslant 0,\ \ \forall y \in K.$$

因此, $u_n = P_K(x_n - r_nAx_n)$. 由定理 5.2.1 类似可证.

5.3 伪单调平衡问题的不动点方法

5.3.1 预备知识

设 H 为一实 Hilbert 空间, 其内积和范数分别表示为 $\langle\cdot,\cdot\rangle$ 和 $\|\cdot\|$. 设 K 为 H 的一个非空闭凸子集, $T: K\to K$ 为一非线性映象, 称 T 是广义渐近 λ-严格伪压缩的, 如果存在 $\lambda \in [0,1)$, $k_n \in [1,\infty)$ 且 $\lim\limits_{n\to\infty} k_n = 1$, 使得

$$\limsup_{n\to\infty}\sup_{x,y\in C}\left(\|T^nx - T^ny\|^2 - k_n\|x-y\|^2 - \lambda\|(x - T^nx) - (y - T^ny)\|^2\right) \leqslant 0,\ \ \forall x,y\in K.$$

取 $e_n = \max\left\{0, \sup\limits_{x,y\in C}\left(\|T^nx - T^ny\|^2 - k_n\|x-y\|^2 - \lambda\|(x-T^nx) - (y - T^ny)\|^2\right)\right\}$, 不难验证 $e_n \to 0\ (n\to\infty)$. 那么, 广义渐近 λ-严格伪压缩映象等价于

$$\|T^nx - T^ny\|^2 \leqslant k_n\|x-y\|^2 + \lambda\|(x - T^nx) - (y - T^ny)\|^2 + e_n,\ \ \forall x,y \in K,\ n\geqslant 1.$$

显然, 当 $e_n = 0$ 时, 广义渐近 λ-严格伪压缩映象就退化为渐近 λ-严格伪压缩映象. 广义渐近 λ-严格伪压缩映象是对渐近非扩张映象、伪压缩映象和渐近 λ-严格伪压缩映象的进一步推

广. 值得注意的是, 渐近 λ-严格伪压缩映象是一致 Lipschitz 连续的, 而广义渐近 λ-严格伪压缩映象却不一定具有一致 Lipschitz 连续性 [153,156,161-162]. 本文以 $Fix(T)$ 表示 T 的不动点集合, 即 $Fix(T)=\{x\in K, Tx=x\}$.

近年来, 数学研究者们开始利用不动点方法研究有效的数值算法逼近 $Fix(T)\cap EP(K,F)$ 或 $Fix(T)\cap VI(K,A)$ 中的某个公共元素, 并已获得了一系列很好的研究成果. 然而, 求解平衡问题的基础性方法——投影方法对单调变分不等式和平衡问题并不收敛, 更不能直接用于求解伪单调平衡问题和混合平衡问题. 已有研究者开始尝试推广平衡问题中算子的单调性条件, 并引入梯度和惩罚函数等技巧对投影方法进行改进 [132,163-166]. 另一方面, 关于广义渐近 λ- 严格伪压缩映象不动点问题的研究却相对滞后, 并且已有数值方法的收敛性分析仍然要求映象具有一致 Lipschitz 连续性, 这恰好使广义渐近 λ-严格伪压缩映象作为一种推广的形式失去了应有的意义 [57,84,155]. 因此, 寻求逼近伪单调平衡问题和广义渐近 λ-严格伪压缩映象不动点的有效数值方法, 并在收敛分析中去掉一致 Lipschitz 连续性的限制, 就变得具有重要的理论和实践意义.

2010 年, 刘英, 苏珂 [85] 将黏滞逼近方法推广到渐近非扩张映象, 介绍了一个关于广义平衡问题和渐近非扩张映象不动点问题的黏滞逼近方法

$$\begin{cases}F(u_n,y)+\langle Ax_n,y-u_n\rangle+\dfrac{1}{r_n}\langle y-u_n,u_n-x_n\rangle\geqslant 0,\ \forall y\in K,\\ x_{n+1}=\alpha_nf(x_n)+\beta_nx_n+\gamma_nT^nu_n,\end{cases}$$

并在 (C1) $\lim\limits_{n\to\infty}|r_{n+1}-r_n|=0$ 和映象 T 满足渐近正则性 (C2) $\lim\limits_{n\to\infty}\|T^{n+1}u_n-T^nu_n\|=0$ 的条件下, 证明了黏滞迭代序列强收敛到 $q\in\Omega=EP(K,F)\cap Fix(T)$, 并且 $q=P_\Omega f(q)$. 后来, Wen[151] 利用 Meir-Keeler 压缩映象, 定义一个新的逼近广义平衡问题和渐近 λ-严格伪压缩映象不动点的黏滞-投影方法, 并在收敛性分析中去掉了文献 [85] 中的 (C1) 和 T 的渐近正则性 (C2) 等条件. 然而, 该方法的收敛性分析主要利用 Meir-Keeler 压缩映象的投影性质和平衡问题的单调性, 仍然无法解决范围更广的伪单调平衡问题.

2014 年, Yao 等 [167] 将黏滞逼近方法推广到渐近伪压缩映象, 介绍了一个改进的关于渐近伪压缩映象不动点的黏滞逼近方法

$$\begin{cases}y_n=(1-\delta_n)x_n+\delta_nT^nx_n,\\ x_{n+1}=\alpha_nf(x_n)+\beta_nx_n+\gamma_nT^ny_n,\end{cases}$$

并在一定的条件下建立了关于渐近伪压缩映象不动点的强收敛定理, 改进并推广了文献 [85] 中相应的结论. 然而, 其收敛性分析依然要求映象 T 具有一致 Lipschitz 连续性.

本节将利用黏滞逼近方法和循环技巧改进关于平衡问题的次梯度-投影方法, 在 Hilbert 空间中建立关于伪单调平衡问题和一簇广义渐近 λ-严格伪压缩映象公共不动点的强收敛定理, 并在收敛性分析中去掉了映象 T 的一致 Lipschitz 连续性条件, 所得的结果改进并推广了文献 [85,151,159,167] 中相应的结论.

5.3.2　基本结论

设 K 为实 Hilbert 空间 H 的一非空闭凸子集, $\{x_n\}$ 为 K 中的任一序列, 以 $x_n\to x$ 和 $x_n\rightharpoonup x$ 分别表示序列 $\{x_n\}$ 强和弱收敛到 x. 设 $F:K\times K\to\mathbb{R}$ 为一双变元函数:

①称 F 是 r-强单调的, 如果存在常数 $r>0$, 使得

$$F(x,y)+F(y,x)\leqslant -r\|x-y\|^2,\quad \forall x,y\in K.$$

②称 F 在 K 上是单调的, 如果

$$F(x,y)+F(y,x)\leqslant 0,\quad \forall x,y\in K.$$

③称 F 对 $x\in K$ 是伪单调的, 如果

$$F(x,y)\geqslant 0 \implies F(y,x)\leqslant 0,\quad \forall y\in K.$$

不难验证, 对任意 $x\in K$:①⇒ ②⇒ ③. 另外, 如果 F 对任意 $x\in D\subset K$ 是伪单调的, 则称 F 对 D 是伪单调的. 特别地, 当 $D\equiv K$ 时, F 在 K 上是伪单调的. 同时, 如果 F 在 K 上不是伪单调的, 却仍有可能对 K 中某个平衡问题的解集 D 是伪单调的 [168]. 例如, 取 $K:=[-1,1]$,

$$F(x,y)=2y|x|(y-x)+xy|y-x|,\quad \forall x,y\in\mathbb{R}.$$

显然, $EP(K,F)=\{0\}$. 由于 $F(y,0)=0$, $\forall y\in K$, 故 F 对 $D=\{0\}$ 是伪单调的. 另一方面, 又因为 $F(-0.5,0.5)=0.25>0$ 且 $F(0.5,-0.5)=0.25>0$, 所以 F 在 K 上不是伪单调的.

为了进一步研究涉及双变元函数 $F:K\times K\to\mathbb{R}$ 的平衡问题, 本文以 $\partial_\epsilon F(x,.)x$ 表示 $F(x,.)$ 在 x 的 ϵ-次微分, 记 $D=EP(K,F)$, 并假设 F 满足下列条件:

A$'$1. 对任意 $x\in K$, 有 $F(x,x)=0$, 并且 $F(x,.)$ 在 K 上凸且下半连续;

A$'$2. 对任意 $y\in K$, $F(.,y)$ 在 K 上是弱上半连续;

A$'$3. F 对 $D=EP(K,F)$ 是伪单调且具有严格参数单调性, 即对 $x\in D$, $y\in K$, 则 $F(y,x)=0$ 蕴含了 $y\in D$;

A$'$4. 如果序列 $\{x_n\}\subseteq K$ 有界且 $\epsilon_n\to 0$ $(n\to\infty)$, 则序列 $\{w_n\}$ 有界, 其中 $w_n\in\partial_{\epsilon_n}F(x_n,.)x_n$.

由文献 [169] 可知:

①如果 F 对 D 是伪单调的, 并满足条件 A$'$1 和 A$'$2, 则 D 是凸的;

②如果 F 在 K 上是伪单调的, 且 $F(x,y)=F(y,x)=0$, $\forall x\in D, y\in K$, 则条件 A$'$3 成立, 即 $y\in D$;

③如果 F 在 $K\times K$ 上连续且满足条件 A$'$1, 则条件 A$'$4 成立, 即序列 $\{w_n\}$ 有界.

引理 5.3.1[162] 设 K 为 Hilbert 空间 H 的非空闭凸子集, $T:K\to K$ 为广义渐近严格伪压缩映象, 则 $Fix(T)$ 为非空闭凸集, 并且

$$\|T^nx-T^ny\|\leqslant\frac{1}{1-\lambda}\{\lambda\|x-y\|+\sqrt{[1+(1-\lambda)(k_n-1)]\|x-y\|^2+(1-\lambda)e_n}\},\ \forall x,y\in K.$$

引理 5.3.2[162] 设 K 为 Hilbert 空间 H 的非空闭凸子集, $T:K\to K$ 为连续的广义渐近严格伪压缩映象. 如果 $\{x_n\}\subset K, x_n\rightharpoonup x$ 且 $\limsup\limits_{m\to\infty}\limsup\limits_{n\to\infty}\|x_n-T^mx_n\|=0$, 则 $(I-T)x=0$.

引理 5.3.3[27] 设$\{a_n\}$, $\{b_n\}$和$\{\mu_n\}$ 是 3 个非负序列, 如果满足不等式 $a_{n+1}=(1+\mu_n)a_n+b_n$, 其中, $\sum\limits_{n=1}^{\infty}\mu_n<\infty$ 且 $\sum\limits_{n=1}^{\infty}b_n<\infty$, 则 $\lim\limits_{n\to\infty}a_n$ 存在.

5.3.3　不动点算法及收敛性定理

算法 5.3.1　本节将 Liu-Su[85] 和 Yao 等 [167] 的黏滞逼近方法推广到广义渐近 λ-严格伪压缩映象, 定义一个新的逼近伪单调平衡问题和一簇广义渐近 λ-严格伪压缩映象公共不动点的黏滞-次梯度方法

$$\begin{cases} w_n \in \partial_{\epsilon_n} F(x_n, .)x_n, \\ u_n = P_C(x_n - \delta_n w_n),\ \delta_n = \dfrac{\sigma_n}{\max\{\lambda_n, \|w_n\|\}}, \\ x_{n+1} = \alpha_n f(x_n) + \beta_n u_n + \gamma_n T_{i(n)}^{h(n)} u_n, \end{cases} \tag{5.3.1}$$

其中, $\alpha_n, \beta_n, \gamma_n \in [0,1], n = [h(n)-1]N + i(n),\ i = i(n) = 1, 2, \cdots, N$, 且 $\{\epsilon_n\}, \{\lambda_n\}, \{\sigma_n\}$ 为 3 个非负实数序列.

算法 5.3.2　在式 (5.3.1) 的基础上, 定义一个新的逼近伪单调平衡问题和广义渐近 λ-严格伪压缩映象公共不动点的黏滞-次梯度方法

$$\begin{cases} w_n \in \partial_{\epsilon_n} F(x_n, .)x_n, \\ u_n = P_C(x_n - \delta_n w_n),\ \delta_n = \dfrac{\sigma_n}{\max\{\lambda_n, \|w_n\|\}}, \\ x_{n+1} = \alpha_n f(x_n) + \beta_n u_n + \gamma_n T^n u_n, \end{cases} \tag{5.3.2}$$

其中, $\alpha_n, \beta_n, \gamma_n \in [0,1]$ 且 $\epsilon_n, \lambda_n, \sigma_n \in (0, \infty)$ 为 3 个非负实数序列.

定理 5.3.1　设 K 为 Hilbert 空间 H 的非空闭凸子集, $F: K \times K \to \mathbb{R}$ 为一双变元函数且满足条件 A′1—A′4. 设 $f: K \to K$ 是系数为 ρ 的压缩映象且 $\rho \in \left(0, \dfrac{1}{\sqrt{2}}\right)$, $T_i: K \to K$ 为一簇连续的广义渐近 λ-严格伪压缩映象且 $\Omega = \bigcap_{i=1}^{N} Fix(T_i) \bigcap EP(K, F) \neq \phi$. 如果 $\alpha_n, \beta_n, \gamma_n \in [0,1], \epsilon_n, \lambda_n, \sigma_n \in (0, \infty)$ 且满足条件:

①$\sum\limits_{n=1}^{\infty} \alpha_n < \infty$, $\beta_n - \lambda \geqslant b > 0$, $\beta_n \to \dfrac{1}{2}$ 且 $\alpha_n + \beta_n + \gamma_n = 1$;

②$0 < \lambda_n < \bar{\lambda}$, $\sum\limits_{n=1}^{\infty} \sigma_n = \infty$, $\sum\limits_{n=1}^{\infty} \sigma_n^2 < \infty$ 且 $\sum\limits_{n=1}^{\infty} \sigma_n \epsilon_n < \infty$;

③$\sum\limits_{n=1}^{\infty} e_n < \infty$ 且 $\sum\limits_{n=1}^{\infty} (k_n - 1) < \infty$.

对给定 $x_1 \in K$, 则由式 (5.3.1) 定义的迭代序列 $\{x_n\}$ 强收敛到 $q \in \Omega$.

证　首先证明 $\lim\limits_{n\to\infty} \|x_n - p\|$ 存在. 任取 $p \in \Omega$, 由引理 5.1.1①和 $u_n = P_K(x_n - \delta_n w_n)$ 得

$$\begin{aligned} \|u_n - p\|^2 &= \|x_n - p\|^2 - \|u_n - x_n\|^2 + 2\langle x_n - u_n, p - u_n \rangle \\ &\leqslant \|x_n - p\|^2 - \|u_n - x_n\|^2 + 2\delta_n \langle w_n, p - u_n \rangle \\ &\leqslant \|x_n - p\|^2 + 2\delta_n \langle w_n, p - u_n \rangle \\ &\leqslant \|x_n - p\|^2 + 2\delta_n \langle w_n, p - x_n \rangle + 2\delta_n \langle w_n, x_n - u_n \rangle. \end{aligned} \tag{5.3.3}$$

由于 $w_n \in \partial_{\epsilon_n} F(x_n, .)x_n$, 则由条件 A′1:$F(x, x) = 0, \forall x \in K$ 得

$$\begin{aligned} \langle w_n, p - x_n \rangle &\leqslant F(x_n, p) - F(x_n, x_n) + \epsilon_n \\ &\leqslant F(x_n, p) + \epsilon_n. \end{aligned} \tag{5.3.4}$$

已知 $p\in EP(K,F)$, 即 $F(p,x)\geqslant 0,\forall x\in K$. 利用 F 的伪单调性得 $F(x,p)\leqslant 0,\forall x\in K$, 进一步可得 $F(x_n,p)\leqslant 0,\forall x_n\in K$. 又因为 $\delta_n=\dfrac{\sigma_n}{\max\{\lambda_n,\|w_n\|\}}$, 利用投影算子的性质得

$$\begin{aligned}\|x_n-u_n\|^2&=\langle x_n-u_n,x_n-u_n\rangle\\&\leqslant\delta_n\langle w_n,x_n-u_n\rangle\\&\leqslant\delta_n\|w_n\|\|x_n-u_n\|\\&\leqslant\sigma_n\|x_n-u_n\|,\end{aligned}\tag{5.3.5}$$

这表明 $\|x_n-u_n\|\leqslant\sigma_n$, 结合式 (5.3.3)—式 (5.3.5) 得

$$\begin{aligned}\|u_n-p\|^2&\leqslant\|x_n-p\|^2+2\delta_nF(x_n,p)+2\delta_n\epsilon_n+2\sigma_n^2\\&\leqslant\|x_n-p\|^2+2\delta_n\epsilon_n+2\sigma_n^2.\end{aligned}\tag{5.3.6}$$

另外, 由式 (5.3.1) 和引理 5.1.1②得

$$\begin{aligned}\|x_{n+1}-p\|^2=&\left\|\alpha_n(f(x_n)-p)+\beta_n(u_n-p)+\gamma_n(T_{i(n)}^{h(n)}u_n-p)\right\|^2\\\leqslant&\alpha_n\|f(x_n)-p\|^2+\beta_n\|u_n-p\|^2+\gamma_n\left\|T_{i(n)}^{h(n)}u_n-p\right\|^2-\beta_n\gamma_n\left\|u_n-T_{i(n)}^{h(n)}u_n\right\|^2\\\leqslant&\alpha_n\|f(x_n)-p\|^2+(\beta_n+\gamma_nk_{h(n)})\|u_n-p\|^2-\gamma_n(\beta_n-\lambda)\left\|u_n-T_{i(n)}^{h(n)}u_n\right\|^2+\\&e_{h(n)}\\\leqslant&2\alpha_n\left[\|f(x_n)-f(p)\|^2+\|f(p)-p\|^2\right]+(1-\alpha_n)\|u_n-p\|^2+\\&\gamma_n(k_{h(n)}-1)\|u_n-p\|^2-\gamma_n(\beta_n-\lambda)\left\|u_n-T_{i(n)}^{h(n)}u_n\right\|^2+e_{h(n)}\\\leqslant&2\alpha_n\rho^2\|x_n-p\|^2+(1-\alpha_n)\|u_n-p\|^2+\gamma_n(k_{h(n)}-1)\|u_n-p\|^2+\\&2\alpha_n\|f(p)-p\|^2-\gamma_n(\beta_n-\lambda)\left\|u_n-T_{i(n)}^{h(n)}u_n\right\|^2+e_{h(n)}.\end{aligned}\tag{5.3.7}$$

由于 $\beta_n\geqslant\lambda$, $F(x_n,p)\leqslant 0$, 结合式 (5.3.6) 和式 (5.3.7) 得

$$\begin{aligned}\|x_{n+1}-p\|^2\leqslant&[1-(1-2\rho^2)\alpha_n]\|x_n-p\|^2+(k_{h(n)}-1)\|x_n-p\|^2+2k_{h(n)}(\delta_n\epsilon_n+\sigma_n^2)+\\&2\alpha_n\|f(p)-p\|^2-\gamma_n(\beta_n-\lambda)\left\|u_n-T_{i(n)}^{h(n)}u_n\right\|^2+2\delta_nk_{h(n)}F(x_n,p)+e_{h(n)}\\\leqslant&[1-(1-2\rho^2)\alpha_n]\|x_n-p\|^2+(k_{h(n)}-1)\|x_n-p\|^2+2k_{h(n)}(\delta_n\epsilon_n+\sigma_n^2)+\\&2\alpha_n\|f(p)-p\|^2+e_{h(n)}.\end{aligned}\tag{5.3.8}$$

由条件①—③, 以及式 (5.3.8) 和引理 5.3.3 得 $\lim\limits_{n\to\infty}\|x_n-p\|$ 存在. 因此, 序列 $\{x_n\}$ 有界. 结合式 (5.3.6) 和条件②进一步可得序列 $\{u_n\}$ 有界.

其次, 证明 $\limsup\limits_{n\to\infty}F(x_n,p)=0$. 因为 F 是伪单调的且 $F(p,x_n)\geqslant 0,p\in\Omega$, 所以 $-F(x_n,p)\geqslant 0$. 由式 (5.3.8) 和条件①整理可得

$$\begin{aligned}2\delta_nk_{h(n)}[-F(x_n,p)]\leqslant&\|x_n-p\|^2-\|x_{n+1}-p\|^2+(k_{h(n)}-1)\|x_n-p\|^2+2\alpha_n\|f(p)-p\|^2+\\&2k_{h(n)}(\delta_n\epsilon_n+\sigma_n^2)+e_{h(n)}.\end{aligned}\tag{5.3.9}$$

对式 (5.3.9) 关于所有 $n\geqslant 1$ 求和, 且由于 $k_n\in[1,\infty)$, 则

$$\begin{aligned}0&\leqslant 2\sum_{n=1}^{\infty}\delta_n[-F(x_n,p)]\\&\leqslant 2\sum_{n=1}^{\infty}\delta_n k_{h(n)}[-F(x_n,p)]\\&\leqslant \|x_0-p\|^2+M\sum_{n=1}^{\infty}(k_{h(n)}-1)+2M\sum_{n=1}^{\infty}(\alpha_n+\delta_n\epsilon_n+\sigma_n^2)+\sum_{n=1}^{\infty}e_{h(n)}<+\infty,\end{aligned}\tag{5.3.10}$$

其中，$M=\max\{\sup k_{h(n)},\sup\|x_n-p\|^2,\|f(p)-p\|^2\}$. 另一方面, 由条件 A′4 可得 $\|w_n\|\leqslant\overline{w}$. 因为 $0<\lambda_n<\bar{\lambda}$ 且 $\delta_n=\dfrac{\sigma_n}{\max\{\lambda_n,\|w_n\|\}}$, 不妨取 $M_0=\max\{\bar{\lambda},\overline{w}\}$, 则

$$\begin{aligned}0&\leqslant\frac{2}{M_0}\sum_{n=1}^{\infty}\sigma_n[-F(x_n,p)]\\&\leqslant 2\sum_{n=1}^{\infty}\delta_n[-F(x_n,p)]<+\infty,\end{aligned}\tag{5.3.11}$$

又因为 $-F(x_n,p)\geqslant 0$ 且 $\sum\limits_{n=1}^{\infty}\sigma_n=\infty$, 所以 $\limsup\limits_{n\to\infty}F(x_n,p)=0$.

现在证明 $q\in\bigcap_{i=1}^N Fix(T_i)\bigcap EP(K,F)$, 其中，$\{x_{n_j}\}\subset\{x_n\}$ 且 $x_{n_j}\rightharpoonup q\ (j\to\infty)$. 由条件 A′2 得

$$\begin{aligned}F(q,p)&\geqslant\limsup_{j\to\infty}F(x_{n_j},p)=\lim_{j\to\infty}F(x_{n_j},p)\\&=\limsup_{n\to\infty}F(x_n,p)=0,\end{aligned}\tag{5.3.12}$$

其中，$p\in\Omega$. 同时, 由 K 的凸性可知，$q\in K$, 所以 $F(p,q)\geqslant 0$. 因为 F 是伪单调的, 所以 $F(q,p)\leqslant 0$, 结合式 (5.3.12) 进一步得 $F(p,q)=0$. 因此, 由条件 A′3 得 $q\in EP(K,F)$. 另一方面, 由式 (5.3.5) 和条件②可知

$$\lim_{n\to\infty}\|x_n-u_n\|=0.\tag{5.3.13}$$

利用式 (5.3.8) 整理可得

$$\begin{aligned}\gamma_n(\beta_n-\lambda)\left\|u_n-T_{i(n)}^{h(n)}u_n\right\|^2&\leqslant\|x_n-p\|^2-\|x_{n+1}-p\|^2+(k_{h(n)}-1)\|x_n-p\|^2+\\&\quad 2k_{h(n)}(\delta_n\epsilon_n+\sigma_n^2)+2\alpha_n\|f(p)-p\|^2+e_{h(n)}.\end{aligned}\tag{5.3.14}$$

由于 $\lim\limits_{n\to\infty}\|x_n-p\|$ 存在, 并结合条件①—③和式 (5.3.14) 得

$$\lim_{n\to\infty}\left\|u_n-T_{i(n)}^{h(n)}u_n\right\|=0.\tag{5.3.15}$$

因为

$$\left\|x_n-T_{i(n)}^{h(n)}x_n\right\|\leqslant\|x_n-u_n\|+\left\|u_n-T_{i(n)}^{h(n)}u_n\right\|+\left\|T_{i(n)}^{h(n)}u_n-T_{i(n)}^{h(n)}x_n\right\|,$$

则由式 (5.3.13), 式 (5.3.15) 和引理 5.3.1 得

$$\lim_{n\to\infty} \left\|x_n - T_{i(n)}^{h(n)} x_n\right\| = 0. \tag{5.3.16}$$

由式 (5.3.1) 得

$$\begin{aligned}\|x_{n+1} - u_n\| &= \left\|\alpha_n(f(x_n) - u_n) + \gamma_n\left(u_n - T_{i(n)}^{h(n)} u_n\right)\right\| \\ &\leqslant \alpha_n\|f(x_n) - u_n\| + \gamma_n\left\|u_n - T_{i(n)}^{h(n)} u_n\right\|,\end{aligned}$$

结合条件①和式 (5.3.15) 进一步得

$$\lim_{n\to\infty} \|x_{n+1} - u_n\| = 0. \tag{5.3.17}$$

由式 (5.3.13) 和式 (5.3.17) 得

$$\lim_{n\to\infty} \|x_{n+1} - x_n\| = 0,$$

进一步得

$$\lim_{n\to\infty} \|x_{n+i} - x_n\| = 0, \quad i = 1, 2, \cdots, N. \tag{5.3.18}$$

又因为 $n = [h(n) - 1]N + i(n)$, $i = i(n) = 1, 2, \cdots, N$, 即 $i(n) = i(n - N)$, $h(n) = h(n - N) + 1$, 所以

$$\left\|x_n - T_{i(n)}^{h(n)-1} x_n\right\| \leqslant \|x_n - x_{n-N}\| + \left\|x_{n-N} - T_{i(n-N)}^{h(n-N)} x_{n-N}\right\| + \left\|T_{i(n-N)}^{h(n-N)} x_{n-N} - T_{i(n)}^{h(n)-1} x_n\right\|,$$

结合由式 (5.3.16)、式 (5.3.18) 和引理 5.3.1 得

$$\lim_{n\to\infty} \left\|x_n - T_{i(n)}^{h(n)-1} x_n\right\| = 0. \tag{5.3.19}$$

利用式 (5.3.19) 和引理 5.3.2 得 $q = T_i q$, $i = 1, 2, \cdots, N$, 即 $q \in \bigcap_{i=1}^N Fix(T_i)$. 因此, $q \in \bigcap_{i=1}^N Fix(T_i) \bigcap EP(K, F)$.

最后证明 $\lim\limits_{n\to\infty} x_n = \lim\limits_{n\to\infty} P_\Omega(x_n) = q$. 由式 (5.3.8) 得

$$\|x_{n+1} - p\|^2 \leqslant \|x_n - p\|^2 + \eta_n, \tag{5.3.20}$$

其中，$\eta_n = (k_{h(n)} - 1)\|x_n - p\|^2 + 2k_{h(n)}(\delta_n\epsilon_n + \sigma_n^2) + 2\alpha_n\|f(p) - p\|^2 + e_{h(n)}$. 由条件①—③和序列 $\{x_n\}$ 的有界性可得 $\sum\limits_{n=1}^{\infty} \eta_n < +\infty$. 另外, 由式 (5.3.1) 和度量投影的性质得

$$\begin{aligned}\|x_{n+1} - P_\Omega(x_{n+1})\|^2 &\leqslant \left\|\alpha_n f(x_n) + \beta_n u_n + \gamma_n T_{i(n)}^{h(n)} u_n - P_\Omega(u_n)\right\|^2 \\ &\leqslant \alpha_n\|f(x_n) - P_\Omega(u_n)\|^2 + \beta_n\|u_n - P_\Omega(u_n)\|^2 + \gamma_n\left\|T_{i(n)}^{h(n)} u_n - P_\Omega(u_n)\right\|^2 \\ &\leqslant \alpha_n\|f(x_n) - P_\Omega(u_n)\|^2 + (\beta_n - \gamma_n)\|u_n - P_\Omega(u_n)\|^2 + \gamma_n\left\|u_n - T_{i(n)}^{h(n)} u_n\right\|^2.\end{aligned}$$

由式 (5.3.15) 和条件①得

$$\lim_{n\to\infty} \|x_{n+1} - P_\Omega(x_{n+1})\| = 0. \tag{5.3.21}$$

对任意的 $m>n$, 由 Ω 的凸性可知，$\frac{1}{2}(P_\Omega(x_m)+P_\Omega(x_n))\in\Omega$, 则

$$\begin{aligned}\|P_\Omega(x_m)-P_\Omega(x_n)\|^2&=2\|x_m-P_\Omega(x_m)\|^2+2\|x_m-P_\Omega(x_n)\|^2-4\left\|x_m-\frac{1}{2}(P_\Omega(x_m)+P_\Omega(x_n))\right\|^2\\&\leqslant 2\|x_m-P_\Omega(x_m)\|^2+2\|x_m-P_\Omega(x_n)\|^2-4\|x_m-P_\Omega(x_m)\|^2\\&=2\|x_m-P_\Omega(x_n)\|^2-2\|x_m-P_\Omega(x_m)\|^2.\end{aligned}\tag{5.3.22}$$

因为 $P_\Omega(x_n)\in\Omega$, 并利用式 (5.3.20) 得

$$\begin{aligned}\|x_m-P_\Omega(x_n)\|^2&\leqslant\|x_{m-1}-P_\Omega(x_n)\|^2+\eta_{m-1}\\&\leqslant\|x_{m-2}-P_\Omega(x_n)\|^2+\eta_{m-1}+\eta_{m-2}\\&\quad\vdots\\&\leqslant\|x_n-P_\Omega(x_n)\|^2+\sum_{\tau=n}^{m-1}\eta_\tau,\end{aligned}\tag{5.3.23}$$

其中，$\eta_\tau=(k_{h(\tau)}-1)\|x_\tau-p\|^2+2k_{h(\tau)}(\delta_\tau\epsilon_\tau+\sigma_\tau^2)+2\alpha_\tau\|f(p)-p\|^2+e_{h(\tau)}$. 由式 (5.3.22) 和式 (5.3.23) 得

$$\|P_\Omega(x_m)-P_\Omega(x_n)\|^2\leqslant 2\|x_n-P_\Omega(x_n)\|^2+2\sum_{\tau=n}^{m-1}\eta_\tau-2\|x_m-P_\Omega(x_m)\|^2.\tag{5.3.24}$$

结合式 (5.3.21) 和 $\sum_{n=1}^{\infty}\eta_n<+\infty$, 这表明 $\{P_\Omega(x_n)\}$ 是 Cauchy 序列, 故 $\{P_\Omega(x_n)\}$ 强收敛到某点 $x^*\in\Omega$. 同时, 由于 $\{x_{n_j}\}\subset\{x_n\}$ 且 $x_{n_j}\to q\ (j\to\infty)$, 并结合式 (5.3.21) 得

$$x^*=\lim_{j\to\infty}P_\Omega(x_{n_j})=P_\Omega(q)=q,$$

即 $P_\Omega(x_n)\to x^*=q\in\Omega$. 因此, $\lim_{n\to\infty}x_n=q\in\Omega$.

定理 5.3.2　设 K 为 Hilbert 空间 H 的非空闭凸子集, $F:K\times K\to\mathbb{R}$ 为一双变元函数且满足条件 A′1—A′4. 设 $f:K\to K$ 是系数为 ρ 的压缩映象且 $\rho\in\left(0,\frac{1}{\sqrt{2}}\right)$, $T:K\to K$ 为连续的广义渐近 λ-严格伪压缩映象且 $\Omega=Fix(T)\bigcap EP(K,F)\neq\phi$. 对给定 $x_1\in C$, 如果 $\alpha_n,\beta_n,\gamma_n\in[0,1],\epsilon_n,\lambda_n,\sigma_n\in(0,\infty)$ 且满足定理 5.3.1 中的条件①—③, 则由式 (5.3.2) 定义的序列 $\{x_n\}$ 强收敛到 $q\in\Omega$.

证　取 $N=1$, 黏滞-次梯度逼近式 (5.3.1) 退化为式 (5.3.2), 结论由定理 5.3.1 类似可证.

注 5.3.1　定理 5.3.1 和定理 5.3.2 中的方法和结论对渐近非扩张映象、伪压缩映象和渐近 λ-严格伪压缩映象仍然成立.

第 6 章　不动点方法在分层变分包含中的应用

本章介绍了分层变分包含和分层不动点相关问题的不动点逼近方法以及相关的数值实验，在 Hilbert 空间中建立了关于分层变分包含和非扩张半群不动点的强收敛定理，并通过相关的数值实验进一步说明了分层变分包含问题逼近方法的收敛性和稳定性.

6.1　分层变分包含中的不动点方法

6.1.1　预备知识

变分包含问题是变分不等式和变分方法的一个重要而有用的推广，是非线性分析、经济和工程技术领域研究的热点问题之一，也是研究多目标规划和分层规划问题的重要基础和有力工具. 然而，求解变分不等式问题的各种经典的数值方法不能直接推广到带有集值映象的变分包含问题，部分学者开始尝试引入预解算子取代投影算子作为突破口，研究一些特殊类型的集值变分包含问题解的存在性、参数唯一解的灵敏性和有效的数值方法. 近年来，变分包含问题已经发展成为一个相对独立的研究领域，研究内容涉及拓扑学、凸分析、线性与非线性规划、非光滑分析、集值分析及数值分析等数学分支，具有相当的难度和重要的学术价值.

首先，介绍变分包含问题的一些相关定义：设 H_1 和 H_2 为 Hilbert 空间，其内积和范数分别表示为 $\langle .,. \rangle$ 和 $\|.\|$. 设 $M: H_1 \to 2^{H_1}$ 为一集值映象，如果对任意 $x, y \in H_1$, $u \in Mx$ 和 $v \in My$ 满足

$$\langle x-y, u-v \rangle \geqslant 0,$$

则称 $M: H_1 \to 2^{H_1}$ 是单调的. 如果单调映象 M 的图 $\mathrm{Graph}(M)$ 不包含于其他任何单调映象，则称 M 是最大单调的. 不难证明，单调映象 M 最大的充分必要条件：对任意 $(x,u) \in H_1 \times H_1, (y,v) \in \mathrm{Graph}(M)$，则 $\langle x-y, u-v \rangle \geqslant 0$ 蕴含了 $u \in Mx$.

设 $M: H_1 \to 2^{H_1}$ 为一集值最大单调映象，定义 M 的预解算子 $J_\lambda^M: H_1 \to H_1$ 为

$$J_\lambda^M(x) := (I + \lambda M)^{-1}(x), \quad \forall x \in H_1,$$

其中，$\lambda > 0$, I 表示 H_1 上的单位算子. 值得注意的是，对任意 $\lambda > 0$，预解算子 J_λ^M 是单值的、非扩张且严格非扩张的.

2011 年，Moudafi[169] 基于可逆性问题介绍了下面的分层单调变分包含问题：求 $x^* \in H_1$ 使得

$$\begin{cases} 0 \in g_1(x^*) + B_1(x^*), \\ y^* = Ax^* \in H_2: \ 0 \in g_2(y^*) + B_2(y^*), \end{cases}$$

其中,$A: H_1 \to H_2$ 为一有界线性算子, $g_1: H_1 \to H_1$ 和 $g_2: H_2 \to H_2$ 为单值映象, $B_1: H_1 \to 2^{H_1}$ 和 $B_2: H_2 \to 2^{H_2}$ 为集值最大单调映象. 分层单调变分包含统一了分层最小化问题、分层鞍点问题和分层均衡问题等系列经济优化问题的研究框架. 研究成果成功解决了医学上基于传感网络的"X-射线层析照相法"和涉及的分层信息恢复问题, 研究结论逐步应用到多目标凸规划问题、X-射线疗法和数据压缩等金融、通信和生物工程领域中的实际问题[170-172].

如果 $g_1 = 0$, $g_2 = 0$, 则分层单调变分包含退化为分层变分包含问题: 求 $x^* \in H_1$ 使得

$$\begin{cases} 0 \in B_1(x^*), \\ y^* = Ax^* \in H_2: \ 0 \in B_2(y^*), \end{cases}$$

其中,B_1 和 B_2 为集值最大单调映象, $A: H_1 \to H_2$ 为一有界线性算子. 此处, 分层变分包含的解集表示为 $\mathscr{L} = \{x^* \in H_1 : 0 \in B_1(x^*),\, y^* = Ax^* \in H_2 : 0 \in B_2(y^*)\}$.

2012 年, Byrne 等[173] 利用预解算子技巧介绍了下面的不动点逼近方法，即

$$x_{n+1} = J_\lambda^{B_1}[x_n + \epsilon A^*(J_\lambda^{B_2} - I)Ax_n],$$

研究并建立了分层变分包含问题的强弱收敛性定理. 2013 年, Kazmi, Rizvi[174] 将该方法进一步推广到分层变分包含和非扩张映象的不动点问题, 并在适当的条件下建立了关于分层变分包含和非扩张映象的强收敛定理.

在此基础上, 本节将利用预解算子技巧和集值映象进一步研究分层变分包含和非扩张半群的不动点问题, 并在 Hilbert 空间建立相应的强收敛定理. 研究结论解决了一类变分不等式的最优化条件问题, 改进并推广了分层变分包含领域的研究成果[77,173-176].

6.1.2　基本结论

设 H_1 和 H_2 为 Hilbert 空间, 其内积和范数分别记为 $\langle .,. \rangle$ 和 $\|.\|$. 如果定义在 H_1 上的一个参数集 $\mathscr{T} := \{T(s) : 0 \leqslant s < \infty\}$ 满足下列条件:

①$T(0)x = x$, $\forall x \in H_1$;

② $T(s+t) = T(s)T(t)$, $\forall s, t \geqslant 0$;

③ $\|T(s)x - T(s)y\| \leqslant \|x - y\|$, $\forall x, y \in H_1$ 且 $s > 0$;

④对任意 $x \in H_1$, 映象 $s \longmapsto T(s)x$ 连续.

则称 $\mathscr{T}$ 为非扩张半群. 此处, 用 $Fix(\mathscr{T})$ 表示 $\mathscr{T}$ 的公共不动点集, 即 $Fix(\mathscr{T}) := \{x \in H_1 : T(s)x = x, \forall s > 0\}$. 众所周知, $Fix(\mathscr{T})$ 为闭凸集 (参见文献[177]).

设 $f: H_1 \to H_1$ 为一映象, 如果存在一常数 $\rho \in (0,1)$ 使得

$$\|f(x) - f(y)\| \leqslant \rho\|x - y\|, \quad \forall x, y \in H_1,$$

则称 f 为 ρ-压缩映象. 设 $B: H_1 \to H_1$ 为一有界算子, 如果存在一常数 $\overline{\gamma} > 0$ 使得

$$\langle Bx, x \rangle \geqslant \overline{\gamma}\|x\|^2, \quad \forall x \in H_1,$$

则称 B 为 $\overline{\gamma}$-强正有界算子.

设 $S: H_1 \to H_1$ 为一映象, 如果 $S := (1-\alpha)I + \alpha T$, 则称 S 为平均映象, 其中, $\alpha \in (0,1)$, I 和 $T: H_1 \to H_1$ 分别单位映象和为非扩张映象. 显然, 平均映象是非扩张的. 另外, 严格非扩张映象 (最大单调映象的预解算子) 是平均映象.

引理 6.1.1 设 H_1 为 Hilbert 空间, 有下列结论成立:

① $\|x+y\|^2 \leqslant \|x\|^2 + 2\langle y, (x+y)\rangle, \quad \forall x, y \in H_1$;

② $\|tx+(1-t)y\|^2 = t\|x\|^2 + (1-t)\|y\|^2 - t(1-t)\|x-y\|^2, \quad t \in [0,1], \forall x, y \in H_1$.

引理 6.1.2[175,178] 设 H_1 为 Hilbert 空间, D 为 H_1 的非空有界闭凸子集, 且 $\mathscr{T} := \{T(s) : 0 \leqslant s < \infty\}$ 为定义在 D 上的非扩张半群, 则对任意的 $u \geqslant 0$, 有

$$\lim_{t\to\infty}\sup_{x\in D}\left\|\frac{1}{t}\int_0^t T(s)x\mathrm{d}s - T(u)\frac{1}{t}\int_0^t T(s)x\mathrm{d}s\right\| = 0.$$

引理 6.1.3[176,179] 设 $S : H_1 \to H_1$ 为平均映象, $T : H_1 \to H_1$ 为非扩张映象, 则:

①$W = (1-\alpha)S + \alpha T$ 是平均映象, 其中, $\alpha \in (0,1)$.

②有限个平均映象的组合仍为平均映象.

引理 6.1.4[174] 分层变分包含问题等价于: 求一点 $x^* \in H_1$ 使得 $y^* = Ax^* \in H_2$:$x^* = J_\lambda^{B_1}(x^*)$, 且 $y^* = J_\lambda^{B_2}(y^*), \forall\lambda>0$.

引理 6.1.5[77] 设 H_1 为 Hilbert 空间, B 是定义在 H_1 上的系数 $\overline{\gamma} > 0$ 的强正有界线性算子. 如果 $0 < \varrho < \|B\|^{-1}$, 则 $\|I - \varrho B\| \leqslant 1 - \varrho\overline{\gamma}$.

引理 6.1.6[77] 设 C 为 Hilbert 空间 H_1 的非空闭凸子集, $f : C \to C$ 为系数为 $\rho \in (0,1)$ 的压缩映象, 且 B 是定义在 H_1 上的系数 $\overline{\gamma} > 0$ 的强正有界线性算子. 如果 $0 < \gamma < \overline{\gamma}/\rho$, 则

$$\langle x-y, (B-\gamma f)x - (B-\gamma f)y\rangle \geqslant (\overline{\gamma} - \gamma\rho)\|x-y\|^2, \quad \forall x, y \in H_1.$$

即 $B - \gamma f$ 是系数为 $\overline{\gamma} - \gamma\rho$ 的强单调映象.

引理 6.1.7[15] 设 $\{a_n\}_{n=1}^\infty$ 为一非负实序列且满足不等式

$$a_{n+1} \leqslant (1-\gamma_n)a_n + \gamma_n b_n + \sigma_n,$$

其中, $\{\gamma_n\}_{n=1}^\infty \subset (0,1)$, $\{b_n\}_{n=1}^\infty$, $\{\sigma_n\}_{n=1}^\infty$ 为 $\mathbb{R}$ 中的序列且满足下列条件:

① $\lim\limits_{n\to\infty}\gamma_n = 0$, 且 $\sum\limits_{n=1}^{\infty}\gamma_n = \infty$;

② $\limsup\limits_{n\to\infty} b_n \leqslant 0$;

③ $\sigma_n \geqslant 0$, 且 $\sum\limits_{n=1}^{\infty}\sigma_n < \infty$.

则序列 $\{a_n\}_{n=1}^\infty$ 收敛到零, 即 $\lim\limits_{n\to\infty} a_n = 0$.

6.1.3 不动点算法及收敛性定理

算法 6.1.1 本节将在 Byrne 等 [173], Kazmi 和 Rizvi[174] 介绍的分层变分包含问题的不动点方法基础上, 将分层变分包含和非扩张半群相结合, 进一步研究关于分层变分包含和非扩张半群公共不动点的广义逼近方法

$$x_{n+1} = \alpha_n\gamma f(x_n) + (I - \alpha_n B)\frac{1}{s_n}\int_0^{s_n} T(s)J_\lambda^{B_1}[x_n + \epsilon A^*(J_\lambda^{B_2} - I)Ax_n]\mathrm{d}s, \qquad (6.1.1)$$

其中, $\alpha_n \in [0,1]$, $\gamma \in [0,1]$, $s_n \in (0,\infty)$ 且 B 是定义在 H_1 上的强正有界线性算子.

算法 6.1.2 如果 $\gamma=1$, $B=I$, 算法 6.1.1 退化为分层变分包含和非扩张半群不动点的黏滞逼近方法:

$$x_{n+1}=\alpha_n f(x_n)+(1-\alpha_n)\frac{1}{s_n}\int_0^{s_n}T(s)J_\lambda^{B_1}[x_n+\epsilon A^*(J_\lambda^{B_2}-I)Ax_n]\mathrm{d}s. \tag{6.1.2}$$

算法 6.1.3 设 T 为一非扩张映象, 如果 $T(s)=T$, 算法 6.1.1 退化为分层变分包含和非扩张映象不动点的广义逼近方法

$$\begin{cases} u_n=J_\lambda^{B_1}[x_n+\epsilon A^*(J_\lambda^{B_2}-I)Ax_n], \\ x_{n+1}=\alpha_n\gamma f(x_n)+(I-\alpha_n B)Tu_n. \end{cases} \tag{6.1.3}$$

同时, 如果 $\gamma=1$, $B=I$ 且 $T(s)=T$, 算法 6.1.1 退化为 Kazmi，Rizvi[174] 中介绍的不动点逼近方法.

定理 6.1.1 设 H_1 和 H_2 为 Hilbert 空间, $A:H_1\to H_2$ 为一有界线性算子, B 为定义在 H_1 上的系数为 $\overline{\gamma}>0$ 的强正有界线性算子. 设 $B_1:H_1\to 2^{H_1}$ 和 $B_2:H_2\to 2^{H_2}$ 为集值最大单调映象, $\mathscr{T}:=\{T(s):0\leqslant s<\infty\}$ 为定义在 H_1 上的非扩张半群且 $Fix(\mathscr{T})\bigcap\mathscr{Z}\neq\phi$. 如果 $f:H_1\to H_1$ 为系数为 $\rho\in(0,1)$ 的压缩映象, 对任意 $\alpha\in(0,1)$, 如下定义映象

$$\Phi(x)=\alpha\gamma f(x)+(I-\alpha B)\frac{1}{t}\int_0^t T(s)J_\lambda^{B_1}[x+\epsilon A^*(J_\lambda^{B_2}-I)Ax]\mathrm{d}s,$$

其中, $t>0$, $\gamma\in\left(0,\dfrac{\overline{\gamma}}{\rho}\right)$ 且 $\epsilon\in\left(0,\dfrac{1}{L}\right)$, L 是算子 $\mathbb{A}^*\mathbb{A}$ 的谱半径 ($\mathbb{A}^*$ 为 $\mathbb{A}$ 伴随矩阵), 则 Φ 为压缩映象并在 H_1 上存在唯一不动点.

证 因为 $J_\lambda^{B_1}$ 和 $J_\lambda^{B_2}$ 是严格非扩张的, 所以是平均映象. 如果 $\epsilon\in(0,1/L)$, 则 $I+\epsilon A^*(J_\lambda^{B_2}-I)A$ 是平均映象 (参见文献 [169]). 利用引理 6.1.3②可知，$J_\lambda^{B_1}(I+\epsilon A^*(J_\lambda^{B_2}-I)A)$ 是平均映象且是非扩张的. 利用引理 6.1.5, 对任意 $x,y\in H_1$, 有

$$\begin{aligned}\|\Phi(x)-\Phi(y)\|=&\Big\|\alpha\gamma f(x)+(I-\alpha B)\frac{1}{t}\int_0^t T(s)J_\lambda^{B_1}[x+\epsilon A^*(J_\lambda^{B_2}-I)Ax]\mathrm{d}s-\\&\alpha\gamma f(y)-(I-\alpha B)\frac{1}{t}\int_0^t T(s)J_\lambda^{B_1}[y+\epsilon A^*(J_\lambda^{B_2}-I)Ay]\mathrm{d}s\Big\|\\\leqslant&\alpha\gamma\|f(x)-f(y)\|+(1-\alpha\overline{\gamma})\Big\|J_\lambda^{B_1}[x+\epsilon A^*(J_\lambda^{B_2}-I)Ax]-\\&J_\lambda^{B_1}[y+\epsilon A^*(J_\lambda^{B_2}-I)Ay]\Big\|\\\leqslant&\alpha\gamma\rho\|x-y\|+(1-\alpha\overline{\gamma})\|x-y\|\\=&[1-\alpha(\overline{\gamma}-\gamma\rho)]\|x-y\|.\end{aligned}$$

由于 $\gamma\in\left(0,\dfrac{\overline{\gamma}}{\rho}\right)$, 则 Φ 为压缩映象. 因此, 由 Banach 压缩映象原理可知，$\Phi(x)$ 存在唯一不动点 x_α, 即

$$x_\alpha=\alpha\gamma f(x_\alpha)+(I-\alpha B)\frac{1}{t}\int_0^t T(s)J_\lambda^{B_1}[x_\alpha+\epsilon A^*(J_\lambda^{B_2}-I)Ax_\alpha]\mathrm{d}s.$$

定理 6.1.2 设 H_1 和 H_2 为 Hilbert 空间, $A:H_1\to H_2$ 为一有界线性算子, B 为定义在 H_1 上的系数为 $\overline{\gamma}>0$ 的强正有界线性算子. 设 $B_1:H_1\to 2^{H_1}$ 和 $B_2:H_2\to 2^{H_2}$ 为集值最大

单调映象, $\mathscr{T} := \{T(s): 0 \leqslant s < \infty\}$ 为定义在 H_1 上的非扩张半群且 $\Omega = Fix(\mathscr{T}) \bigcap \mathscr{Z} \neq \phi$. 设 $f: H_1 \to H_1$ 为系数为 $\rho \in (0,1)$ 的压缩映象, 对给定的 $x_1 \in H_1$, 序列 $\{\alpha_n\} \subset (0,1)$ 和 $\{s_n\} \subset (0,\infty)$ 满足下列条件:

① $\lim\limits_{n\to\infty} \alpha_n = 0$, $\sum\limits_{n=1}^{\infty} \alpha_n = \infty$, $\sum\limits_{n=1}^{\infty} |\alpha_n - \alpha_{n-1}| < \infty$;

② $\lim\limits_{n\to\infty} s_n = +\infty$, $\lim\limits_{n\to\infty} \dfrac{|s_n - s_{n-1}|}{s_n} \dfrac{1}{\alpha_n} = 0$.

如果 $\lambda > 0$, $\gamma \in \left(0, \dfrac{\overline{\gamma}}{\rho}\right)$, $\epsilon \in \left(0, \dfrac{1}{L}\right)$, 其中, L 是算子 $\mathbb{A}^*\mathbb{A}$ 的谱半径 ($\mathbb{A}^*$ 为 $\mathbb{A}$ 件随矩阵), 则由式 (6.1.1) 定义的序列 $\{x_n\}$ 强收敛到 $q \in \Omega$, 且满足变分不等式

$$\langle (B - \gamma f)q, q - w\rangle \leqslant 0, \quad \forall\, w \in \Omega.$$

证 首先, 证明序列 $\{x_n\}$ 有界. 取 $p \in \Omega = Fix(\mathscr{T}) \bigcap \mathscr{Z}$, 则 $p = J_\lambda^{B_1} p, Ap = J_\lambda^{B_2}(Ap)$ 和 $T(s)p = p$. 记 $u_n = J_\lambda^{B_1}[x_n + \epsilon A^*(J_\lambda^{B_2} - I)Ax_n]$. 由式 (6.1.1) 和引理 6.1.4 得

$$\begin{aligned}\|u_n - p\|^2 &= \|J_\lambda^{B_1}[x_n + \epsilon A^*(J_\lambda^{B_2} - I)Ax_n] - J_\lambda^{B_1} p\|^2 \\ &\leqslant \|x_n + \epsilon A^*(J_\lambda^{B_2} - I)Ax_n - p\|^2 \\ &\leqslant \|x_n - p\|^2 + 2\epsilon\langle x_n - p, A^*(J_\lambda^{B_2} - I)Ax_n\rangle + \epsilon^2\|A^*(J_\lambda^{B_2} - I)Ax_n\|^2. \end{aligned} \tag{6.1.4}$$

由 $\mathbb{A}$ 和 $\mathbb{A}^*$ 的定义, 有

$$\begin{aligned}\epsilon^2\|A^*(J_\lambda^{B_2} - I)Ax_n\|^2 &\leqslant \epsilon^2\langle (J_\lambda^{B_2} - I)Ax_n, AA^*(J_\lambda^{B_2} - I)Ax_n\rangle \\ &\leqslant L\epsilon^2\langle (J_\lambda^{B_2} - I)Ax_n, (J_\lambda^{B_2} - I)Ax_n\rangle \\ &= L\epsilon^2\|(J_\lambda^{B_2} - I)Ax_n\|^2. \end{aligned} \tag{6.1.5}$$

利用文献 [180, Theorem 2.1] 和 [181, Theorem 3.1] 的方法, 类似可得

$$\begin{aligned}\Lambda &= 2\epsilon\langle x_n - p, A^*(J_\lambda^{B_2} - I)Ax_n\rangle \\ &= 2\epsilon\langle A(x_n - p), (J_\lambda^{B_2} - I)Ax_n\rangle \\ &= 2\epsilon\langle A(x_n - p) + (J_\lambda^{B_2} - I)Ax_n - (J_\lambda^{B_2} - I)Ax_n, (J_\lambda^{B_2} - I)Ax_n\rangle \\ &= 2\epsilon\left[\langle J_\lambda^{B_2}Ax_n - Ap, (J_\lambda^{B_2} - I)Ax_n\rangle - \|(J_\lambda^{B_2} - I)Ax_n\|^2\right] \\ &\leqslant 2\epsilon\left[\frac{1}{2}\|(J_\lambda^{B_2} - I)Ax_n\|^2 - \|(J_\lambda^{B_2} - I)Ax_n\|^2\right] \\ &\leqslant -\epsilon\|(J_\lambda^{B_2} - I)Ax_n\|^2. \end{aligned}$$

结合式 (6.1.4) 和式 (6.1.5) 可得

$$\|u_n - p\|^2 \leqslant \|x_n - p\|^2 + \epsilon(L\epsilon - 1)\|(J_\lambda^{B_2} - I)Ax_n\|^2. \tag{6.1.6}$$

记 $w_n = \dfrac{1}{s_n}\int_0^{s_n} T(s)u_n \mathrm{d}s$, $n \geqslant 0$, 由 $\epsilon \in (0, \dfrac{1}{L})$ 可得

$$\begin{aligned}\|w_n - p\| &= \left\|\frac{1}{s_n}\int_0^{s_n} [T(s)u_n - T(s)p]\mathrm{d}s\right\| \\ &\leqslant \|u_n - p\| \leqslant \|x_n - p\|. \end{aligned} \tag{6.1.7}$$

结合式 (6.1.1) 和式 (6.1.7) 和引理 6.1.5 得

$$\begin{aligned}\|x_{n+1}-p\| &= \left\|\alpha_n(\gamma f(x_n)-Bp)+(I-\alpha_n B)\frac{1}{s_n}\int_0^{s_n}[T(s)u_n-T(s)p]\mathrm{d}s\right\| \\ &\leqslant \alpha_n\|\gamma f(x_n)-Bp\|+(1-\alpha_n\overline{\gamma})\left\|\frac{1}{s_n}\int_0^{s_n}[T(s)u_n-T(s)p]\mathrm{d}s\right\| \\ &\leqslant \alpha_n\gamma\|f(x_n)-f(p)\|+\alpha_n\|\gamma f(p)-Bp\|+(1-\alpha_n\overline{\gamma})\|u_n-p\| \\ &\leqslant [1-\alpha_n(\overline{\gamma}-\gamma\rho)]\|x_n-p\|+\alpha_n\|\gamma f(p)-Bp\|.\end{aligned}$$

建立递推关系式, 进一步可得

$$\|x_n-p\|\leqslant \max\left\{\|x_0-p\|,\frac{1}{\overline{\gamma}-\gamma\rho}\|\gamma f(p)-Bp\|\right\}. \tag{6.1.8}$$

因此, 序列 $\{x_n\}$ 有界. 由式 (6.1.6) 和式 (6.1.7), 不难验证序列 $\{u_n\}$ 和 $\{w_n\}$ 有界. 其次, 证明 $\lim\limits_{n\to\infty}\|x_{n+1}-x_n\|=0$. 由式 (6.1.1) 得

$$\begin{aligned}\|x_{n+1}-x_n\| &= \|\alpha_n\gamma[f(x_n)-f(x_{n-1})]+(\alpha_n-\alpha_{n-1})\gamma f(x_{n-1})+ \\ &\quad (I-\alpha_n B)(w_n-w_{n-1})-(\alpha_n-\alpha_{n-1})Bw_{n-1}\| \\ &\leqslant \alpha_n\gamma\rho\|x_n-x_{n-1}\|+(1-\alpha_n\overline{\gamma})\|w_n-w_{n-1}\|+ \\ &\quad |\alpha_n-\alpha_{n-1}|[\|Bw_{n-1}\|+\gamma\|f(x_{n-1})\|].\end{aligned} \tag{6.1.9}$$

另一方面, 由于 $p\in\Omega$, 则

$$\begin{aligned}\|w_n-w_{n-1}\| &= \left\|\frac{1}{s_n}\int_0^{s_n}[T(s)u_n-T(s)u_{n-1}]\mathrm{d}s+\left(\frac{1}{s_n}-\frac{1}{s_{n-1}}\right)\int_0^{s_{n-1}}[T(s)u_{n-1}-T(s)p]\mathrm{d}s+\right. \\ &\quad \left.\frac{1}{s_n}\int_{s_{n-1}}^{s_n}[T(s)u_{n-1}-T(s)p]\mathrm{d}s\right\|.\end{aligned} \tag{6.1.10}$$

因为

$$\left(\frac{1}{v}-\frac{1}{w}\right)w=-\frac{v-w}{v},\quad v,w\neq 0,$$

并结合式 (6.1.10) 得

$$\|w_n-w_{n-1}\|\leqslant \|u_n-u_{n-1}\|+\left(\frac{2|s_n-s_{n-1}|}{s_n}\right)\|u_{n-1}-p\|. \tag{6.1.11}$$

同时, 由于 $\epsilon\in\left(0,\dfrac{1}{L}\right)$, $J_\lambda^{B_1}[I+\epsilon A^*(J_\lambda^{B_2}-I)A]$ 为平均映象, 故

$$\begin{aligned}\|u_n-u_{n-1}\| &= \|J_\lambda^{B_1}[x_n+\epsilon A^*(J_\lambda^{B_2}-I)Ax_n]-J_\lambda^{B_1}[x_{n-1}+\epsilon A^*(J_\lambda^{B_2}-I)Ax_{n-1}]\| \\ &\leqslant \|J_\lambda^{B_1}[I+\epsilon A^*(J_\lambda^{B_2}-I)A]x_n-J_\lambda^{B_1}[I+\epsilon A^*(J_\lambda^{B_2}-I)A]x_{n-1}\| \\ &\leqslant \|x_n-x_{n-1}\|.\end{aligned} \tag{6.1.12}$$

利用式 (6.1.9)、式 (6.1.11) 和式 (6.1.12) 可得

$$\begin{aligned}\|x_{n+1}-x_n\| &\leqslant \alpha_n\gamma\rho\|x_n-x_{n-1}\|+(1-\alpha_n\overline{\gamma})\Big[\|x_n-x_{n-1}\|+\Big(\frac{2|s_n-s_{n-1}|}{s_n}\Big)\|u_{n-1}-p\|\Big]+\\ &\quad |\alpha_n-\alpha_{n-1}|[\|Bw_{n-1}\|+\gamma\|f(x_{n-1})\|]\\ &\leqslant [1-\alpha_n(\overline{\gamma}-\gamma\rho)]\|x_n-x_{n-1}\|+\Big(|\alpha_n-\alpha_{n-1}|+\frac{2|s_n-s_{n-1}|}{s_n}\Big)M_1,\end{aligned}\tag{6.1.13}$$

其中，$M_1=\max\big\{\sup\limits_{n\in N}[\|Bw_{n-1}\|+\gamma\|f(x_{n-1})\|],\sup\limits_{n\in N}\|u_{n-1}-p\|\big\}$. 由条件①—②和引理 6.1.7 进一步得

$$\lim_{n\to\infty}\|x_{n+1}-x_n\|=0.\tag{6.1.14}$$

接下来, 证明 $\lim\limits_{n\to\infty}\|x_n-u_n\|=0$. 记 $w_n=\dfrac{1}{s_n}\int_0^{s_n}T(s)u_n\mathrm{d}s$ 且

$$\begin{aligned}\|x_n-w_n\| &\leqslant \|x_n-x_{n+1}\|+\|x_{n+1}-w_n\|\\ &=\|x_n-x_{n+1}\|+\|\alpha_n\gamma f(x_n)+(I-\alpha_nB)w_n-w_n\|\\ &\leqslant \|x_n-x_{n+1}\|+\alpha_n\|\gamma f(x_n)-Bw_n\|.\end{aligned}$$

结合条件①和式 (6.1.14), 有

$$\lim_{n\to\infty}\|x_n-w_n\|=\lim_{n\to\infty}\Big\|x_n-\frac{1}{s_n}\int_0^{s_n}T(s)u_n\mathrm{d}s\Big\|=0.\tag{6.1.15}$$

由于

$$\begin{aligned}\|x_n-T(u)x_n\| &\leqslant \Big\|x_n-\frac{1}{s_n}\int_0^{s_n}T(s)u_n\mathrm{d}s\Big\|+\Big\|\frac{1}{s_n}\int_0^{s_n}T(s)u_n\mathrm{d}s-T(u)\frac{1}{s_n}\int_0^{s_n}T(s)u_n\mathrm{d}s\Big\|+\\ &\quad \Big\|T(u)\frac{1}{s_n}\int_0^{s_n}T(s)u_n\mathrm{d}s-T(u)x_n\Big\|\\ &\leqslant 2\Big\|x_n-\frac{1}{s_n}\int_0^{s_n}T(s)u_n\mathrm{d}s\Big\|+\Big\|\frac{1}{s_n}\int_0^{s_n}T(s)u_n\mathrm{d}s-T(u)\frac{1}{s_n}\int_0^{s_n}T(s)u_n\mathrm{d}s\Big\|.\end{aligned}$$

利用式 (6.1.15) 和引理 6.1.2 得

$$\lim_{n\to\infty}\|x_n-T(u)x_n\|=0.\tag{6.1.16}$$

结合式 (6.1.6) 和式 (6.1.7) 和引理 6.1.1 得

$$\begin{aligned}\|x_{n+1}-p\|^2 &= \|w_n-p+\alpha_n[\gamma f(x_n)-Bw_n]\|^2\\ &\leqslant \|w_n-p\|^2+2\alpha_n\langle\gamma f(x_n)-Bw_n,x_{n+1}-p\rangle\\ &\leqslant \|u_n-p\|^2+2\alpha_n\langle\gamma f(x_n)-Bw_n,x_{n+1}-p\rangle\\ &\leqslant \big[\|x_n-p\|^2+\epsilon(L\epsilon-1)\|(J_\lambda^{B_2}-I)Ax_n\|^2\big]+2\alpha_n\langle\gamma f(x_n)-Bw_n,x_{n+1}-p\rangle\\ &\leqslant \|x_n-p\|^2-\epsilon(1-L\epsilon)\|(J_\lambda^{B_2}-I)Ax_n\|^2+2\alpha_nM_2^2,\end{aligned}\tag{6.1.17}$$

其中，$M_2=\max\{\sup_{n\in N}\|\gamma f(x_n)-Bw_n\|,\sup_{n\in N}\|x_{n+1}-p\|\}$ 且 $\epsilon\in(0,\frac{1}{L})$, 这蕴含了

$$\begin{aligned}\epsilon(1-L\epsilon)\|(J_\lambda^{B_2}-I)Ax_n\|^2&\leqslant\|x_n-p\|^2-\|x_{n+1}-p\|^2+2\alpha_nM_2^2\\&\leqslant\|x_{n+1}-x_n\|(\|x_n-p\|+\|x_{n+1}-p\|)+2\alpha_nM_2^2.\end{aligned}\tag{6.1.18}$$

利用条件①和式 (6.1.14) 得

$$\lim_{n\to\infty}\|(J_\lambda^{B_2}-I)Ax_n\|=0.\tag{6.1.19}$$

同时, 由式 (6.1.4)、式 (6.1.6) 和 $\epsilon\in(0,\frac{1}{L})$, 有

$$\begin{aligned}\|u_n-p\|^2&=\left\|J_\lambda^{B_1}[x_n+\epsilon A^*(J_\lambda^{B_2}-I)Ax_n]-J_\lambda^{B_1}p\right\|^2\\&\leqslant\langle u_n-p,x_n+\epsilon A^*(J_\lambda^{B_2}-I)Ax_n-p\rangle\\&=\frac{1}{2}\{\|u_n-p\|^2+\|x_n+\epsilon A^*(J_\lambda^{B_2}-I)Ax_n-p\|^2-\\&\quad\|u_n-p-[x_n+\epsilon A^*(J_\lambda^{B_2}-I)Ax_n-p]\|^2\}\\&\leqslant\frac{1}{2}\{\|u_n-p\|^2+\|x_n-p\|^2+\epsilon(L\epsilon-1)\|(J_\lambda^{B_2}-I)Ax_n\|^2-\\&\quad\|u_n-x_n-\epsilon A^*(J_\lambda^{B_2}-I)Ax_n\|^2\}\\&\leqslant\frac{1}{2}\{\|u_n-p\|^2+\|x_n-p\|^2-\big[\|u_n-x_n\|^2+\epsilon^2\|A^*(J_\lambda^{B_2}-I)Ax_n\|^2-\\&\quad2\epsilon\langle u_n-x_n,A^*(J_\lambda^{B_2}-I)Ax_n\rangle\big]\}\\&\leqslant\frac{1}{2}\{\|u_n-p\|^2+\|x_n-p\|^2-\|u_n-x_n\|^2+2\epsilon\|A(u_n-x_n)\|\|(J_\lambda^{B_2}-I)Ax_n\|\},\end{aligned}$$

这表明

$$\|u_n-p\|^2\leqslant\|x_n-p\|^2-\|u_n-x_n\|^2+2\epsilon\|A(u_n-x_n)\|\|(J_\lambda^{B_2}-I)Ax_n\|.\tag{6.1.20}$$

利用式 (6.1.17) 和式 (6.1.20) 可得

$$\begin{aligned}\|x_{n+1}-p\|^2&\leqslant\|u_n-p\|^2+2\alpha_nM_2^2\\&\leqslant\|x_n-p\|^2-\|u_n-x_n\|^2+2\epsilon\|A(u_n-x_n)\|\|(J_\lambda^{B_2}-I)Ax_n\|+2\alpha_nM_2^2,\end{aligned}$$

整理得

$$\begin{aligned}\|u_n-x_n\|^2&\leqslant\|x_n-p\|^2-\|x_{n+1}-p\|^2+2\epsilon\|A(u_n-x_n)\|\|(J_\lambda^{B_2}-I)Ax_n\|+2\alpha_nM_2^2\\&\leqslant\|x_n-x_{n+1}\|(\|x_n-p\|+\|x_{n+1}-p\|)+2\epsilon\|A(u_n-x_n)\|\|(J_\lambda^{B_2}-I)Ax_n\|+2\alpha_nM_2^2.\end{aligned}$$

结合条件①, 式 (6.1.14) 和式 (6.1.19) 进一步得

$$\lim_{n\to\infty}\|u_n-x_n\|=0.\tag{6.1.21}$$

由于序列 $\{x_n\}$ 和 $\{u_n\}$ 有界, 考虑 $\{x_n\}$ 的一弱聚点 w. 一般地, 假设 $\{x_{n_j}\}$ 为 $\{x_n\}$ 的子序列, 且 $\{x_{n_j}\}$ 弱收敛到 w, 即 $x_{n_j} \rightharpoonup w\ (j \to \infty)$. 由式 (6.1.21) 类似可得 $\{u_n\}$ 的子序列 $\{u_{n_j}\}$ 弱收敛到 w，而且 $u_{n_j} = J_\lambda^{B_1}[x_{n_j} + \epsilon A^*(J_\lambda^{B_2} - I)Ax_{n_j}]$ 可记为

$$\frac{(x_{n_j} - u_{n_j}) + \epsilon A^*(J_\lambda^{B_2} - I)Ax_{n_j}}{\lambda} \in B_1 u_{n_j}. \tag{6.1.22}$$

对式 (6.1.22) 关于 $j \to \infty$ 取极限, 并结合式 (6.1.19)、式 (6.1.21) 以及最大单调算子是弱-强闭的, 可得 $0 \in B_1(w)$. 同时, 由于 $\{x_n\}$ 和 $\{u_n\}$ 具有相同的渐近性, $\{Ax_{n_j}\}$ 弱收敛到 Aw. 又因为式 (6.1.19), 预解算子 $J_\lambda^{B_2}$ 是非扩张的, 所以 $Aw \in B_2(Aw)$. 利用引理 6.1.4 可得 $w \in \mathscr{L}$.

再次, 证明 $\limsup\limits_{n\to\infty}\langle \gamma f(q) - Bq, x_n - q\rangle \leqslant 0$, 其中，$q = P_\Omega(I - B + \gamma f)q$. 由于 $\{x_n\}$ 的子序列 $\{x_{n_j}\}$ 弱收敛到 w, 并且

$$\limsup_{n\to\infty}\langle \gamma f(q) - Bq, x_n - q\rangle = \lim_{j\to\infty}\langle \gamma f(q) - Bq, x_{n_j} - q\rangle. \tag{6.1.23}$$

假设 $w \neq T(u)w$. 利用式 (6.1.16) 和 Opial 性质得

$$\begin{aligned}
\liminf_{j\to\infty}\|x_{n_j} - w\| &< \liminf_{j\to\infty}\|x_{n_j} - T(u)w\| \\
&\leqslant \liminf_{j\to\infty}(\|x_{n_j} - T(u)x_{n_j}\| + \|T(u)x_{n_j} - T(u)w\|) \\
&\leqslant \liminf_{j\to\infty}(\|x_{n_j} - T(u)x_{n_j}\| + \|x_{n_j} - w\|) \\
&\leqslant \liminf_{j\to\infty}\|x_{n_j} - w\|.
\end{aligned}$$

这是一个矛盾的结论, 故 $w \in Fix(\mathscr{T})$. 因此, $w \in \Omega = Fix(\mathscr{T}) \bigcap \mathscr{L}$. 由式 (6.1.23) 可得

$$\limsup_{n\to\infty}\langle \gamma f(q) - Bq, x_n - q\rangle = \langle \gamma f(q) - Bq, w - q\rangle \leqslant 0. \tag{6.1.24}$$

另一方面, 对变分不等式

$$\langle (B - \gamma f)x, x - w\rangle \leqslant 0, \quad w \in \Omega, \tag{6.1.25}$$

假设存在 $q \in \Omega$ 和 $\hat{q} \in \Omega$ 均为不等式 (6.1.25) 的解, 有

$$\langle (B - \gamma f)q, q - \hat{q}\rangle \leqslant 0 \tag{6.1.26}$$

和

$$\langle (B - \gamma f)\hat{q}, \hat{q} - q\rangle \leqslant 0. \tag{6.1.27}$$

将式 (6.1.26) 和 (6.1.27) 相加得

$$\langle (B - \gamma f)q - (B - \gamma f)\hat{q}, q - \hat{q}\rangle \leqslant 0. \tag{6.1.28}$$

利用引理 6.1.6, 即 $B - \gamma f$ 的强单调性可得 $q = \hat{q}$.

最后, 证明序列 $\{x_n\}$ 强收敛到 $q(n\to\infty)$. 由于 $w_n=\dfrac{1}{s_n}\int_0^{s_n}T(s)u_n\mathrm{d}s$, 结合式 (6.1.1)、式 (6.1.7) 和引理 6.1.1 可得

$$
\begin{aligned}
\|x_{n+1}-q\|^2 &= \langle\alpha_n\gamma f(x_n)+(I-\alpha_nB)w_n-q, x_{n+1}-q\rangle\\
&=\alpha_n\langle\gamma f(x_n)-Bq, x_{n+1}-q\rangle+\langle(I-\alpha_nB)(w_n-q), x_{n+1}-q\rangle\\
&\leqslant \alpha_n\gamma\langle f(x_n)-f(q), x_{n+1}-q\rangle+\alpha_n\langle\gamma f(q)-Bq, x_{n+1}-q\rangle+\\
&\quad\ (1-\alpha_n\overline{\gamma})\|w_n-q\|\|x_{n+1}-q\|\\
&\leqslant \alpha_n\gamma\rho\|x_n-q\|\|x_{n+1}-q\|+\alpha_n\langle\gamma f(q)-Bq, x_{n+1}-q\rangle+\\
&\quad\ (1-\alpha_n\overline{\gamma})\|x_n-q\|\|x_{n+1}-q\|\\
&=[1-\alpha_n(\overline{\gamma}-\gamma\rho)]\|x_n-q\|\|x_{n+1}-q\|+\alpha_n\langle\gamma f(q)-Bq, x_{n+1}-q\rangle\\
&\leqslant \frac{1-\alpha_n(\overline{\gamma}-\gamma\rho)}{2}(\|x_n-q\|^2+\|x_{n+1}-q\|^2)+\alpha_n\langle\gamma f(q)-Bq, x_{n+1}-q\rangle\\
&\leqslant \frac{1-\alpha_n(\overline{\gamma}-\gamma\rho)}{2}\|x_n-q\|^2+\frac{1}{2}\|x_{n+1}-q\|^2+\alpha_n\langle\gamma f(q)-Bq, x_{n+1}-q\rangle.
\end{aligned}
$$

整理得

$$
\|x_{n+1}-q\|^2\leqslant[1-(\overline{\gamma}-\gamma\rho)\alpha_n]\|x_n-q\|^2+2\alpha_n\langle\gamma f(q)-Bq, x_{n+1}-q\rangle. \tag{6.1.29}
$$

因为 $0<\gamma<\dfrac{\overline{\gamma}}{\rho}$, 由条件①和式 (6.1.24), 并结合引理 6.1.7 可得 $\lim\limits_{n\to\infty}\|x_n-q\|=0$.

定理 6.1.3　设 H_1 和 H_2 为 Hilbert 空间, $A: H_1\to H_2$ 为一有界线性算子. 设 $B_1: H_1\to 2^{H_1}$ 和 $B_2: H_2\to 2^{H_2}$ 为集值最大单调映象, $\mathscr{T}:=\{T(s): 0\leqslant s<\infty\}$ 为定义在 H_1 上的非扩张半群且 $\Omega=Fix(\mathscr{T})\bigcap\mathscr{Z}\neq\phi$. 设 $f: H_1\to H_1$ 为系数为 $\rho\in(0,1)$ 的压缩映象, 对给定的 $x_1\in H_1$, 序列 $\{\alpha_n\}\subset(0,1)$ 和 $\{s_n\}\subset(0,\infty)$ 满足下列条件:

① $\lim\limits_{n\to\infty}\alpha_n=0$, $\sum\limits_{n=1}^{\infty}\alpha_n=\infty$, $\sum\limits_{n=1}^{\infty}|\alpha_n-\alpha_{n-1}|<\infty$;

② $\lim\limits_{n\to\infty}s_n=+\infty$, $\lim\limits_{n\to\infty}\dfrac{|s_n-s_{n-1}|}{s_n}\dfrac{1}{\alpha_n}=0$.

如果 $\lambda>0$, $\epsilon\in(0,\dfrac{1}{L})$, 其中, L 是算子 $\mathbb{A}^*\mathbb{A}$ 的谱半径 ($\mathbb{A}^*$ 为 $\mathbb{A}$ 伴随矩阵), 则由式 (6.1.2) 定义的序列 $\{x_n\}$ 强收敛到 $q\in\Omega$, 且满足变分不等式

$$
\langle(I-f)q, q-w\rangle\leqslant 0,\quad \forall w\in\Omega.
$$

证　取 $\gamma=1$ 和 $B=I$, 不动点方法式 (6.1.1) 退化为式 (6.1.2). 由定理 6.1.2 类似可证.

定理 6.1.4　设 H_1 和 H_2 为 Hilbert 空间, $A: H_1\to H_2$ 为一有界线性算子, B 为定义在 H_1 上的系数为 $\overline{\gamma}>0$ 的强正有界线性算子. 设 $B_1: H_1\to 2^{H_1}$ 和 $B_2: H_2\to 2^{H_2}$ 为集值最大单调映象,$T: H_1\to H_1$ 为非扩张映象且 $\Omega=Fix(\mathscr{T})\bigcap\mathscr{Z}\neq\phi$. 设 $f: H_1\to H_1$ 为系数为 $\rho\in(0,1)$ 的压缩映象, 对给定的 $x_1\in H_1$, 序列 $\{\alpha_n\}\subset(0,1)$ 满足条件

$$
\lim_{n\to\infty}\alpha_n=0,\ \sum_{n=1}^{\infty}\alpha_n=\infty,\ \sum_{n=1}^{\infty}|\alpha_n-\alpha_{n-1}|<\infty.
$$

如果 $\lambda > 0$, $\gamma \in \left(0, \frac{\overline{\gamma}}{\rho}\right)$, $\epsilon \in \left(0, \frac{1}{L}\right)$, 其中, L 是算子 $\mathbb{A}^*\mathbb{A}$ ($\mathbb{A}^*$ 为 $\mathbb{A}$ 伴随矩阵), 则由式 (6.1.1) 定义的序列 $\{x_n\}$ 强收敛到 $q \in \Omega$, 且满足变分不等式

$$\langle (B - \gamma f)q, q - w \rangle \leqslant 0, \quad \forall w \in \Omega.$$

证 如果 $T(s) = T$, 不动点算法式 (6.1.1) 退化为式 (6.1.3). 由定理 6.1.2 类似可证.

注 6.1.1 定理 6.1.2 和定理 6.1.3 改进了 Byrne 等[173] 的不动点方法, 并将 Kazmi 和 Rizvi[174] 关于分层变分包含和非扩张映象的黏滞逼近方法推广到了非扩张半群, 所得的不动点定理包含文献 [173-174] 中的收敛性结论作为特例.

6.2 分层变分包含的相关问题

本节将介绍与分层变分包含的几个相关问题, 即分层单调变分包含、分层平衡问题、分层鞍点问题和广义分层最优化问题及其相应的不动点方法.

6.2.1 分层单调变分包含

2011 年, Moudafi[169] 基于医学分层扫描等可逆性问题研究了下面的分层单调变分包含问题: 设 H_1 和 H_2 为 Hilbert 空间, 求 $x^* \in H_1$ 使得

$$\begin{cases} 0 \in g_1(x^*) + B_1(x^*), \\ y^* = Ax^* \in H_2: \ 0 \in g_2(y^*) + B_2(y^*), \end{cases} \tag{6.2.1}$$

其中, $A: H_1 \to H_2$ 为一有界线性算子, $g_1: H_1 \to H_1$ 和 $g_2: H_2 \to H_2$ 为单值映象, $B_1: H_1 \to 2^{H_1}$ 和 $B_2: H_2 \to 2^{H_2}$ 为集值最大单调映象. 分层单调变分包含式 (6.2.1) 成功解决了医学上基于传感网络的“X-射线层析照相法”和涉及的分层信息恢复问题, 并在多目标凸规划问题、X-射线疗法和数据压缩等金融、通信和生物工程领域中广泛应用.

然而, 由于将映象 g_1, g_2 的引入, 增加了建立相应数值方法解决分层单调变分包含问题的难度. 下面介绍一个新的关于分层单调变分包含和非扩张半群的不动点逼近方法.

算法 6.2.1 设 $f: H_1 \to H_1$ 为系数为 $\rho \in (0,1)$ 的压缩映象, B 为定义在 H_1 上系数为 $\overline{\gamma} > 0$ 的强正有界线性算子. 定义一个关于分层单调变分包含和非扩张半群不动点的广义逼近方法

$$\begin{cases} u_n = J_{\lambda, g_1}^{B_1}[x_n + \epsilon A^*(J_{\lambda, g_2}^{B_2} - I)Ax_n], \\ x_{n+1} = \alpha_n \gamma f(x_n) + (I - \alpha_n B)\dfrac{1}{s_n}\displaystyle\int_0^{s_n} T(s)u_n \mathrm{d}s, \end{cases} \tag{6.2.2}$$

其中, 设 $\alpha_n \in [0,1]$, $s_n \in (0, \infty)$, $\gamma \in [0,1]$, 且 $J_{\lambda, g_i}^{B_i} = J_{\lambda}^{B_i}(I - \lambda g_i)$ 为分层单调变分包含问题的预解算子.

设 $g: H \to H$ 为一非线性映象, 称 g 为 μ-逆强单调, 如果存在常数 $\mu > 0$ 满足

$$\langle g(x) - g(y), x - y \rangle \geqslant \mu \|g(x) - g(y)\|^2, \quad \forall x, y \in H.$$

引理 6.2.1[169]　设 H 为 Hilbert 空间, $g: H \to H$ 为 μ-逆强单调映象, M 为集值最大单调映象, 则 $J_{\lambda,g}^M = J_\lambda^M(I - \lambda g)$ 为平均映象, 其中，$\lambda \in (0, 2\mu)$.

引理 6.2.2[169]　分层单调变分包含问题 (6.2.1) 等价于: 求一点 $x^* \in H_1$ 使得 $y^* = Ax^* \in H_2$: $x^* = J_{\lambda,g_1}^{B_1}(x^*)$, 且 $y^* = J_{\lambda,g_2}^{B_2}(y^*)$, 其中, $\lambda > 0$.

定理 6.2.1　设 H_1 和 H_2 为 Hilbert 空间, $A: H_1 \to H_2$ 为一有界线性算子, B 为定义在 H_1 上的系数为 $\overline{\gamma} > 0$ 的强正有界线性算子. 设 $g_1: H_1 \to H_1$ 和 $g_2: H_2 \to H_2$ 分别为 μ_1-逆强单调和 μ_2-逆强单调, $B_1: H_1 \to 2^{H_1}$ 和 $B_2: H_2 \to 2^{H_2}$ 为集值最大单调映象,$\mathscr{T} := \{T(s): 0 \leqslant s < \infty\}$ 为定义在 H_1 上的非扩张半群且 $\Omega = Fix(\mathscr{T}) \bigcap \mathscr{Z} \neq \phi$. 设 $f: H_1 \to H_1$ 为系数为 $\rho \in (0,1)$ 的压缩映象, 对给定的 $x_1 \in H_1$, 序列 $\{\alpha_n\} \subset (0,1)$ 和 $\{s_n\} \subset (0, \infty)$ 满足下列条件:

① $\lim\limits_{n\to\infty} \alpha_n = 0$, $\sum\limits_{n=1}^{\infty} \alpha_n = \infty$, $\sum\limits_{n=1}^{\infty} |\alpha_n - \alpha_{n-1}| < \infty$;

② $\lim\limits_{n\to\infty} s_n = +\infty$, $\lim\limits_{n\to\infty} \dfrac{|s_n - s_{n-1}|}{s_n} \dfrac{1}{\alpha_n} = 0$.

如果 $\lambda \in (0, 2\mu)$, $\mu = \min(\mu_1, \mu_2)$, $\gamma \in \left(0, \dfrac{\overline{\gamma}}{\rho}\right)$, $\epsilon \in \left(0, \dfrac{1}{L}\right)$, 其中，$L$ 是算子 $\mathbb{A}^*\mathbb{A}$ 的谱半径 ($\boldsymbol{A}^*$ 为 $\boldsymbol{A}$ 伴随矩阵), 则由式 (6.2.2) 定义的序列 $\{x_n\}$ 强收敛到 $q \in \Omega$, 且满足变分不等式

$$\langle (B - \gamma f)q, q - w \rangle \leqslant 0, \quad \forall w \in \Omega.$$

证　由引理 6.2.1 和定理 6.2.1, 不动点算法式 (6.2.2) 为式 (6.1.1) 的改进形式, 且在适当条件下预解算子具有相同的性质. 由定理 6.1.2 类似可证.

6.2.2　分层变分不等式

2014 年, Kraikaew，Saejung[182] 研究分层公共不动点问题时介绍了下面的分层变分不等式问题: 设 C, Q 分别为 Hilbert 空间 H_1 和 H_2 的非空闭凸子集, 求 $x^* \in C$ 使得

$$\begin{cases} \langle B_1(x^*), x - x^* \rangle \geqslant 0, \ \forall x \in C, \\ y^* = Ax^* \in Q: \ \langle B_2(y^*), y - y^* \rangle \geqslant 0, \ \forall y \in Q, \end{cases} \tag{6.2.3}$$

其中，$A: H_1 \to H_2$ 为一有界线性算子, $B_1: H_1 \to H_1$ 和 $B_2: H_2 \to H_2$ 为非线性映象. 分层变分不等式 (6.2.3) 等价于不动点问题: 求 $x^* \in C$ 使得 $x^* \in Fix(P_C(I - \lambda B_1))$, 且 $y^* = Ax^* \in Q$ 使得 $y^* \in Fix(P_Q(I - \lambda B_2))$. 此处, 以 $SVIP(A, C, Q, B_1, B_2)$ 表示分层变分不等式 (6.2.3) 的解集.

众所周知, 如果 B_1 为逆强单调映象, 则 $P_C(I - \lambda B_1)$ 强拟非扩张映象, 且 $I - P_C(I - \lambda B_1)$ 在零点半闭. 同时, 每一个逆强单调映象都是单调且 Lipschitz 连续, 故 Kraikaew, Saejung[182] 适当改进单调性条件, 利用预解算子技巧建立了以下不动点算法:

算法 6.2.2　设 $\alpha_n \in (0,1)$, 设 C, Q 分别为 Hilbert 空间 H_1 和 H_2 的非空闭凸子集, 定义一个关于分层变分不等式的不动点逼近方法

$$\begin{cases} x_0 \in H_1, \\ x_{n+1} = \alpha_n x_0 + (I - \alpha_n) U[x_n + \epsilon A^*(T - I)Ax_n], \end{cases} \tag{6.2.4}$$

其中, $U = P_C[I - \lambda B_1 P_C(I - \lambda B_1)]$, $T = P_Q[I - \lambda B_2 P_Q(I - \lambda B_2)]$ 为层变分不等式问题的预解算子.

定理 6.2.2 设 C, Q 分别为 Hilbert 空间 H_1 和 H_2 的非空闭凸子集, $A : H_1 \to H_2$ 为一有界线性算子, $B_1 : H_1 \to H_1$ 和 $B_2 : H_2 \to H_2$ 为单调且在 C, Q 上为 k-Lipschitz 连续映象. 如果 $SVIP(A, C, Q, B_1, B_2) \neq \phi$, 给定的 $\lambda \in \left(0, \frac{1}{k}\right)$, $\epsilon \in \left(0, \frac{1}{L}\right)$, 其中, L 是算子 $\mathbb{A}^*\mathbb{A}$ 的谱半径 ($\mathbb{A}^*$ 为 $\mathbb{A}$ 伴随矩阵). 如果序列 $\{\alpha_n\} \subset (0, 1)$ 并满足条件: $\lim\limits_{n\to\infty} \alpha_n = 0$, $\sum\limits_{n=1}^{\infty} \alpha_n = \infty$, 则由式 (6.2.4) 定义的序列 $\{x_n\}$ 强收敛到 $q \in SVIP(A, C, Q, B_1, B_2)$.

证 证明过程参见文献 [182].

6.2.3 分层平衡问题

设 K 为 Hilbert 空间的一非空闭凸子集, $F : K \times K \to \mathbb{R}$ 为二元函数, 其中, $\mathbb{R}$ 表示实数集. 考虑问题

$$0 \in B_F(x),$$

其中, B_F 满足 $v \in B_F(x)$ 的充分必要条件是 $F(x, y) + \langle v, x - y\rangle \geqslant 0, \forall y \in K$. 这表明变分包含问题可以转化为平衡问题[100]

$$F(x, y) \geqslant 0, \forall y \in K.$$

以 $EP(K, F)$ 表示平衡问题的解集. 为了方便问题的描述, 假设二元函数 F 满足下列条件:

A1. $F(x, x) = 0,\ \forall x \in K$;

A2. F 在 K 上是单调的, 即 $F(x, y) + F(y, x) \leqslant 0, \forall x, y \in K$;

A3. $\lim\limits_{t\to 0} F(tz + (1 - t)x,\ y) \leqslant F(x, y),\ \forall x, y, z \in K$;

A4. $y \mapsto F(x, y)$ 凸且下半连续, 其中,$\forall x \in K$.

不难证明, B_F 是最大单调. 定义预解算子 T_λ^F

$$T_\lambda^F(x) = \{z \in K : F(z, y) + \frac{1}{\lambda}\langle y - z, z - x\rangle \geqslant 0,\ \forall y \in K\},$$

显然, T_λ^F 是单值的严格非扩张映象, $EP(K, F) = Fix(T_\lambda^F)$, 且 $Fix(T_\lambda^F)$ 为闭凸集[173,183].

设 C, Q 分别为 Hilbert 空间 H_1 和 H_2 的非空闭凸子集, $F_1 : C\times C \to \mathbb{R}$ 和 $F_2 : Q\times Q \to \mathbb{R}$ 为二元函数. 考虑下面的分层平衡问题: 求 $x^* \in C$ 满足

$$\begin{cases} F_1(x^*, x) \geqslant 0, \quad \forall x \in C, \\ y^* = Ax^* \in Q:\ F_2(y^*, y) \geqslant 0, \quad \forall y \in Q. \end{cases} \tag{6.2.5}$$

此处, 以 $SEP(A, C, Q, F_1, F_2)$ 表示分层平衡问题式 (6.2.5) 的解集.

算法 6.2.3 设 C, Q 分别为 Hilbert 空间 H_1 和 H_2 的非空闭凸子集, 定义一个关于分层平衡问题和非扩张映象的不动点逼近方法

$$\begin{cases} u_n = T_{r_n}^{F_1}[x_n + \epsilon A^*(T_{r_n}^{F_2} - I)Ax_n], \\ y_n = P_C(u_n - \lambda_n B u_n), \\ x_{n+1} = \alpha_n x_0 + \sum\limits_{i=1}^{n}(\alpha_{i-1} - \alpha_i)S_i y_n, \end{cases} \tag{6.2.6}$$

其中, $T_{r_n}^{F_i}$ 为分层平衡问题的预解算子, $B: C \to H_1$ 为 μ-逆强单调映象, $S_i: C \to C$ 为一簇非扩张映象.

定理 6.2.3 设 C, Q 分别为 Hilbert 空间 H_1 和 H_2 的非空闭凸子集, $A: H_1 \to H_2$ 为一有界线性算子, $B: C \to H_1$ 为 μ- 逆强单调映象. 设 $F_1: C \to C$, $F_2: Q \to Q$ 为二元函数且满足条件 A1—A4, $\{S_i\}_{i=1}^n: C \to C$ 为一簇非扩张映象且 $\Omega = SEP\ (A,\ C,\ Q,\ F_1,\ F_2) \bigcap VI(C,B) \bigcap (\bigcap_{n=1}^n Fix(S_i)) \neq \phi$. 对给定的 $x_0 \in C$, $\alpha_0 = 1$, $\alpha_n \in (0,1)$ 并满足下列条件:

① $\lim\limits_{n\to\infty} \alpha_n = 0$, 且 $\sum\limits_{n=1}^{\infty} \alpha_n = \infty$;

② $r > 0$, $r_n \in (r, \infty)$, 且 $\sum\limits_{n=1}^{\infty} |r_{n+1} - r_n| < \infty$;

③ $\lambda_n \in (0, 2\mu)$, $\lim\limits_{n\to\infty} \lambda_n = \lambda \in (0, 2\mu)$, 且 $\sum\limits_{n=1}^{\infty} |r_{n+1} - r_n| < \infty$.

如果 $\epsilon \in \left(0, \dfrac{1}{L}\right)$, 其中, L 是算子 $\mathbb{A}^*\mathbb{A}$ 的谱半径 ($\mathbb{A}^*$ 为 $\mathbb{A}$ 伴随矩阵), 则由式 (6.2.6) 定义的序列 $\{x_n\}$ 强收敛到 $q \in P_\Omega x_0$.

证 证明过程参见文献 [184].

6.2.4 分层鞍点问题

设 X 和 Y 为 Hilbert 空间, $\varphi: X \times Y \to \mathbb{R} \bigcup \{-\infty, +\infty\}$ 为二元函数, 如果对变量 x 是凸的且对变量 y 是凹的, 则称 φ 是凹凸函数. 如果存在一点 (x^*, y^*) 使得

$$\varphi(x^*, y) \leqslant \varphi(x^*, y^*) \leqslant \varphi(x, y^*), \quad \forall (x, y) \in X \times Y,$$

则称 (x^*, y^*) 为 φ 的鞍点, 即最大最小问题. 同时, (x^*, y^*) 为 φ 鞍点的充分必要条件是 $(0,0) \in T_\varphi(x^*, y^*)$, 其中, $T_\varphi = \partial_1 \varphi \times \partial_2(-\varphi)$, ∂_1 和 ∂_2 分别表示 φ 关于第一和第二变量的次微分. 另一方面, T_φ 最大单调的充分必要条件是 φ 是闭且适当的 [185].

取 $H_1 = X_1 \times Y_1$, $H_2 = X_2 \times Y_2$, 考虑分层鞍点问题: 求一点 $(x^*, y^*) \in H_1$ 使得

$$\begin{cases} (x^*, y^*) = \arg\min \max\limits_{(x,y)\in H_1} \varphi_1(x, y), \\ (u^*, v^*) = A(x^*, y^*) \in H_2:\ (u^*, v^*) = \arg\min \max\limits_{(u,v)\in H_2} \varphi_2(u, v), \end{cases} \tag{6.2.7}$$

其中, $A: H_1 \to H_2$ 为一有界线性算子, φ_1 和 φ_2 为适当的闭凹凸函数. 此处, 以 $SSP(H_1, H_2, A, \varphi_1, \varphi_2)$ 表示分层鞍点问题式 (6.2.7) 的解集.

算法 6.2.4 设 $f: H_1 \to H_1$ 为系数为 $\rho \in (0,1)$ 的压缩映象, B 为定义在 H_1 上系数为 $\overline{\gamma} > 0$ 的强正有界线性算子. 定义一个关于分层鞍点问题和非扩张半群不动点的广义逼近方法

$$\begin{cases} u_n = J_\lambda^{T_{\varphi_1}}[x_n + \epsilon A^*(J_\lambda^{T_{\varphi_2}} - I)Ax_n], \\ x_{n+1} = \alpha_n \gamma f(x_n) + (I - \alpha_n B)\dfrac{1}{s_n}\displaystyle\int_0^{s_n} T(s) u_n \mathrm{d}s, \end{cases} \tag{6.2.8}$$

其中, $\alpha_n \in [0,1]$, $s_n \in (0, \infty)$, $\gamma \in [0,1]$, 且 $T_{\varphi_i} = \partial_1 \varphi_i \times \partial_2(-\varphi_i)$ 为分层鞍点问题的预解算子.

定理 6.2.4 设 H_1 和 H_2 为 Hilbert 空间, $A: H_1 \to H_2$ 为一有界线性算子, B 为定义在 H_1 上的系数为 $\overline{\gamma} > 0$ 的强正有界线性算子. 设 $\varphi_1 : H_1 \to \mathbb{R}\bigcup(-\infty, +\infty)$, $\varphi_2 : H_2 \to \mathbb{R}\bigcup(-\infty, +\infty)$ 为适当的闭凹凸函数, $\mathscr{T} := \{T(s) : 0 \leqslant s < \infty\}$ 为定义在 H_1 上的非扩张半群且 $\Omega = Fix(\mathscr{T}) \bigcap SSP(H_1, H_2, A, \varphi_1, \varphi_2) \neq \phi$. 设 $f : H_1 \to H_1$ 为系数为 $\rho \in (0, 1)$ 的压缩映象, 对给定的 $x_1 \in H_1$, 序列 $\{\alpha_n\} \subset (0, 1)$ 和 $\{s_n\} \subset (0, \infty)$ 满足下列条件:

① $\lim\limits_{n\to\infty} \alpha_n = 0$, $\sum\limits_{n=1}^{\infty} \alpha_n = \infty$, $\sum\limits_{n=1}^{\infty} |\alpha_n - \alpha_{n-1}| < \infty$;

② $\lim\limits_{n\to\infty} s_n = +\infty$, $\lim\limits_{n\to\infty} \dfrac{|s_n - s_{n-1}|}{s_n} \dfrac{1}{\alpha_n} = 0$.

如果 $\lambda > 0$, $\gamma \in \left(0, \dfrac{\overline{\gamma}}{\rho}\right)$, $\epsilon \in \left(0, \dfrac{1}{L}\right)$, 其中，$L$ 是算子 $\mathbb{A}^*\mathbb{A}$ 的谱半径 ($\mathbb{A}^*$ 为 $\mathbb{A}$ 伴随矩阵), 则由式 (6.2.8) 定义的序列 $\{x_n\}$ 强收敛到 $q \in \Omega$, 且满足变分不等式

$$\langle (B - \gamma f)q, q - w\rangle \leqslant 0, \quad \forall w \in \Omega.$$

证 取 $B_1 = T_{\varphi_1}, B_2 = T_{\varphi_2}$. 由 T_{φ_i} 的最大单调性和定理 6.1.2 类似可证.

6.2.5 广义分层最优化问题

设 C, Q 分别为 Hilbert 空间 H_1 和 H_2 的非空闭凸子集. 由凸最小化问题的优化条件: 如果 $\varphi : H_1 \to \mathbb{R}$ 为下半连续的凸函数, 则 x^* 最小化 $\varphi + \delta_C$ 的充分必要条件为

$$0 \in \partial(\varphi + \delta_C),$$

其中，δ_C 是 C 的指标函数, $\partial\varphi$ 表示 φ 的次微分. 如果 $\psi : H_2 \to \mathbb{R}$ 为下半连续的凸函数, 取 $B_1 = \partial(\varphi + \delta_C)$, $B_2 = \partial(\psi + \delta_Q)$, 即得下面的分层最小化问题: 求一点 $x^* \in C$ 使得

$$\begin{cases} x^* = \arg\min\limits_{x\in C} \varphi(x), \\ y^* = Ax^* \in Q : \ y^* = \arg\min\limits_{y\in Q} \psi(y), \end{cases} \tag{6.2.9}$$

其中,$A: H_1 \to H_2$ 为一有界线性算子. 下面进一步介绍分层最小化问题式 (6.2.9) 的推广情形:

设 H_1, H_2, H_3 为 3 个 Hilbert 空间, $A : H_1 \to H_3$ 和 $B : H_2 \to H_3$ 为有界线性算子. 考虑下面的广义分层优化问题: 求 $x^* \in H_1$, $y^* \in H_2$ 使得

$$\begin{cases} h_i(x^*) = \min\limits_{x\in H_1} h_i(x), \\ By^* = Ax^* : \ g_i(y^*) = \min\limits_{z\in H_2} g_i(z), \ i \geqslant 1, \end{cases} \tag{6.2.10}$$

其中，$h_i : H_1 \to \mathbb{R}$ 和 $g_i : H_2 \to \mathbb{R}$ 为两个适当下半连续的凸函数集. 从 Chang-Wang 等 [186] 可知

$$\begin{cases} h_i(x^*) = \min\limits_{x\in H_1} h_i(x) \ \Leftrightarrow \ 0 \in \partial h_i(x^*), \\ g_i(y^*) = \min\limits_{z\in H_2} g_i(z) \ \Leftrightarrow \ 0 \in \partial g_i(y^*). \end{cases}$$

记 $U_i = \partial h_i$, $K_i = \partial g_i$, 则 $U_i : H_1 \to 2^{H_1}$, $K_i : H_2 \to 2^{H_2}$ 为最大单调集值映象, 且广义分层优化式 (6.2.10) 等价于广义分层变分包含问题: 求 $x^* \in H_1$, $y^* \in H_2$ 使得

$$0 \in \bigcap_{i=1}^{\infty} U_i(x^*), \quad By^* = Ax^* : 0 \in \bigcap_{i=1}^{\infty} K_i(y^*), \quad \forall i \geqslant 1.$$

此处, 以 $GSMP(H_1, H_2, H_3, A, B, h_i, g_i)$ 表示广义分层优化式 (6.2.10) 的解集.

算法 6.2.5　设 $A : H_1 \to H_3$ 和 $B : H_2 \to H_3$ 为有界线性算子. 设 $h_i : H_1 \to \mathbb{R}$ 和 $g_i : H_2 \to \mathbb{R}$ 为两个适当下半连续的凸函数集, $f_1 : H_1 \to H_1$ 和 $f_2 : H_2 \to H_2$ 为 ρ -压缩映象. 定义一个关于分层优化问题的不动点逼近方法

$$\begin{cases} x_{n+1} = \alpha_n x_n + \beta_n f_1(x_n) + \sum\limits_{i=1}^{\infty} \gamma_{n,i} J_{\lambda_i}^{\partial h_i}\big[x_n - \epsilon_{n,i} A^*(Ax_n - By_n)\big], \\ y_{n+1} = \alpha_n y_n + \beta_n f_2(y_n) + \sum\limits_{i=1}^{\infty} \gamma_{n,i} J_{\lambda_i}^{\partial g_i}\big[y_n + \epsilon_{n,i} B^*(Ax_n - By_n)\big], \end{cases} \tag{6.2.11}$$

其中, $J_{\lambda_i}^{\partial h_i} = (I + \lambda_i \partial h_i)^{-1}$, A^* 和 B^* 分别为 A 和 B 额伴随算子, $\{\alpha_n\}, \{\beta_n\}, \{\gamma_{n,i}\}$ 为非负实序列.

定理 6.2.5　设 H_1, H_2, H_3 为 3 个 Hilbert 空间, $A : H_1 \to H_3$ 和 $B : H_2 \to H_3$ 为有界线性算子. 设 $h_i : H_1 \to \mathbb{R}$ 和 $g_i : H_2 \to \mathbb{R}$ 为两个适当下半连续的凸函数集, $f_1 : H_1 \to H_1$ 和 $f_2 : H_2 \to H_2$ 为 ρ-压缩映象. 如果 $\Omega = GSMP(H_1, H_2, H_3, A, B, h_i, g_i) \neq \phi$, 序列 $\{\alpha_n\}, \{\beta_n\}$ 和 $\{\gamma_{n,i}\} \subset (0,1)$ 满足下列条件:

①$\alpha_n + \beta_n + \sum\limits_{i=1}^{\infty} \gamma_{n,i} = 1,\ n \geqslant 0;$

② $\lim\limits_{n\to\infty} \beta_n = 0,\ \sum\limits_{n=1}^{\infty} \beta_n = \infty;$

③$\liminf\limits_{n\to\infty} \alpha_n \gamma_{n,i} > 0,\ i \geqslant 1.$

其中, $\epsilon_{n,i} \subset \left(0, \dfrac{2}{L}\right)$, $L = \|G\|^2$, 且 $G = (A - B), G^* = (A^* - B^*)^{\mathrm{T}}$, 则由式 (6.2.11) 定义的序列 $\{x_n\}$ 强收敛到 $q \in P_\Omega f(q)$.

证　取 $f = (f_1, f_2)^{\mathrm{T}}$, 结合 ∂h_i 和 ∂g_i 的最大单调性. 由 Chang-Wang 等 [186] 定理 3.3 类似可证.

6.3　分层变分包含的数值实验

本节将举例对分层变分包含问题的广义型算法 6.1.1 和遍历型算法 6.2.3 进行数值实验, 进一步说明数值方法在解决分层变分包含及相应问题方面的收敛性、稳定性、灵敏性及有效性等.

6.3.1　分层变分包含的广义算法

例 6.3.1　设 $H_1 = H_2 = \mathbb{R}$, $B_1 x = 2x$, $B_2 x = 3x$, 且非扩张半群 $\mathscr{T} := \{T(s) : 0 \leqslant s < \infty\}$, 其中, $T(s)x = \dfrac{1}{1+2s}x$, $\forall x \in \mathbb{R}$. 容易验证, B_1, B_2 和 $\mathscr{T}$ 满足定理 6.1.2 中的条件且 $\Omega = Fix(\mathscr{T}) \bigcap \mathscr{L} = \{0\}$.

对给定的 $x_0 \in H_1$, 定义关于分层变分包含和非扩张半群不动点的广义迭代序列 $\{x_n\}$

$$x_{n+1} = \alpha_n \gamma f(x_n) + (I - \alpha_n B)\frac{1}{s_n}\int_0^{s_n} \frac{1}{1+2s} J_\lambda^{B_1}[x_n + \epsilon A^*(J_\lambda^{B_2} - I)Ax_n]\mathrm{d}s.$$

为了简明, 取 $A = B = I$, 压缩映象 $f(x) = \frac{1}{2}x, \forall x \in \mathbb{R}$. 取 $\gamma = \lambda = 1, \epsilon = \frac{1}{2}$ 且 $\alpha_n = \frac{1}{\sqrt{n}}, s_n = n$, 则分层变分包含的广义迭代逼近简化为

$$x_{n+1} = \frac{1}{2\sqrt{n}}\Big[x_n + \frac{5}{24n}(\sqrt{n} - 1)\ln(1+2n)x_n\Big]. \tag{6.3.1}$$

将 $\|x_n - x^*\| \leqslant 10^{-4}$ 设为终止迭代条件, 对不同的初始值 $x_0 = -1, 0, 1, 2, 15$, 不动点逼近式 (6.3.1) 的迭代次数、收敛速度和数值结果列在表 6.3.1.

表 6.3.1　$x_0 = -1, 0, 1, 2, 15$ 式 (6.3.1) 的数值结果

Iter.(n)	$x_n^{(1)}$	$x_n^{(2)}$	$x_n^{(3)}$	$x_n^{(4)}$	$x_n^{(5)}$
0	−1.000 0	0.000 0	1.000 0	2.000 0	15.000
1	−0.500 0	0.000 0	0.500 0	1.000 0	7.500 0
2	−0.189 1	0.000 0	0.189 1	0.378 1	2.835 8
3	−0.060 0	0.000 0	0.600 0	0.119 9	0.899 6
4	−0.016 7	0.000 0	0.016 7	0.033 4	0.250 6
5	−0.004 2	0.000 0	0.004 2	0.008 4	0.063 0
⋮	⋮	⋮	⋮	⋮	⋮
8	0.000 0	0.000 0	0.000 0	0.000 1	0.000 6
9	0.000 0	0.000 0	0.000 0	0.000 0	0.000 1
10	0.000 0	0.000 0	0.000 0	0.000 0	0.000 0

数值实验结果显示, 分层变分包含和非扩张半群的不动点广义算法的收敛速度较快, 对不同的初始值在较大范围内通过较少的迭代次数都能逼近分层变分包含和非扩张半群的精确解.

6.3.2　分层变分包含的遍历算法

例 6.3.2　设 $H_1 = H_2 = \mathbb{R}^2$, $A_j \in \mathbb{R}^{2\times 2}$ 非奇异矩阵算子, $\mathbb{A}_j^*$ 为 $\mathbb{A}_j$ 的伴随矩阵且谱半径 $L_j = \|A_j^* A_j\|_2$, $\|.\|_2$ 表示矩阵的 2-范数,$j = 1, 2$. 如果 $B = \begin{pmatrix} 8 & 0 \\ 0 & 2 \end{pmatrix}$, $B_1 = \begin{pmatrix} 3 & 0 \\ 0 & 6 \end{pmatrix}$ 和 $B_2 = \begin{pmatrix} 4 & 0 \\ 0 & 5 \end{pmatrix}$. 因为 B, B_1 和 B_2 是正定线性算子, 所以是最大单调的且 $J_\lambda^B = (I + \lambda B)^{-1}$, $J_\lambda^{B_j} = (I + \lambda B_j)^{-1}$ 是定义在 $\mathbb{R}^2$ 上的预解算子.

取 $\alpha_n = \frac{1}{2n}, \beta_{n,j} = \frac{1}{3}, \lambda = \frac{1}{2}$ 且 $\epsilon = \frac{1}{2}$. 如果 $f(x) = \frac{1}{2}x$, 非扩张映象序列 $\{S_n\}_{n=1}^{\infty}$: $\mathbb{R}^2 \to \mathbb{R}^2$ 定义为 $S_n(x) = \frac{n}{n+1}x$. 对给定的 $x_0 = \big(x_0^{(1)}, x_0^{(2)}\big)$, 定义关于分层变分包含和非扩

张映象不动点的遍历迭代序列 $\{x_n\}$

$$\begin{cases} u_{n,j} = J_\lambda^B\big[x_n - \epsilon A_j^*(I - J_\lambda^{B_j})A_j x_n\big], \quad j = 1,2, \\ y_n = \dfrac{1}{3}x_n + \dfrac{1}{3}(u_{n,1} + u_{n,2}), \\ x_{n+1} = \dfrac{1}{2n}f(x_n) + \dfrac{1}{2}S_1 y_n + \sum\limits_{i=2}^{n} \dfrac{1}{2i(i-1)} S_i y_n, \end{cases} \tag{6.3.2}$$

将 $\|x_n - x^*\| \leqslant 10^{-6}$ 设为终止迭代条件, 对不同的初始值 $x_0 = \big(x_{0i}^{(1)}, x_{0i}^{(2)}\big)$, $i = 1,2,3$, 不动点逼近式 (6.3.2) 的迭代次数、收敛速度和数值结果列在表 6.3.2.

表 6.3.2　$(x_0^{(1)}, x_0^{(2)}) = (3,5), (-325, 1472), (-172, -52.4)$ 式 (6.3.2) 的数值结果

Iter.(n)	$x_{n1}^{(1)}$	$x_{n1}^{(2)}$	$x_{n2}^{(1)}$	$x_{n2}^{(2)}$	$x_{n3}^{(1)}$	$x_{n3}^{(2)}$
0	3.000 000	5.000 000	−325.000 000	1427.000 00	−172.800 000	−52.400 000
1	1.068 333	1.930 804	−115.736 111	551.051 339	−61.536 000	−20.234 821
2	0.322 478	0.679 516	−34.935 159	193.933 991	−18.574 756	−7.121 332
3	0.092 459	0.233 963	−10.016 363	66.773 031	−5.325 623	−2.451 932
4	0.025 891	0.079 929	−2.804 860	22.811 635	−1.491 322	−0.837 652
5	0.007 156	0.027 214	−0.775 180	7.766 819	−0.412 157	−0.285 201
6	0.001 961	0.009 251	−0.212 477	2.640 124	−0.112 973	−0.096 946
7	0.000 535	0.003 142	−0.057 915	0.896 703	−0.030 793	−0.032 927
⋮	⋮	⋮	⋮	⋮	⋮	⋮
12	0.000 001	0.000 014	−0.000 083	0.004 040	−0.000 044	−0.000 148
15	0.000 000	0.000 001	−0.000 002	0.000 158	−0.000 001	−0.000 006
18	0.000 000	0.000 000	−0.000 000	0.000 006	−0.000 000	−0.000 000
20	0.000 000	0.000 000	−0.000 000	0.000 001	−0.000 000	−0.000 000

数值实验结果显示, 分层变分包含和非扩张映象的不动点遍历算法的收敛速度较快, 不同的初始值对迭代次数的影响不大, 几乎呈现全局收敛到分层变分包含和非扩张映象的精确解趋势.

另一方面, 为了比较不同迭代参数对不动点逼近方法的收敛性的影响, 即数值方法的灵敏度分析. 另取 $\alpha_n = \dfrac{1}{2n}, \beta_{n,1} = \beta_{n,2} = \dfrac{2}{5}$ 且 $\lambda = \dfrac{1}{4}$. 如果 $f(x) = 0$, 非扩张映象序列 $\{S_n\}_{n=1}^{\infty} : \mathbb{R}^2 \to \mathbb{R}^2$ 定义为 $S_n(x) = \dfrac{n}{n+1}x$. 对给定的 $x_0 = (3,5)$, 定义关于分层变分包含和非扩张映象不动点的遍历迭代序列 $\{x_n\}$

$$\begin{cases} u_{n,j} = J_\lambda^B\big[x_n - \epsilon A_j^*(I - J_\lambda^{B_j})A_j x_n\big], \quad j = 1,2, \\ y_n = \dfrac{1}{5}x_n + \dfrac{2}{5}(u_{n,1} + u_{n,2}), \\ x_{n+1} = \dfrac{1}{2}S_1 y_n + \sum\limits_{i=2}^{n} \dfrac{1}{2i(i-1)} S_i y_n, \end{cases} \tag{6.3.3}$$

将 $\|x_n - x^*\| \leqslant 10^{-6}$ 设为终止迭代条件, 对不同迭代参数 $\epsilon = 0.1, 0.5, 0.8$, 不动点逼近式

(6.3.3) 的迭代次数、收敛速度和数值结果列在表 6.3.3.

表 6.3.3 $\epsilon=0.1,0.5,0.8$ 式 (6.3.3) 的数值结果

Iter.(n)	$\left(x_{n0.1}^{(1)}, x_{n0.1}^{(2)}\right)$	$\left(x_{n0.5}^{(1)}, x_{n0.5}^{(2)}\right)$	$\left(x_{n0.8}^{(1)}, x_{n0.8}^{(2)}\right)$
0	(3.000 000, 5.000 000)	(3.000 000, 5.000 000)	(3.000 000, 5.000 000)
1	(0.340 714, 0.878 148)	(0.303 571, 0.724 074)	(0.275 714, 0.608 519)
2	(0.064 492, 0.257 048)	(0.051 198, 0.174 761)	(0.042 232, 0.123 432)
3	(0.014 039, 0.086 528)	(0.009 930, 0.048 507)	(0.007 439, 0.028 792)
4	(0.003 268, 0.031 154)	(0.002 060, 0.014 400)	(0.001 402, 0.007 183)
5	(0.000 792, 0.011 673)	(0.000 445, 0.004 449)	(0.000 275, 0.001 865)
6	(0.000 197, 0.004 491)	(0.000 099, 0.001 411)	(0.000 055, 0.000 497)
⋮	⋮	⋮	⋮
10	(0.000 001, 0.000 114)	(0.000 000, 0.000 017)	(0.000 000, 0.000 003)
12	(0.000 000, 0.000 019)	(0.000 000, 0.000 002)	(0.000 000, 0.000 000)
15	(0.000 000, 0.000 001)	(0.000 000, 0.000 000)	(0.000 000, 0.000 000)

数值实验结果显示, 分层变分包含和非扩张映象的不动点遍历算法的收敛速度较快, 对同一初始值而言, 对不同的参数 ϵ 对迭代次数有一定的影响, 并且在其他参数保持不变的情况下 ϵ 越大收敛速度越快.

注 6.3.1 本节关于不动点方法的实验数据的运行环境是 Matlab R2012a, PC Desktop Intel(R) Core(TM)i3-2330M CPU@2.20 GHz 790 MHz 1.83 GB, 2 GB RAM.

参考文献

[1] Senter H F, Doston W G. Approximating fixed points of nonexpansive mappings[J]. Proc Am Math Soc, 1974(44): 375-380.

[2] 程其襄，张奠宙，魏国强，等. 实变函数与泛函分析基础[M]. 2 版. 北京：高等教育出版社，2003.

[3] 谷峰，高伟，田巍. 不动点定理及非线性算子的迭代收敛性[M]. 哈尔滨：黑龙江科学技术出版社，2002.

[4] 张石生. 变分不等式及其相关问题[M]. 重庆：重庆出版社，2008.

[5] 薛毅. 数值分析与实验[M]. 北京：北京工业大学出版社，2005.

[6] Megginson R E. An Introduction to Banach Space Theory[M]. New York: Springer-Verlag, 1998.

[7] Takahashi W, Ueda Y. On Reich's strong convergence theorems for resolvents of accretive operators[J]. J Math Anal Appl, 1984(104): 546-553.

[8] Zhou H Y, Wei L, Cho Y J. Strong convergence theorems on an iterative method for a family of finite nonexpansive mappings in reflexive Banach spaces[J]. Appl Math Comput, 2006(173): 196-212.

[9] Chang S S. On Chidume's open questions and approximation solutions of multivalued strongly accretive mappings equations in Banach spaces[J]. J Math Anal Appl, 1997(216): 94-111.

[10] Yao Y, Chen R, Yao J C. Strong convergence and certain conditions for modified Mann iteration[J]. Nonlinear Analysis, 2008(68): 1687-1693.

[11] Song Y. A new sufficient condition for the strong convergence of Halpern type iterations[J]. Appl Math Comput, 2008(198): 721-728.

[12] Atsushiba S, Takahashi W. Strong convergence theorems for a finite family of nonexpansive mappings and applications[J]. Indian J Math, 1999(41): 435-453.

[13] Song Y, Chen R. Strong convergence theorems on an iterative method for a family of finite non-expansive mappings[J]. Appl Math Comput, 2006(180): 275-287.

[14] Suzuki T. Strong convergence of Krasnoselskii and Mann's type sequences for one-parameter nonexpansive semigroups without Bochner integrals[J]. J Math Anal Appl, 2005(305): 227-239.

[15] Xu H K. Iterative algorithms for non-linear operators[J]. J Lond Math Soc, 2002(66): 240-256.

[16] Xu H K. Viscosity approximation methods for nonexpansive mappings[J]. J Math Anal Appl, 2004(298): 279-291.

[17] Liu Qi-fei, Deng Lei. Convergence of Modified Multi-Step Ishikawa Iterations with Errors for Generalized Strongly Successively ψ-Hemicontractive Operators[J]. 西南大学学报:自然科学版, 2008, 30(8): 23-27.
[18] 田有先,陈六新. 有限一致拟-李卜希兹映象族公共不动点的逼近[J]. 西南大学学报:自然科学版, 2009, 31(4): 25-29.
[19] Takahashi W. Non-linear Functional Analysis-Fixed Point Theory and its Applications [M]. Yokohama: Yokohama Publishers, 2000.
[20] Schu J. Weak and strong convergence to fixed points of asymptotically nonexpansive mappings[J]. Bull Austral Math Soc, 1991(43): 153-159.
[21] 唐艳,闻道君. 非扩张映射不动点的粘性逼近方法[J]. 重庆工商大学学报:自然科学版, 2009, 26(5): 420-423.
[22] Nilsrakoo W, Saejung S. A new three-step fixed point iteration schme for asymptotically nonexpansive mappings[J]. Appl Math Comput, 2006(181): 1026-1034.
[23] 闻道君, 邓磊. 一般变分不等式的三步迭代算法[J]. 四川师范大学学报:自然科学版, 2009, 32(4): 436-438.
[24] Chang S S, Tan K K, Lee H W J, et al. On the convergence of implicit iteration process with error for a finite family of asymptotically nonexpansive mappings[J]. J Math Anal Appl, 2006(313): 273-283.
[25] Chang S S, Joseph Lee H W, Chan C K. On Reich's strong convergence theorem for asymptotically nonexpansive mappings in Banach spaces[J]. Nonlinear Analysis, 2007 (66): 2364-2374.
[26] Chidume C E, Ali B. Weak and strong convergence theorems for finite families of asymptotically nonexpansive mappings in Banach spaces[J]. J Math Anal Appl, 2007 (330): 377-387.
[27] Tan K K, Xu H K. Approximating fixed points of nonexpansive mappings by Ishikawa iteration process[J]. J Math Anal Appl, 1993(178): 301-308.
[28] Butnariu D, Reich S, Zaslavski A J. Asymptotic behaviour of relatively nonexpansive operators in Banach spaces[J]. J Appl Anal, 2001(7): 151-174.
[29] Matsushita S, Takahashi W. A strong convergence theorem for relatively nonexpansive mappings in Banach spaces[J]. J Approx Theory, 2005(134): 257-266.
[30] Su Y, Xu H K, Zhang X. Strong convergence theorems for two countable families of weak relatively nonexpansive mappings and applications[J]. Nonlinear Analysis, 2010 (73): 3890-3906.
[31] Shehu Y. Hybrid iterative scheme for fixed point problem, infinite systems of equilibrium and variational inequality problems[J]. Comput Math Appl, 2012(63): 1089-1103.
[32] Qin X, Cho Y J, Kang S M. Convergence theorems of common elements for equilibrium problems and fixed point problems in Banach spaces[J]. J Comput Appl Math, 2009 (225): 20-30.

[33] Ofoedu E U, Shehu Y. Convergence analysis for finite family of relatively quasi-nonexpansive mappings and systems of equilibrium problems[J]. Appl Math Comput, 2011, 217(22): 9142-9150.

[34] Qin X, Cho S Y, Kang S M. On hybrid projection methods for asymptotically quasi-φ-nonexpansive mappings[J]. Appl Math Comput, 2010(215): 3874-3883.

[35] Chang S S, Chan C K, Joseph Lee H W. Modified block iterative algorithm for Quasi-φ-asymptotically nonexpansive mappings and equilibrium problem in banach spaces[J]. Appl Math Comput, 2011, 217 (18): 7520-7530.

[36] Zegeye H, Shahzad N. A hybrid scheme for finite families of equilibrium, variational inequality and fixed point problems[J]. Nonlinear Analysis, 2010(70): 2707-2716.

[37] Li X, Huang N, O'Regan D. Strong convergence theorems for relatively nonexpansive mappings in Banach spaces with applications[J]. Comput Math Appl, 2010(60): 1322-1331.

[38] Chang S S, Joseph Lee H W, Chan C K, et al. A modified Halpern-type iteration algorithm for totally quasi-φ-asymptotically nonexpansive mappings with applications[J]. Appl Math Comput, 2012(218): 6489-6497.

[39] Takahashi W, Zembayashi K. Strong convergence theorem by a new hybrid method for equilibrium problems and relatively nonexpansive mappings[J]. Fixed Point Theory and Appl ications, 2008,11 pages, Article ID 528476.

[40] Alber Y I, Metric and generalized projection operator in Banach spaces: properties and applications: Theory and Applications of Nonlinear Operators of Accretive and Monotone Type[J]. Dekker, New York, 1996:15-50.

[41] Cioranescu I. Geometry of Banach Spaces, Duality Mappings and Nonlinear Problems [M]. Kluwer Academic, Dordrecht, 1990.

[42] Deimling K. Nonlinear Functional Analysis, Springer-Verlag[M]. Berlin, Heidelberg, New York, Tokyo, 1985.

[43] Chang S S, Kim J K, Wang X R. Modified block iterative algorithm for solving convex feasibility problems in Banach spaces[J]. J Inequal Appl, 2010, 14 pages, Article ID 869684.

[44] Wu K Q, Huang N J. The generalized f-projection operator with application[J]. Bull Aust Math Soc, 2006(73): 307-317.

[45] Kohlenbach U. Some logical metatheorems with applications in functional analysis[J]. Trans Am Math Soc, 2004(357): 89-128.

[46] Takahashi W. A convexity in metric spaces and nonexpansive mappings[J]. Kodai Math Semin Rep, 1970(22): 142-149.

[47] Goebel K, Kirk W A. Iteration processes for nonexpansive mappings. In: Singh, SP, Thomeier, S, Watson, B (eds.) Topological Methods in Nonlinear Functional Analysis [C]. Contemporary Mathematics, 1983(21): 115-123.

[48] Reich S, Shafrir I. Nonexpansive iterations in hyperbolic spaces[J]. Nonlinear Analysis, 1990(15): 537-558.

[49] Goebel K, Reich S. Uniform Convexity, Hyperbolic Geometry, and Nonexpansive Mappings[M]. Dekker, New York, 1984.

[50] Bridson M, Haefliger A. Metric Space of Non-positive Curvature[M]. Springer, Berlin, 1999.

[51] Dhompongsa S, Panyanak B. On Δ-convergence theorems in CAT(0) spaces[J]. Comput Math Appl, 2008(56): 2572-2579.

[52] Khan S H, Abbas M. Strong and Δ-convergence of some iterative schemes in CAT(0) spaces[J]. Comput Math Appl, 2011(61): 109-116.

[53] Abbas M, Kadelburg Z, Sahu D R. Fixed point theorems for Lipschitzian type mappings in CAT(0) spaces[J]. Math Comput Model, 2012(55): 1418-1427.

[54] Sahu D R. Fixed points of demicontinuous nearly Lipschitzian mappings in Banach spaces[C]. Comment. Math Univ Carol, 2005(46): 653-666.

[55] Kim G E, Kim T H. Mann and Ishikawa iterations with errors for non-Lipschitzian mappings in Banach spaces[J]. Comput Math Appl, 2001(42): 1565-1570.

[56] Agarwal R P, O'Regan D, Sahu D R. Iterative construction of fixed points of nearly asymptotically nonexpansive mappings[J]. J Nonlin Convex Anal, 2007(8): 61-79.

[57] Wen D J, Chen Y A. General iterative methods for generalized equilibrium problems and fixed point problems of k-strict pseudo-contractions[J]. Fixed Point Theory and Appl, 2012: 125.

[58] Deng L, Liu Q. Iterative scheme for nonself generalized asymptotically quasi-nonexpansive mappings[J]. Appl Math Comput, 2008(205): 317-324.

[59] 饶若峰. 无限族非扩张非自射映象公共不动点的迭代逼近与 Cesàro 均值迭代收敛性[J]. 数学物理学报, 2010, 30A(6): 1666-1676.

[60] Saewan S, Kanjanasamranwong P, Kumam P, Cho Y J. The modified Mann type iterative algorithm for a countable family of totally quasi-φ-asymptotically nonexpansive mappings by the hybrid generalized f-projection method[J]. Fixed Point Theory and Appl, 2013: 63.

[61] Phuengrattana W, Suantai S. On the rate of convergence of Mann, Ishikawa, Noor and SP-iterations for continuous functions on an arbitrary interval[J]. J Comput Appl Math, 2011(235): 3006-3014.

[62] Mann W R. Mean value methods in iteration[M]. Proc Am Math Soc, 1953(4): 506-510.

[63] Ishikawa S. Fixed points by new iteration method[M]. Proc Am Math Soc, 1974(44): 147-150.

[64] Sahin A, Basarir M. Some convergence results for modified SP-iteration scheme in hyperbolic spaces[J]. Fixed Point Theory Appl, 2014: 133.

[65] Kang S M, Dashputre, Malagar B L, et al. On the convergence of fixed points for Lipschitz type mappings in hyperbolic spaces[J]. Fixed Point Theory Appl, 2014: 229.

[66] Shimizu T, Takahashi W. Fixed points of multivalued mappings in certain convex metric spaces[J]. Topol Methods Nonlinear Anal, 1996(8): 197-203.

[67] Leustean L. Nonexpansive iteration in uniformly convex W-hyperbolic spaces. In: Leizarowitz, A, Mordukhovich, BS, Shafrir, I, Zaslavski, A (eds.) Nonlinear Analysis and Optimization I: Nonlinear Analysis[C]. Contemporary Mathematics, Am Math Soc Providence, 2010(513): 193-210.

[68] Khan A R, Fukhar-ud-din H, Khan M A A. An implicit algorithm for two finite families of nonexpansive maps in hyperbolic spaces[J]. Fixed Point Theory Appl, 2012, 2012: 54.

[69] 闻道君，邓磊. 渐近非扩张映射的粘滞逼近方法[J]. 西南师范大学学报:自然科学版，2010，35(3): 32-36.

[70] 龚黔芬，闻道君. 连续伪压缩映象不动点的广义逼近方法[J]. 西南师范大学学报:自然科学版，2014，39(2): 22-26.

[71] Wen Dao-Jun. Projection methods for generalized system of nonconvex variational inequalities with different nonlinear operators[J]. Nonlinear Anal, 2010(73): 2292-2297.

[72] Wen Dao-Jun. Strong convergence theorems for equilibrium problems and k-strict pseudocontractions in Hilbert spaces[J]. Abstract and Applied Analysis, 2011, doi:10. 1155/2011/276874.

[73] Goebel K, Kirk W A. Topics in Metric Fixed Point Theory[C]. Cambridge Studies in Advanced Math., vol. 28. Cambridge University Press, Cambridge, 1990.

[74] 闻道君，陈义安. 广义非凸变分不等式解的存在性与投影算法[J]. 数学杂志，2012，22(3): 475-480.

[75] 闻道君，邓磊. 有限簇非扩张映象的不动点定理及逼近算法[J]. 数学物理学报，2012，32A(3): 540-546.

[76] 闻道君. 有限簇伪压缩映象和单调映象广义迭代法的强收敛性[J]. 数学物理学报，2014，34A(3): 1123-1132.

[77] Marino G, Xu H K. A general iterative method for nonexpansive mappings in Hilbert spaces[J]. J Math Anal Appl, 2006(318): 43-52.

[78] Colao V, Marino G, Xu H K. An iterative method for finding common solutions of equilibrium and fixed point problems[J]. J Math Anal Appl, 2008(344):340-352.

[79] Zegeye H, Shahzad N. Strong convergence of an iterative method for pseudo-contractive and monotone mappings[J]. J Glob Optim, 2012(54): 173-184.

[80] Zegeye H. An iterative approximation for a common fixed point of two pseudo-contractive mappings[J]. ISRN Math Anal, 2011, 14. doi:10. 5402/2011/621901.

[81] Marino G, Xu H K. Weak and strong convergence theorems for strict pseudo-contractions in Hilbert spaces[J]. J Math Anal Appl, 2007(329): 336-346.

[82] Xu H K. An iterative approach to quadratic optimization[J]. J Optim Theory Appl, 2003(116): 659-678.

[83] Qin X, Cho S Y, Kim J K. Convergence theorems on asymptotically pseudocontractions in the intermediate sense[J]. Fixed Point Theory and Appl, 2010, doi:10.1155/2010/186874.

[84] Moudafi A. Viscosity approximation methods for fixed-points problems[J]. J Math Anal Appl, 2000(241): 46-55.

[85] 刘英，苏珂. Hilbert空间中广义平衡问题和不动点问题的粘滞逼近法[J]. 数学学报，2010，53(2)：363-374.

[86] Inchan I. Viscosity iteration method for generalized equilibrium problems and fixed point problems of finite family of nonexpansive mappings[J]. Appl Math Comput, 2012(219): 2949-2959.

[87] Kimuraa Y, Nakajo K. Viscosity approximations by the shrinking projection method in Hilbert spaces[J]. Comput Math Appl, 2012(63): 1400-1408.

[88] Takahashi W, Takeuchi Y, Kubota R. Strong convergence theorems by hybrid methods for families of nonexpansive mappings in Hilbert spaces[J]. J Math Anal Appl, 2008(341): 276-286.

[89] Banach S. Sur les opération dans les ensembles abstraits etleur applications auxéquations intégrales[J]. Fund Math, 1992(3): 133-181.

[90] Meir A, Keeler E. A theorem on contraction mappings[J]. J Math Anal Appl, 1969(28): 326-329.

[91] Suzuki T. Moudafi's viscosity approximations with Meir-Keeler contractions[J]. J Math Anal Appl, 2007(325): 342-352.

[92] Beer G. Topologies on Closed and Closed Convex Sets[M]. Dordrecht: Kluwer Academic Publishers Group, 1993.

[93] Tsukada M. Convergence of best approximations in a smooth Banach space[J]. J Approx Theory, 1984(40): 301-309.

[94] 马乐荣，高兴慧. Hilbert空间中闭的拟严格伪压缩映像的收缩投影方法:英文[J]. 四川师范大学学报：自然科学版，2011，34(6)：780-783.

[95] Ceng L C, Guu S M, Yao J C. Hybrid methods with regularization for minimization problems and asymptotically strict pseudocontractive mappings in the intermediate sense[J]. J Glob Optim, 2014(60): 617-634.

[96] Iemoto S, Takahashi W. Approximating commom fixed points of nonexpansive mappings and nonspreading mappings in a Hilbert space[J]. Nonlinear Analysis, 2009(71): 2080-2089.

[97] 谷峰. 有限个平衡问题与非扩张映象不动点问题的复合迭代方法[J]. 系统科学与数学，2011，31(7)：859-871.

[98] Osilike M O, Isiogugu F O. Weak and strong convergence theorems for nonspreading-

type mappings in Hilbert spaces[J]. Nonlinear Analysis, 2011(74): 1814-1822.

[99] Ceng L C, Al-Homidan S, Ansari Q H, et al. An iterative scheme for equilibrium problems and fixed point problems of strict pseudo-contraction mappings[J]. J Comput Appl Math, 2009(223): 967-974.

[100] Blum E, Oettli W. From optimization and variational inequalities to equilibrium problems[J]. Math Stud, 1994, 63: 123-145.

[101] 高兴慧，周海云. 拟 φ-渐近非扩展映像族的公共不动点的迭代算法[J]. 系统科学与数学，2010，30(4)：486-492.

[102] 龚黔芬，闻道君，唐艳. 关于渐近伪压缩映象不动点的粘滞-投影方法[J]. 四川师范大学学报：自然科学版，2014，37(2)：183-187.

[103] Kurokawa Y, Takahashi W. Weak and strong convergence theorems for nonspreading mappings in Hilbert spaces[J]. Nonlinear Analysis, 2010(73): 1562-1568.

[104] Kangtunyakarn A. The methods for variational inequality problems and fixed point of k-strictly pseudononspreading mapping [J]. Fixed Point Theory and Applications, 2013: 171.

[105] Hartman P, Stampacchia G. On some nonlinear elliptic differential functional equations [J]. Acta Math, 1966(115): 271-310.

[106] Browder F E. A new generalization of the Schauder fixed point theorem[J]. Math Ann, 1967(174): 285-290.

[107] Noor M A, Rassias T M. A class of projection methods for general variational inequalities[J]. J Math Anal Appl, 2002(268): 334-343.

[108] He B S, Liao L Z. Improvement of some projection methods for monotone variational inequalities[J]. Optim Theory Appli, 2002(112): 111-128.

[109] Noor M A. Some developments in general variational inequalities[J]. Appl Math Comput, 2004(152): 199-277.

[110] Weng X L. Fixed Point iteration for local strictly pseudocontractive mappings[J]. Proc Amer Math Soc, 1991(113): 727-731.

[111] Verma R U. Generalized System for Relaxed Cocoercive Variational Inequalities and Projection Methods[J]. Optim Theory Appli, 2004, 121(1): 203-210.

[112] Verma R U. General convergence analysis for two-step projection methods and applications to variational problems[J]. Appl Math Lett, 2005(18): 1286-1292.

[113] Noor M A, Yao Y H. Three-step for variational inequalities and nonexpansive mappings[J]. Appl Math Comput, 2007, 190(2): 1312-1321.

[114] Noor M A, Huang Z. Wiener-Hopf equation technique for variational inequalities and nonexpansive mappings[J]. Appl Math Comput, 2007, 191(2): 504-510.

[115] 闻道君. 混合拟变分不等式的预测-校正算法[J]. 西南师范大学学报：自然科学版，2009，34(5)：41-44.

[116] Noor M A. Iterative schemes for nonconvex variational inequalities[J]. J Optim Theo-

ry Appl，2004(121)：385-395.

[117] Pang L P，Shen J，Song H S. A modified predictor-corrector algorithm for solving nonconvex generalized variational inequalities[J]. Comput Math Appl，2007(54)：319-325.

[118] 张军贺，谷峰. 锥度量空间中两对非相容映象的一个新的公共不动点定理[J]. 云南大学学报：自然科学版，2011，33(4)：378-382.

[119] Clarke F H，Ledyaev Y S，Wolenski P R. Nonsmooth Analysis and Control Theory [J]. Springer，Berlin，1998.

[120] Poliquin R A，Rockafellar R T，Thibault L. Local differentiability of distance functions[J]. Trans Am Math Soc，2000(352)：5231-5249.

[121] Noor M A. Projection methods for nonconvex variational inequalities[J]. Optim Lett，2009(3)：411-418.

[122] Noor M A. Some iterative methods for nonconvex variational inequalities[J]. Comput Math Model，2010，21(1)：97-108.

[123] Noor M A，Noor K I. Projection algorithms for solving system of general variational inequalities[J]. Nonlinear Analysis，2009(70)：2700-2706.

[124] Balooee J. Projection method approach for general regularized non-convex variational inequalities[J]. J Optim Theory Appl，2013，doi：10.1007/s10957-012-0252-x.

[125] Long Xian-Jun，Quan Jing，Wen Dao-Jun. Proper efficiency for set-valued optimization problems and vector variational-like inequalities[J]. Bull Korean Math Soc，2013，50(3)：777-786.

[126] Noor M A. On implicit methods for nonconvex variational inequalities[J]. J Optim Theory Appl，2010(147)：411-417.

[127] 闻道君，宋树枝，龙宪军. 非凸变分不等式和非扩张映象的 Wiener-Hopf 方法[J]. 云南大学学报：自然科学版，2012，34(1)：5-8.

[128] Noor M A. Some iterative methods for general nonconvex variational inequalities[J]. Comput Math Model，2011(54)：2955-2961.

[129] Tseng P. Further applications of a splitting algorithm to decomposition in variational inequalities and convex programming[J]. Math Prog，1990(48)：249-264.

[130] Marcotte P，Wu J H. On the convergence of projection methods：application to the decompositionof affine variational inequalities[J]. J Optim Theory Appl，1995(85)：347-362.

[131] Zhu D L，Marcotte P. Co-coercivity and its role in the convergence of iterative schemes for solving variational inequalities[J]. SIAM J Optim，1996，6(3)：714-726.

[132] Facchinei F，Pang J S. Finite-dimensional Variational Inequality and Complementarity Problems 1 and 2[M]. New York：Springer-Verlag，2003.

[133] 倪如俊，邓磊. 完全广义混合隐拟似变分包含问题解的预测-矫正算法[J]. 西南大学学报：自然科学版，2007，29(2)：22-26.

[134] Wen D J, Chen Y A. Iterative methods for split variational inclusion and fixed point problem of nonexpansive semigroup in Hilbert spaces[J]. Journal of Inequalities and Applications, 2015: 24.

[135] Sitthithakerngkiet K, Deepho J, Kumam P, A hybrid viscosity algorithm via modify the hybrid steepest descent method for solving the split variational inclusion in image reconstruction and fixed point problems[J]. Appl Math Comput, 2015(250): 986-1001.

[136] Yang Q. On variable-step relaxed projection algorithm for variational inequalities[J]. J Math Anal Appl, 2005(302): 166-179.

[137] Yang Q. The revisit of a projection algorithm with variable steps for variational inequalities[J]. J Ind Manage Optim, 2005, 1(2): 211-217.

[138] Zhao Jin-ling, Yang Qing-zhi. Weak Co-coercivity and its applications in several algorithms for solving variational inequalities[J]. Appl Math Comput, 2008(201): 200-209.

[139] Blum E, Oettli W. From optimization and variational inequalities to equilibrium problems. Math Stud, 1994(63): 123-145.

[140] Combettes P L, Hirstoaga A. Equilibrium programming in Hilbert spaces[J]. J Nonlinear Convex Anal, 2005(6): 117-136.

[141] Wen D J. Weak and strong convergence of hybrid subgradient method for pesudomonotone equilibrium problem and multivalued nonexpansive mappings[J]. Fixed Point Theory and Applications, 2014: 232.

[142] Allechea B, Râdulescu V D. Set-valued equilibrium problems with applications to Browder variational inclusions and to fixed point theory[J]. Nonlinear Analysis: Real World Applications, 2016(28): 251-268.

[143] Anh P N. A hybrid extragradient method extended to fixed point problems and equilibrium problems[J]. Optimization, 2011: 1-13.

[144] Zegeye H, Ofoedu E U, Shahzad N. Convergence theorems for equilibrium problem, variational inequality problem and countably infinite relatively quasi-nonexpansive mappings[J]. Appl Math Comput, 2011, 216(12): 3439-3449.

[145] Kim J K, Anh P N, Nam J M. Strong convergence of an extragradient method for equilibrium problems and fixed point problems[J]. J Korean Math Soc, 2012(49): 187-200.

[146] Shehu Y. Strong convergence theorems for infinite family of relatively quasi-nonexpansive mappings and systems of equilibrium problems[J]. Appl Math Comput, 2012(218): 5146-5156.

[147] Dinh B V, Son D X, Jiao L, et al. Linesearch algorithms for split equilibrium problems and nonexpansive mappings[J]. Fixed Point Theory and Applications, 2016: 27.

[148] Dinh B V, Kim D S. Projection algorithms for solving nonmonotone equilibrium prob-

lems in Hilbert space[J]. J Comput Appl Math，2016(302)：106-117.

[149] Jeong J U. Generalized viscosity approximation methods for mixed equilibrium problems and fixed point problems[J]. Appl Math Comput，2016(283)：168-180.

[150] Ceng L C，Yao J C. A hybrid iterative scheme for mixed equilibrium problems and fixed point problems[J]. J Comput Appl Math，2008(214)：186-201.

[151] Saewan S，Kumam P. Strong convergence theorems for countable families of uniformly quasi-ϕ-asymptotically nonexpansive mappings and a system of generalized mixed equilibrium problems[J]. Abstr Appl Anal，2011,23 pages，Article ID 701675.

[152] 闻道君. 广义平衡问题和渐近严格伪压缩映象的粘滞-投影方法[J]. 系统科学与数学，2014，34(6)：693-702.

[153] Schu J. Iterative constriction of fixed points of asymptotically nonexpansive mappings [J]. J Math Anal Appl，1991(158)：407-413.

[154] Kim T H，Xu H K. Convergence of the modified Mann's iteration method for asymptotically strict pseudocontractions[J]. Nonlinear Anal，2008(68)：2828-2836.

[155] Qin X L，Cho Y J，Kang S M，et al. Convergence theorems of common fixed points for a family of Lipschitz quasi-pseudocontractions[J]. Nonlinear Analysis，2009(71)：685-690.

[156] Hu C S，Cai G. Convergence theorems for equilibrium problems and fixed point problems of a finite family of asymptotically k-strictly pseudocontractive mappings in the intermediate sense. Comput Math Appl，2011(61)：79-93.

[157] Qin X，Lin L J，Kang S M. On a generalized Ky Fan inequality and asymptotically strict pseudocontractions in the intermediate sense[J]. J Optim Theory Appl，2011 (150)：553-579.

[158] Takahashi S，Takahashi W. Viscosity approximation methods for equilibrium problems and fixed point problems in Hilbert spaces[J]. J Math Anal Appl，2007(331)：506-515.

[159] Kazmi K R，Rizvi S H. A hybrid extragradient method for approximating the common solutions of a variational inequality，a system of variational inequalities，a mixed equilibrium problem and a fixed point problem[J]. Appl Math Comput，2012，218 (9)：5439-5452.

[160] Phuangphoo P，Kumama P. Approximation theorems for solving common solution of a system of mixed equilibrium problems and variational inequality problems and fixed point problems for asymptotically strict pseudocontractions in the intermediate sense [J]. Appl Math Comput，2012(219)：837-855.

[161] Shehu Y. Iterative approximation for common solutions of equilibrium problems，variational inequality and fixed point problems[J]. Math Comput Model，2013(57)：1489-1503.

[162] Cho S Y，Qin X. On the strong convergence of an iterative process for asymptotically

strict pseudocontractions and equilibrium problems [J]. Appl Math Comput, 2014(235): 430-438.

[163] Sahu D R, Xu H K, Yao J C. Asymptotically strict pseudocontractive mappings in the intermediate sense[J]. Nonlinear Analysis, 2009(70): 3502-3511.

[164] Tran Q D, Muu L D, Nguyen V H. Extragradient algorithms extended to equilibrium problems[J]. Optim, 2008(57): 749-776.

[165] Latif A, Sahu D R, Ansari Q H, Variable KM-like algorithms for fixed point problems and split feasibility problems. Fixed Point Theory and Applications, 2014: 211.

[166] Kraikaew R, Saejung S. On split common fixed point problems[J]. J Math Anal Appl, 2015(415): 43-52.

[167] Witthayarat U, Abdou A A N, Cho Y J. Shrinking projection methods for solving split equilibrium problems and fixed point problems for asymptotically nonexpansive mappings in Hilbert spaces[J]. Fixed Point Theory and Applications, 2015: 200.

[168] Yao Y, Postolache M, Kang S M. Strong convergence of approximated iterations for asymptotically pseudocontractive mappings[J]. Fixed Point Theory and Appl, 2014: 100.

[169] Santos P, Scheimberg S. An inexact subgradient algorithm for equilibrium problems [J]. Comput Appl Math, 2011(30): 91-107.

[170] Moudafi A. Split monotone variational inclusions[J]. J Optim Theory Appl, 2011 (150): 275-283.

[171] Censor Y, Gibali A, Reich S. Algorithms for the split variational inequality problem [J]. Numer Algorithms, 2012(59): 301-323.

[172] Combettes P L. The convex feasibility problem in image recovery[J]. Adv Imaging Electron Phys, 1996(95): 155-453.

[173] Byrne C. Iterative oblique projection onto convex sets and the split feasibility problem [J]. Inverse probl, 2002(18): 441-453.

[174] Byrne C, Censor Y, Gibali A, et al. Weak and strong convergence of algorithms for the split common null point problem[J]. J Nonlinear Convex Anal, 2012(13): 759-775.

[175] Kazmi K R, Rizvi S H. An iterative method for split variational inclusion problem and fixed point problem for a nonexpansive mapping[J]. Optim Lett, 2013, DOI 10.1007/s11590-013-0629-2.

[176] Marino G, Xu H K, A general iterative method for nonexpansive mappings in Hilbert spaces[J]. J Math Anal Appl, 2006, 318: 43-52.

[177] Cianciaruso F, Marino G, Muglia L. Iterative methods for equilibrium and fixed point problems for nonexpansive semigroups in Hilbert spaces[J]. J Optim Theory Appl, 2010(146): 491-509.

[178] Shehu Y. An iterative method for nonexpansive semigroups, variational inclusions and

generalized equilibrium problems[J]. Math Comput Modelling, 2012(55): 1301-1314.

[179] Browder F E. Convergence of approximants to fixed points of nonexpansive nonlinear mappings in Banach spaces[J]. Arch Ration Mech Anal, 1967(24): 82-89.

[180] Shimizu T, Takahashi W. Strong convergence of common fixed points of families of nonexpansive mappings[J]. J Math Anal Appl, 1997(211): 71-83.

[181] Bauschke H H, Combettes P L. Convex Analysis and Monotone Operator Theory in Hilbert Spaces[J]. Springer, New York, 2011.

[182] Xu H K, Iterative algorithm for nonlinear operators[M]. J Lond Math Soc, 2002, 66 (2): 1-17.

[183] Crombez G. A geometrical look at iterative methods for operators with fixed points [J]. Numer Funct Anal Optim, 2005(26): 157-175.

[184] Crombez G. A hierarchical presentation of operators with fixed points on Hilbert spaces[J]. Numer Funct Anal Optim, 2006(27): 259-277.

[185] Kraikaew R, Saejung S. On split common fixed point problems[J]. J Math Anal Appl, 2014(415): 513-524.

[186] Blum E, Oettli W. From optimization and variational inequalities to equilibrium problems[J]. Math Student, 1994(63): 123-145.

[187] Aoyama K, Kimura Y, Takahashi W. Maximal monotone operators and maximal monotone functions for equilibrium problems[J]. J Convex Anal, 2008(15): 395-409.

[188] Wang S, Gong X, Abdou A A, et al. Iterative algorithm for a family of split equilibrium problems and fixed point problems in Hilbert spaces with applications[J]. Fixed Point Theory and Appl, 2016: 4.

[189] Rockafellar R T. Monotone operators associated with saddle functions and minimax problems[C]. Nonlinear analysis. Part Ⅰ. In: Browder F. E. (ed.) Symposia in Pure Mathematics, AMS, Providence, 1970(18): 397-407.

[190] Chang S, Wang L, Tang Y K, et al. Moudafi's open question and simultaneous iterative algorithm for general split equality variational inclusion problems and general split equality optimization problems[J]. Fixed Point Theory and Appl, 2014: 215.

[191] Anh P N, Muu L D. A hybrid subgradient algorithm for nonexpansive mappings and equilibrium problems[J]. Optim, 2014(8): 727-738.

[192] Abkar A, Tavakkoli M. A new algorithm for two finite families of demicontractive mappings and equilibrium problems[J]. Appl Math Comput, 2015(266): 419-500.

[193] Zhao N. Finite termination of a Newton-type algorithm based on a new class of smoothing functions for the affine variational inequality problem[J]. Appl Math Comput, 2015(270): 926-934.